수학 좀 한다면

디딤돌 초등수학 응용 5-2

펴낸날 [개정판 1쇄] 2023년 11월 10일 [개정판 3쇄] 2024년 8월 5일 | **펴낸이** 이기열 | **펴낸곳** (주)디딤돌 교육 | **주소** (03972) 서울특별시 마포구 월드컵북로 122 청원선와이즈타워 | **대표**
전화 02-3142-9000 | **구입문의** 02-322-8451 | **내용문의** 02-323-9166 | **팩시밀리** 02-338-3231 | **홈페이지** www.didimdol.co.kr | **등록번호** 제10-718호 | 구입한 후에는 철회되지
않으며 잘못 인쇄된 책은 바꾸어 드립니다. 이 책에 실린 모든 삽화 및 편집 형태에 대한 저작권은 (주)디딤돌 교육에 있으므로 무단으로 복사 복제할 수 없습니다. Copyright ⓒ Didimdol
Co. [2402350]

내 실력에 딱!
최상위로 가는 '맞춤 학습 플랜'

STEP 1 · On-line
나에게 맞는 공부법은?
맞춤 학습 가이드를 만나요.

교재 선택부터 공부법까지! 디딤돌에서 제공하는 시기별 맞춤 학습 가이드를 통해 아이에게 맞는 학습 계획을 세워 주세요. (학습 가이드는 디딤돌 학부모카페 '맘이가'를 통해 상시 공지합니다. cafe.naver.com/didimdolmom)

STEP 2 · Book
맞춤 학습 스케줄표
계획에 따라 공부해요.

교재에 첨부된 '맞춤 학습 스케줄표'에 맞춰 공부 목표를 달성합니다.

STEP 3 · On-line
이럴 땐 이렇게!
'맞춤 Q&A'로 해결해요.

궁금하거나 모르는 문제가 있다면, '맘이가' 카페를 통해 질문을 남겨 주세요. 디딤돌 수학쌤 및 선배맘님들이 친절히 답변해 드립니다.

STEP 4 · Book
다음에는 뭐 풀지?
다음 교재를 추천받아요.

학습 결과에 따라 후속 학습에 사용할 교재를 제시해 드립니다. (교재 마지막 페이지 수록)

 ★ 디딤돌 플래너 만나러 가기

디딤돌 초등수학 응용 5-2

8주 완성
맞춤 학습 스케줄표

최상위로 가는
'맞춤 학습 플랜'

STEP
3
Book

짧은 기간에 집중력 있게 한 학기 과정을 완성할 수 있도록 설계하였습니다.
방학 때 미리 공부하고 싶다면 주 5일 8주 완성 과정을 이용해요.

공부한 날짜를 쓰고 하루 분량 학습을 마친 후, 부모님께 확인 check ☑를 받으세요.

1 수의 범위와 어림하기

1주					2주	
월 일	월 일	월 일	월 일	월 일	월 일	월 일
8~10쪽	11~13쪽	14~17쪽	18~20쪽	21~24쪽	25~27쪽	28~30쪽

2 분수의 곱셈   3 합동

3주				4주		
월 일	월 일	월 일	월 일	월 일	월 일	월 일
43~45쪽	46~49쪽	50~52쪽	53~55쪽	58~60쪽	61~63쪽	64~67쪽

3 합동과 대칭   4 소수의 곱셈

5주					6주	
월 일	월 일	월 일	월 일	월 일	월 일	월 일
79~81쪽	84~87쪽	88~90쪽	91~94쪽	95~97쪽	98~101쪽	102~104쪽

5 직육면체   6 평균

7주				8주		
월 일	월 일	월 일	월 일	월 일	월 일	월 일
120~122쪽	123~126쪽	127~129쪽	130~132쪽	136~140쪽	141~143쪽	144~146쪽

MEMO

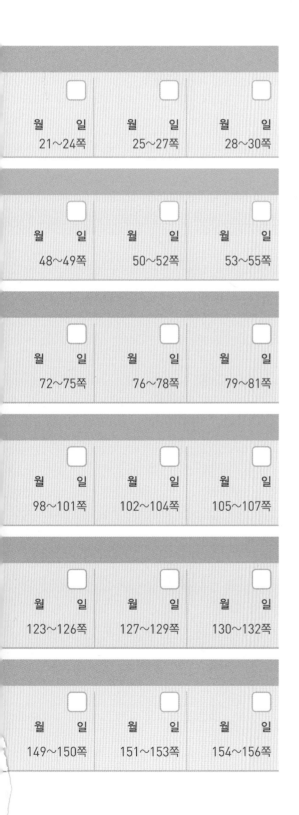
효과적인 수학 공부 비법

시켜서 억지로 X

내가 스스로 O

억지로 하는 일과 즐겁게 하는 일은 결과가 달라요.
목표를 가지고 스스로 즐기면 능률이 배가 돼요.

가끔 한꺼번에 X

매일매일 꾸준히 O

급하게 쌓은 실력은 무너지기 쉬워요.
조금씩이라도 매일매일 단단하게 실력을 쌓아가요.

정답을 몰래 X

개념을 꼼꼼히 O

모든 문제는 개념을 바탕으로 출제돼요.
쉽게 풀리지 않을 땐, 개념을 펼쳐 봐요.

채점하면 끝 X

틀린 문제는 다시 O

왜 틀렸는지 알아야 다시 틀리지 않겠죠?
틀린 문제와 어림짐작으로 맞힌 문제는 꼭 다시 풀어 봐요.

디딤돌 초등수학 응용 **5-2**

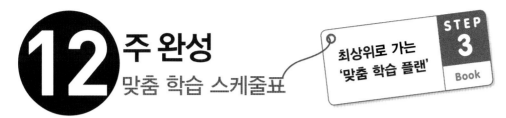

12주 완성
맞춤 학습 스케줄표

최상위로 가는
'맞춤 학습 플랜'

STEP
3
Book

여유를 가지고 깊이 있게 한 학기 과정을 완성할 수 있도록 설계하였습니다.
학기 중 교과서와 함께 공부하고 싶다면 주 5일 12주 완성 과정을 이용해요.

공부한 날짜를 쓰고 하루 분량 학습을 마친 후, 부모님께 확인 check ☑를 받으세요.

1 수의 범위와 어림하기

1주				2주	
월 일	월 일	월 일	월 일	월 일	월 일	월 일
8~9쪽	10~11쪽	12~13쪽	14~15쪽	16~17쪽	18~19쪽	20쪽

2 분수의 곱셈

3주				4주	
월 일	월 일	월 일	월 일	월 일	월 일	월 일
34~35쪽	36~37쪽	38~39쪽	40~41쪽	42~43쪽	44~45쪽	46~47쪽

3 합동과 대칭

5주				6주	
월 일	월 일	월 일	월 일	월 일	월 일	월 일
58~59쪽	60~61쪽	62~63쪽	64~65쪽	66~67쪽	68~69쪽	70~71쪽

4 소수의 곱셈

7주				8주	
월 일	월 일	월 일	월 일	월 일	월 일	월 일
84~86쪽	87~88쪽	89~90쪽	91~92쪽	93~94쪽	95~96쪽	97쪽

5 직육면체

9주				10주	
월 일	월 일	월 일	월 일	월 일	월 일	월 일
110~111쪽	112~113쪽	114~115쪽	116~117쪽	118~119쪽	120~121쪽	122쪽

6 평균과 가능성

11주				12주	
월 일	월 일	월 일	월 일	월 일	월 일	월 일
136~138쪽	139~140쪽	141~142쪽	143쪽	144쪽	145~146쪽	147~148쪽

효과적인 수학 공부 비법

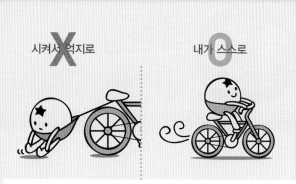

시켜서 억지로 X   내가 스스로 O

억지로 하는 일과 즐겁게 하는 일은 결과가 달라요.
목표를 가지고 스스로 즐기면 능률이 배가 돼요.

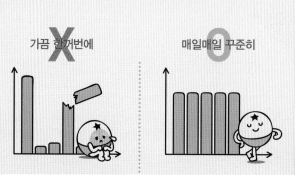

가끔 한꺼번에 X   매일매일 꾸준히 O

급하게 쌓은 실력은 무너지기 쉬워요.
조금씩이라도 매일매일 단단하게 실력을 쌓아가요.

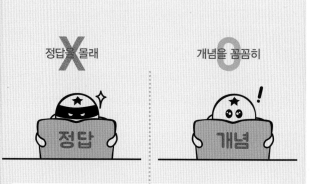

정답을 몰래 X   개념을 꼼꼼히 O

모든 문제는 개념을 바탕으로 출제돼요.
쉽게 풀리지 않을 땐, 개념을 펼쳐 봐요.

채점하면 끝 X   틀린 문제는 다시 O

왜 틀렸는지 알아야 다시 틀리지 않겠죠?
틀린 문제와 어림짐작으로 맞힌 문제는 꼭 다시 풀어 봐요.

수학 좀 한다면

초등수학
응용

상위권 도약, 실력 완성

5
2

개념 적용으로 실력을 높이는 공부 비법!

1 교과서 개념

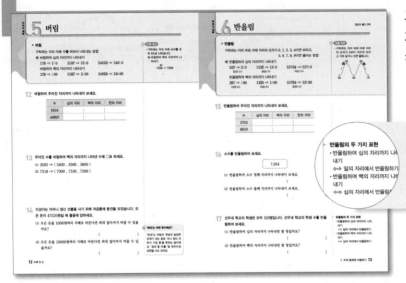

교과서 핵심 내용과 익힘책 기본 문제로 개념을 이해할 수 있도록 구성하였습니다.

교과서 개념 이외의 보충 개념, 연결 개념을 함께 정리하여 심화 학습의 기본기를 갖출 수 있습니다.

2 기본에서 응용으로

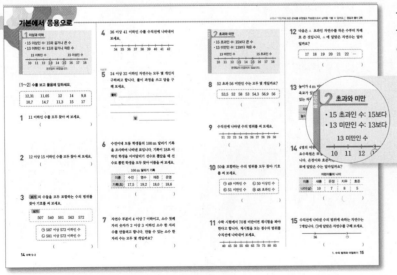

교과서·익힘책 문제를 풀면서 개념을 저절로 완성할 수 있도록 구성하였습니다.

차시별 핵심 개념을 정리하여 문제 해결에 도움이 될 수 있습니다.

3 응용에서 최상위로

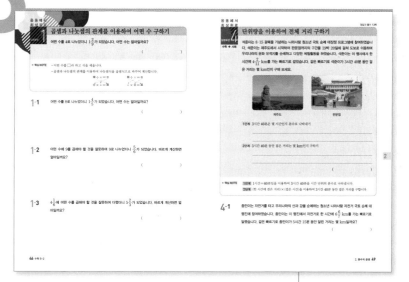

엄선된 심화 유형을 집중 학습함으로써 실력을 높이고 사고력을 향상시킬 수 있도록 구성하였습니다.

단위량을 이용하여 전체 거리 구하기

융합유형 4
수학 + 사회

석준이는 8·15 광복을 기념하는 나라사랑 청소년 국토 순례 대장정 프로그램에 참여하였습니다. 석준이는 제주도에서 시작하여 판문점까지의 구간을 19박 20일에 걸쳐 도보로 이동하며 우리나라의 문화 유적지를 순례하고 다양한 체험활동을 하였습니다. 석준이는 이 행사에서 한 시간에 $4\frac{2}{5}$ km를 가는 빠르기로 걸었습니다. 같은 빠르기로 석준이가 3시간 40분 동안 걸

창의·융합 문제를 통해 문제 해결력과 더불어 정보처리 능력까지 완성할 수 있습니다.

4 기출 단원 평가

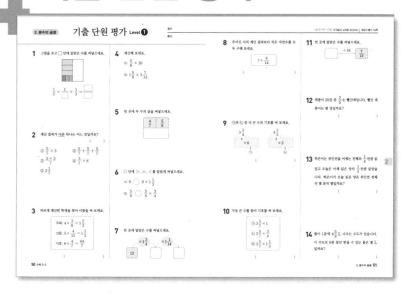

단원 학습을 마무리 할 수 있도록 기본 수준부터 응용 수준까지의 문제들로 구성하였습니다.
시험에 잘 나오는 기출 유형 중심으로 문제들을 선별하였으므로 수시평가 및 학교 시험 대비용으로 활용해 봅니다.

이 책의 **차례**

수의 범위와 어림하기

1

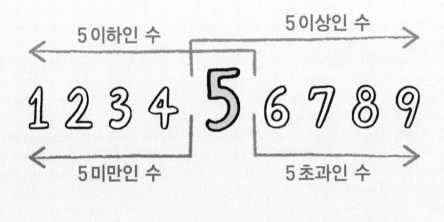

수의 범위를 나타내는 말이 있어!

7을 포함한다.

이하

7 이하인 수

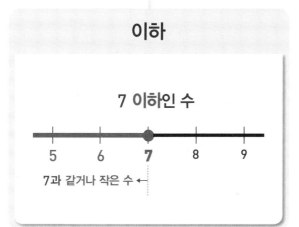

7과 같거나 작은 수 ←

이상

7 이상인 수

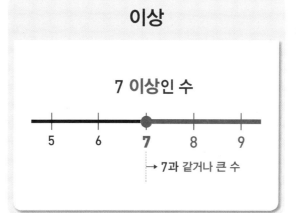

→ 7과 같거나 큰 수

미만

7 미만인 수

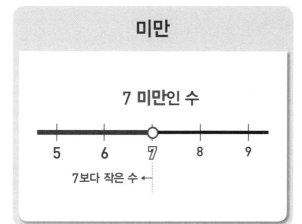

7보다 작은 수 ←

초과

7 초과인 수

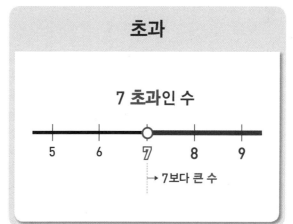

→ 7보다 큰 수

7을 포함하지 않는다.

1 이상과 이하

개념 강의

● **30 이상인 수**

30, 31, 33, 35 등과 같이 30과 같거나 큰 수

┌→ 경곗값에 ●으로 표시하고
  오른쪽으로 선을 그어 나타냅니다.

```
├┼┼┼┼┼┼┼┼┼●━━━━━━━━━━━━━━━
 28   29   ⃝30   31   32   33   34
```

└→ 경곗값이 포함됩니다.

● **25 이하인 수**

25.0, 24.5, 22.7 등과 같이 25와 같거나 작은 수

경곗값에 ●으로 표시하고
왼쪽으로 선을 그어 나타냅니다. ←┐

```
━━━━━━━━━━━━━━━●┼┼┼┼┼┼┼┼┼┤
 21   22   23   24   ⃝25   26   27
```

경곗값이 포함됩니다. ←┘

---

1 43 이상인 수에 ○표, 40 이하인 수에 △표 하세요.

> 37   38   39   40   41   42   43   44   45

2 민재네 모둠 학생들의 키를 조사하여 나타낸 표입니다. 물음에 답하세요.

민재네 모둠 학생들의 키

이름	민재	희연	경민	연우
키(cm)	142	138.2	136.5	145.4
이름	지혁	준수	근영	수진
키(cm)	147.6	145.8	142.6	137.9

(1) 키가 142 cm 이상인 학생을 모두 찾아 이름을 써 보세요.

( )

(2) 키가 142 cm 이하인 학생은 모두 몇 명일까요?

( )

3 수직선에 나타낸 수의 범위를 써 보세요.

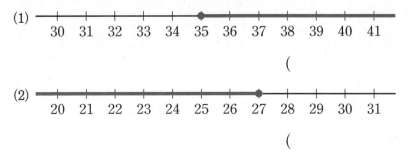

(1)
```
 ├┼┼┼┼┼●━━━━━━━━━
 30 31 32 33 34 35 36 37 38 39 40 41
```
( )

(2)
```
 ├┼┼┼┼┼┼┼●┼┼┼┤
 20 21 22 23 24 25 26 27 28 29 30 31
```
( )

> **?** 수의 범위를 나타낸 수직선에서
> ●이 나타내는 뜻은 무엇인가요?
>
> ●은 그 값을 포함한다는 뜻으로
> 이상과 이하인 수를 나타낼 때
> 경곗값에 ●으로 나타내요.

2 초과와 미만

정답과 풀이 1쪽

● 29 초과인 수

29.4, 30.9, 32.0 등과 같이 29보다 큰 수

경곗값에 ○으로 표시하고
오른쪽으로 선을 그어 나타냅니다.

```
┈┈┈┬┈┈┈┬┈┈┈⊙┈┈┈┬┈┈┈┬┈┈┈┬┈┈┈
   27   28   29   30   31   32   33
```

경곗값이 포함되지 않습니다.

● 50 미만인 수

49.5, 47.0, 45.8 등과 같이 50보다 작은 수

경곗값에 ○으로 표시하고
왼쪽으로 선을 그어 나타냅니다.

```
┈┈┈┬┈┈┈┬┈┈┈┬┈┈┈⊙┈┈┈┬┈┈┈┬┈┈┈
   46   47   48   49   50   51   52
```

경곗값이 포함되지 않습니다.

4 50 초과인 수에 ○표, 48 미만인 수에 △표 하세요.

| 45 | 46 | 47 | 48 | 49 | 50 | 51 | 52 | 53 |

5 태호네 모둠 학생들의 몸무게를 조사하여 나타낸 표입니다. 물음에 답하세요.

태호네 모둠 학생들의 몸무게

이름	태호	영훈	진호	현진
몸무게(kg)	30	31.5	29.8	35
이름	광현	성훈	현수	동주
몸무게(kg)	28.7	27	30.4	36.5

(1) 몸무게가 30 kg 초과인 학생을 모두 찾아 이름을 써 보세요.

( )

(2) 몸무게가 30 kg 미만인 학생은 모두 몇 명일까요?

( )

6 수의 범위를 수직선에 나타내어 보세요.

(1) 29 초과인 수

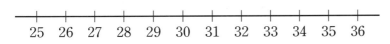

```
┈┬┈┈┬┈┈┬┈┈┬┈┈┬┈┈┬┈┈┬┈┈┬┈┈┬┈┈┬┈┈┬┈┈┬
 25  26  27  28  29  30  31  32  33  34  35  36
```

(2) 42 미만인 수

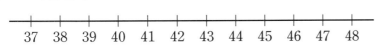

```
┈┬┈┈┬┈┈┬┈┈┬┈┈┬┈┈┬┈┈┬┈┈┬┈┈┬┈┈┬┈┈┬┈┈┬
 37  38  39  40  41  42  43  44  45  46  47  48
```

> **❓ 수의 범위를 나타낸 수직선에서
> ○이 나타내는 뜻은 무엇인가요?**
>
> ○은 그 값을 포함하지 않는다는 뜻으로 초과와 미만인 수를 나타낼 때 경곗값에 ○으로 나타내요.

3 수의 범위

● 수의 범위를 수직선에 나타내기

수의 범위를 이상, 이하, 초과, 미만을 이용하여 수직선에 나타내면 다음과 같습니다.

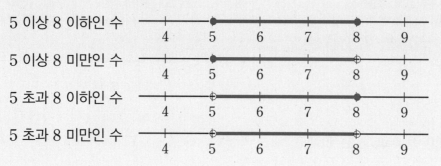

5 이상 8 이하인 수

5 이상 8 미만인 수

5 초과 8 이하인 수

5 초과 8 미만인 수

➕ 보충 개념

• 이상과 이하에는 경곗값이 포함되므로 ●을 사용하고, 초과와 미만에는 경곗값이 포함되지 않으므로 ○을 사용합니다.

7 수를 보고 물음에 답하세요.

> 12 13 14 15 16 17 18 19 20

(1) 15 이상 19 미만인 수를 모두 찾아 써 보세요.

(   )

(2) 13 초과 17 이하인 수를 모두 찾아 써 보세요.

(   )

▶ ■와 같거나 큰 수, ■와 같거나 작은 수, ■보다 큰 수, ■보다 작은 수는 각각 셀 수 없이 많습니다. 셀 수 없이 많은 수를 '이상', '이하', '초과', '미만'이라는 수학적 표현을 쓰면 간단히 나타낼 수 있습니다.

8 준형이가 초등학교 태권도 대회에 참가하려고 합니다. 준형이의 몸무게가 38 kg일 때 물음에 답하세요.

체급별 몸무게(초등학생용)

체급	몸무게(kg)
핀급	32 이하
플라이급	32 초과 34 이하
밴텀급	34 초과 36 이하
페더급	36 초과 39 이하
라이트급	39 초과

(1) 준형이는 어느 체급에 속할까요?

(   )

(2) 준형이가 속한 체급의 몸무게 범위를 수직선에 나타내어 보세요.

31 32 33 34 35 36 37 38 39 40 41

4 올림

올림

구하려는 자리 아래 수를 올려서 나타내는 방법

㉠ 올림하여 십의 자리까지 나타내기

537 ➡ 540   3002 ➡ 3010   96250 ➡ 96250

올림하여 백의 자리까지 나타내기

537 ➡ 600   3002 ➡ 3100   96250 ➡ 96300

＋ 보충 개념

• 구하려는 자리 아래 수가 0이 아니면 구하려는 자리의 숫자를 1 크게 하고 그 아래 자리 숫자는 모두 0으로 나타냅니다.
㉠ 올림하여 백의 자리까지 나타내기
5181 ➡ 5200

9 올림하여 주어진 자리까지 나타내어 보세요.

수	십의 자리	백의 자리	천의 자리
3612			
58037			

10 주어진 수를 올림하여 백의 자리까지 나타낸 수에 ○표 하세요.

⑴ 9532 ➡ (9500 , 9600 , 9700)

⑵ 2805 ➡ (2700 , 2800 , 2900)

11 과학 상상화 그리기 대회에 참가한 학생들에게 도화지를 한 장씩 나누어 주려고 합니다. 참가 신청을 한 학생이 256명이라면 준비해야 하는 도화지는 몇 장인지 물음에 답하세요.

⑴ 문구점에서 낱장으로 도화지를 판다면 최소 몇 장을 사야 할까요?

(   )

⑵ 마트에서 10장씩 묶음으로 도화지를 판다면 최소 몇 장을 사야 할까요?

(   )

⑶ 공장에서 100장씩 묶음으로 도화지를 판다면 최소 몇 장을 사야 할까요?

(   )

？ '최소'는 어떤 뜻이에요?

'최소'는 올림의 개념과 밀접한 관계가 있는 말로 '수나 정도 따위가 가장 작음'을 뜻하는 말이에요. 비슷한 의미로는 '아무리 적게 잡아도'를 뜻하는 '적어도'라는 말이 있어요.

5 버림

● **버림**

구하려는 자리 아래 수를 버려서 나타내는 방법

예 버림하여 십의 자리까지 나타내기

176 ➡ 170   3107 ➡ 3100   24610 ➡ 24610

버림하여 백의 자리까지 나타내기

170 ➡ 100   3107 ➡ 3100   24610 ➡ 24600

> **➕ 보충 개념**
>
> • 구하려는 자리 아래 숫자를 모두 0으로 나타냅니다.
>
>   예 버림하여 백의 자리까지 나타내기
>
> $\overset{00}{72\cancel{58}}$ ➡ 7200

12 버림하여 주어진 자리까지 나타내어 보세요.

수	십의 자리	백의 자리	천의 자리
5016			
49897			

13 주어진 수를 버림하여 백의 자리까지 나타낸 수에 ○표 하세요.

(1) 3592 ➡ (3400 , 3500 , 3600)

(2) 7218 ➡ (7000 , 7100 , 7200)

14 지성이는 어머니 생신 선물을 사기 위해 저금통에 동전을 모았습니다. 모은 돈이 47520원일 때 물음에 답하세요.

(1) 모은 돈을 1000원짜리 지폐로 바꾼다면 최대 얼마까지 바꿀 수 있을까요?

(   )

(2) 모은 돈을 10000원짜리 지폐로 바꾼다면 최대 얼마까지 바꿀 수 있을까요?

(   )

> **❓ '최대'는 어떤 뜻이에요?**
>
> '최대'는 버림의 개념과 밀접한 관계가 있는 말로 '수나 정도 따위가 가장 큼'을 뜻하는 말이에요. '최대 몇 개'를 '몇 개까지'로 표현할 수도 있어요.

6 반올림

반올림

구하려는 자리 바로 아래 자리의 숫자가 0, 1, 2, 3, 4이면 버리고,
5, 6, 7, 8, 9이면 올리는 방법

예) 반올림하여 십의 자리까지 나타내기

207 ➡ 210　　　1325 ➡ 1330　　　52764 ➡ 52760
올립니다　　　　　올립니다　　　　　　버립니다

반올림하여 백의 자리까지 나타내기

207 ➡ 200　　　1325 ➡ 1300　　　52764 ➡ 52800
버립니다　　　　　버립니다　　　　　　올립니다

＋ 보충 개념

· 구하려는 자리 바로 아래 자리
의 숫자가 5보다 작으면 버리
고, 5와 같거나 크면 올립니다.

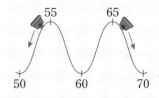

50　　60　　70

15 반올림하여 주어진 자리까지 나타내어 보세요.

수	십의 자리	백의 자리	천의 자리
2753			
6019			

16 소수를 반올림하여 보세요.

> 7.054

(1) 반올림하여 소수 첫째 자리까지 나타내어 보세요.

(　　　　　　　)

(2) 반올림하여 소수 둘째 자리까지 나타내어 보세요.

(　　　　　　　)

17 선우네 학교의 학생은 모두 329명입니다. 선우네 학교의 학생 수를 반올림하여 보세요.

(1) 반올림하여 십의 자리까지 나타내면 몇 명일까요?

(　　　　　　　)

(2) 반올림하여 백의 자리까지 나타내면 몇 명일까요?

(　　　　　　　)

▶ 반올림의 두 가지 표현

· 반올림하여 십의 자리까지 나타
내기

⟺ 일의 자리에서 반올림하기

· 반올림하여 백의 자리까지 나타
내기

⟺ 십의 자리에서 반올림하기

1 이상과 이하

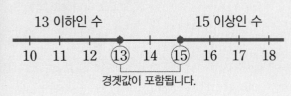

- 15 이상인 수: 15와 같거나 큰 수
- 13 이하인 수: 13과 같거나 작은 수

[1~2] 수를 보고 물음에 답하세요.

| 12.31 | 11.05 | 12 | 14 | 9.8 |
| 10.7 | 14.7 | 11.3 | 15 | 17 |

1 11 이하인 수를 모두 찾아 써 보세요.

( )

2 12 이상 15 이하인 수를 모두 찾아 써 보세요.

( )

3 보기 의 수들을 모두 포함하는 수의 범위를 찾아 기호를 써 보세요.

보기

507   540   501   563   572

㉠ 507 이상 572 이하인 수
㉡ 501 이상 572 이하인 수

( )

4 36 이상 41 이하인 수를 수직선에 나타내어 보세요.

34   35   36   37   38   39   40   41   42

서술형

5 24 이상 32 이하인 자연수는 모두 몇 개인지 구하려고 합니다. 풀이 과정을 쓰고 답을 구해 보세요.

풀이

답

6 수진이네 모둠 학생들의 100 m 달리기 기록을 조사하여 나타낸 표입니다. 기록이 18초 이하인 학생을 이어달리기 선수로 뽑았을 때 선수로 뽑힌 학생을 모두 찾아 이름을 써 보세요.

100 m 달리기 기록

이름	수진	명수	재준	은영
기록(초)	17.5	19.2	18.0	18.6

( )

7 자연수 부분이 4 이상 7 이하이고, 소수 첫째 자리 숫자가 2 이상 3 이하인 소수 한 자리 수를 만들려고 합니다. 만들 수 있는 소수 한 자리 수는 모두 몇 개일까요?

( )

유형 2 초과와 미만

- 15 초과인 수: 15보다 큰 수
- 13 미만인 수: 13보다 작은 수

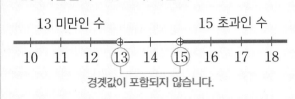

8 52 초과 56 미만인 수는 모두 몇 개일까요?

> 53.5 52 58 53 54.3 56.9 56

(   )

9 수직선에 나타낸 수의 범위를 써 보세요.

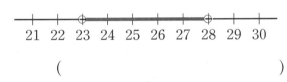

(   )

10 50을 포함하는 수의 범위를 모두 찾아 기호를 써 보세요.

> ㉠ 49 이하인 수   ㉡ 50 이상인 수
> ㉢ 51 미만인 수   ㉣ 48 초과인 수

(   )

11 수학 시험에서 70점 미만이면 재시험을 봐야 한다고 합니다. 재시험을 보는 점수의 범위를 수직선에 나타내어 보세요.

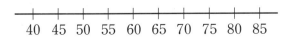

12 다음은 ▲ 초과인 자연수를 작은 수부터 차례로 쓴 것입니다. ▲에 알맞은 자연수는 얼마일까요?

> 17   18   19   20   21   22   …

(   )

13 높이가 4 m 미만인 자동차만 통과할 수 있는 육교가 있습니다. 이 육교 아래를 통과할 수 있는 자동차를 모두 찾아 기호를 써 보세요.

자동차	㉠	㉡	㉢	㉣
높이(cm)	390	410	400	295

(   )

14 4명의 어린이가 고요수목원에 갔습니다. 고요수목원은 ■살 미만이면 입장료가 무료입니다. 은정이와 효준이만 무료로 입장했다면 ■에 알맞은 수는 얼마일까요?

어린이들의 나이

이름	새롬	은정	지우	효준
나이(살)	10	7	8	5

(   )

15 수직선에 나타낸 수의 범위에 속하는 자연수는 7개입니다. ㉠에 알맞은 자연수를 구해 보세요.

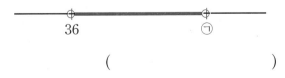

(   )

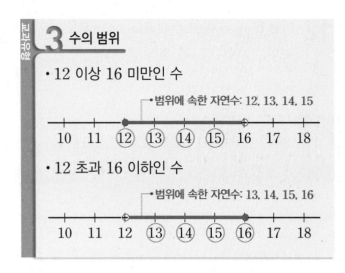

• 12 이상 16 미만인 수

범위에 속한 자연수: 12, 13, 14, 15

• 12 초과 16 이하인 수

범위에 속한 자연수: 13, 14, 15, 16

16 33 이상 38 미만인 수에 모두 ○표 하세요.

31 32 33 34 35 36 37 38 39

17 40을 포함하는 수의 범위를 모두 찾아 기호를 써 보세요.

㉠ 40 이상 45 이하인 수
㉡ 40 초과 45 미만인 수
㉢ 35 이상 40 미만인 수
㉣ 35 초과 40 이하인 수

(   )

서술형
18 수직선에 나타낸 수의 범위에 속하는 자연수 중 가장 작은 수와 가장 큰 수의 합을 구하려고 합니다. 풀이 과정을 쓰고 답을 구해 보세요.

40 41 42 43 44 45 46 47 48 49

풀이 _____

_____

답 _____

19 현빈이네 학교 씨름 선수들의 몸무게와 체급별 몸무게를 나타낸 표입니다. 현빈이와 같은 체급에 속하는 학생의 이름을 써 보세요.

씨름 선수들의 몸무게

이름	현빈	정우	상호	유민
몸무게(kg)	51.2	40.9	54	47.3

체급별 몸무게(초등학생용)

체급	몸무게(kg)
경장급	40 이하
소장급	40 초과 45 이하
청장급	45 초과 50 이하
용장급	50 초과 55 이하

(   )

20 무게가 4.5 kg인 물건을 무게가 0.5 kg인 상자에 넣어 택배로 보내려고 합니다. 요금으로 얼마를 내야 할까요?

무게별 택배 요금

무게(kg)	요금(원)
2 이하	3500
2 초과 5 이하	4000
5 초과 10 이하	5500

(   )

21 두 수직선에 나타낸 수의 범위에 공통으로 속하는 자연수를 모두 구해 보세요.

19   28

24   31

(   )

4 올림

- 올림: 구하려는 자리 아래 수를 올려서 나타내는 방법

⑩ 527을
올림하여 십의 자리까지 나타내면 530
올림하여 백의 자리까지 나타내면 600

22 각각의 수를 올림하여 십의 자리까지 나타냈습니다. 잘못 나타낸 사람은 누구일까요?

수호: 1942 ➡ 1950
주영: 5093 ➡ 5100
혜선: 3740 ➡ 3750

(   )

23 올림하여 백의 자리까지 나타내면 2700이 되는 수는 어느 것일까요? (   )

① 2538   ② 2703   ③ 2600
④ 2601   ⑤ 2756

24 올림하여 천의 자리까지 나타내면 76000이 되는 자연수 중 가장 작은 수를 구해 보세요.

(   )

25 어떤 수를 올림하여 백의 자리까지 나타내면 500이 됩니다. 어떤 수가 될 수 있는 수의 범위를 초과와 이하를 사용하여 나타내어 보세요.

(   ) 초과 (   ) 이하

26 다음 수를 올림하여 백의 자리까지 나타내면 2900이 됩니다. ☐ 안에 알맞은 수를 구해 보세요.

2☐15

(   )

서술형
27 다음 수를 올림하여 백의 자리까지 나타낸 수와 올림하여 십의 자리까지 나타낸 수의 차를 구하려고 합니다. 풀이 과정을 쓰고 답을 구해 보세요.

7266

풀이

답

5 버림

- 버림: 구하려는 자리 아래 수를 버려서 나타내는 방법

⑩ 372를
버림하여 십의 자리까지 나타내면 370
버림하여 백의 자리까지 나타내면 300

28 버림하여 백의 자리까지 나타낸 수가 다른 것은 어느 것일까요? (   )

① 6275   ② 6213   ③ 6304
④ 6237   ⑤ 6200

29 각각의 수를 버림하여 천의 자리까지 나타냈습니다. 바르게 나타낸 사람은 누구일까요?

> 진우: 30700 ➡ 40000
> 효재: 14809 ➡ 14800
> 우혁: 53008 ➡ 53000

(   )

30 더 큰 수를 찾아 기호를 써 보세요.

> ㉠ 395를 버림하여 백의 자리까지 나타낸 수
> ㉡ 337을 버림하여 십의 자리까지 나타낸 수

(   )

31 3741을 버림하여 나타낼 수 있는 수가 아닌 것을 찾아 기호를 써 보세요.

> ㉠ 3740   ㉡ 3000   ㉢ 3800   ㉣ 3700

(   )

32 버림하여 백의 자리까지 나타내면 2600이 되는 자연수 중 가장 작은 수와 가장 큰 수를 각각 구해 보세요.

가장 작은 수 (   )
가장 큰 수 (   )

33 47□3을 버림하여 백의 자리까지 나타내면 4700이 됩니다. □ 안에 들어갈 수 있는 수는 모두 몇 개일까요?

(   )

34 어떤 자연수에 9를 곱해서 나온 수를 버림하여 십의 자리까지 나타내면 30이 됩니다. 처음 자연수를 구해 보세요.

(   )

6 반올림

• 반올림: 구하려는 자리 바로 아래 자리 숫자가 0, 1, 2, 3, 4이면 버리고, 5, 6, 7, 8, 9이면 올리는 방법

예) 635를
반올림하여 십의 자리까지 나타내면 640
반올림하여 백의 자리까지 나타내면 600

35 풀의 길이는 몇 cm인지 반올림하여 일의 자리까지 나타내어 보세요.

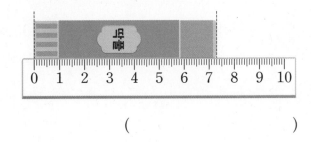

(   )

36 반올림하여 백의 자리까지 나타낸 수가 가장 작은 것은 어느 것일까요? (   )

① 2354   ② 2149   ③ 2306
④ 2276   ⑤ 2160

37 반올림하여 십의 자리까지 나타낸 수와 십의 자리에서 반올림한 수가 같은 것을 찾아 기호를 써 보세요.

> ㉠ 7753 ㉡ 5164 ㉢ 1999

( )

38 573□를 반올림하여 십의 자리까지 나타내면 5730이 됩니다. □ 안에 들어갈 수 있는 수를 모두 구해 보세요.

( )

39 두 자리 수 중 반올림하여 십의 자리까지 나타내면 100이 되는 자연수를 모두 구해 보세요.

( )

40 수 카드 4장을 한 번씩만 사용하여 가장 큰 네 자리 수를 만들고, 만든 네 자리 수를 반올림하여 백의 자리까지 나타내어 보세요.

> 5 2 8 7

( )

41 반올림하여 백의 자리까지 나타내면 700이 되는 자연수 중 가장 작은 수와 가장 큰 수를 각각 구해 보세요.

가장 작은 수 ( )

가장 큰 수 ( )

42 어떤 수를 반올림하여 십의 자리까지 나타내면 130이 됩니다. 어떤 수가 될 수 있는 수의 범위를 이상과 미만을 사용하여 나타내어 보세요.

( ) 이상 ( ) 미만

유형 7 올림, 버림, 반올림을 활용하여 문제 해결하기

생활 속 문제를 올림, 버림, 반올림을 활용하여 해결할 수 있습니다.

43 민정이네 학교 4학년 학생 135명이 승강기를 타려고 합니다. 승강기에 탈 수 있는 정원이 10명이라면 승강기는 최소 몇 번 운행해야 할까요?

( )

44 공장에서 사탕을 7328개 만들었습니다. 이 사탕을 한 봉지에 100개씩 담아서 판다면 팔 수 있는 사탕은 최대 몇 개일까요?

( )

45 윤하네 도시의 인구는 103684명입니다. 이 도시의 인구를 반올림하면 약 몇천 명일까요?

( )

46 어림하는 방법이 다른 사람을 찾아 이름을 써 보세요.

> 지하: 콩 154 kg을 자루에 10 kg씩 담으려고 해. 콩을 모두 담으려면 자루는 몇 개가 필요할까?
>
> 성훈: 내가 사려는 동화책 값이 8300원이야. 1000원짜리 지폐로 동화책 값을 내려면 얼마를 내야 하지?
>
> 나래: 상자 한 개를 묶으려면 끈이 100 cm 필요해. 끈 530 cm로 상자를 몇 개 묶을 수 있을까?

(   )

47 가격이 5400원, 3800원, 2900원인 세 가지 물건을 사는 데 필요한 금액을 어림했습니다. 물음에 답하세요.

> 지애: 나는 5000, 3000, 2000으로 어림했어. 10000원이면 살 수 있지 않을까?
>
> 승준: 나는 6000, 4000, 3000으로 어림했어. 13000원이면 충분할 거야.
>
> 준호: 나는 5000, 4000, 3000으로 어림했어. 12000원으로 사 봐야지.

(1) 지애, 승준, 준호가 어림한 방법은 각각 무엇일까요?

이름	지애	승준	준호
어림 방법			

(2) 누구의 어림 방법이 물건을 사는 데 가장 적절한지 써 보세요.

_____

어림한 수 비교하기

• 5209를 어림하기
① 올림하여 백의 자리까지 나타내면 5300
② 버림하여 백의 자리까지 나타내면 5200
③ 반올림하여 백의 자리까지 나타내면 5200

48 올림, 버림, 반올림하여 백의 자리까지 나타낸 수가 모두 같은 수를 찾아 기호를 써 보세요.

> ㉠ 3860   ㉡ 7408   ㉢ 5200

(   )

49 큰 수부터 차례로 기호를 써 보세요.

> ㉠ 4815를 올림하여 백의 자리까지 나타낸 수
>
> ㉡ 4996을 버림하여 천의 자리까지 나타낸 수
>
> ㉢ 4723을 반올림하여 천의 자리까지 나타낸 수

(   )

서술형
50 58479를 어림했더니 58000이 되었습니다. 어떻게 어림했는지 보기 의 어림을 이용하여 두 가지 방법으로 설명해 보세요.

> 보기
> 올림   버림   반올림

방법 1 _____

_____

방법 2 _____

심화유형 1 조건을 만족하는 수 구하기

다음 조건을 모두 만족하는 다섯 자리 수를 구해 보세요.

> ㉠ 40000 이상 70000 미만인 수입니다.
> ㉡ 만의 자리 숫자는 5로 나누어떨어집니다.
> ㉢ 천의 자리 숫자는 2 이상 5 미만이고, 3으로 나누어떨어집니다.
> ㉣ 백의 자리 숫자는 가장 작은 수입니다.
> ㉤ 십의 자리 숫자는 7 초과 9 미만이고, 일의 자리 숫자의 2배입니다.

(   )

● 핵심 NOTE   수의 범위와 조건을 이용하여 각 자리 숫자를 구합니다.

1-1 다음 조건을 모두 만족하는 다섯 자리 수를 구해 보세요.

> ㉠ 20000 초과 50000 미만인 수이고, 만의 자리 숫자는 4 이상입니다.
> ㉡ 천의 자리 숫자는 가장 큰 수입니다.
> ㉢ 백의 자리 숫자는 5 이상 8 이하이고, 4로 나누어떨어집니다.
> ㉣ 십의 자리 숫자는 일의 자리 숫자의 3배입니다.
> ㉤ 일의 자리 숫자는 1 초과 3 미만입니다.

(   )

1-2 다음 조건을 모두 만족하는 다섯 자리 수를 모두 구해 보세요.

> ㉠ 60000 이상 90000 미만인 수이고, 만의 자리 숫자는 7 미만입니다.
> ㉡ 천의 자리 숫자는 가장 큰 수입니다.
> ㉢ 백의 자리 숫자는 1 초과 3 이하이고, 2로 나누어떨어집니다.
> ㉣ 십의 자리 숫자는 가장 작은 수입니다.
> ㉤ 일의 자리 숫자는 1 이상이고, 4로 나누어떨어집니다.

(   )

□ 안에 들어갈 수 있는 수 구하기

다음 수를 버림하여 백의 자리까지 나타낸 수와 반올림하여 백의 자리까지 나타낸 수가 같습니다. □ 안에 들어갈 수 있는 한 자리 수를 모두 구해 보세요.

35□1

(   )

● **핵심 NOTE** 어림할 수 있는 수를 먼저 구한 후 □ 안에 들어갈 수 있는 수를 구합니다.

2-1 다음 수를 올림하여 백의 자리까지 나타낸 수와 반올림하여 백의 자리까지 나타낸 수가 같습니다. □ 안에 들어갈 수 있는 한 자리 수를 모두 구해 보세요.

16□8

(   )

2-2 다음 수를 반올림하여 천의 자리까지 나타낸 수와 반올림하여 백의 자리까지 나타낸 수가 같습니다. □ 안에 들어갈 수 있는 한 자리 수를 모두 구해 보세요.

29□4

(   )

3 수의 범위로 나타내기

심화유형

수민이네 학교 5학년 학생들이 모두 체험학습을 가려면 40인승 버스가 적어도 6대 필요합니다. 수민이네 학교 5학년 학생은 몇 명 이상 몇 명 이하인지 구해 보세요.

( )

● **핵심 NOTE**　■인승 버스가 적어도 ▲대 필요할 때 학생 수의 범위 나타내기
　➡ (■×(▲−1)+1)명 이상 (■×▲)명 이하
　➡ (■×(▲−1))명 초과 (■×▲+1)명 미만

3-1 민혁이네 학교 5학년 학생들이 모두 동물원에 가려면 45인승 버스가 적어도 5대 필요합니다. 민혁이네 학교 5학년 학생은 몇 명 초과 몇 명 이하인지 구해 보세요.

( )

3-2 정우네 학교 5학년 스카우트 대원들이 모두 놀이 기구를 타려면 24인승 놀이 기구가 적어도 8번 운행하여야 합니다. 정우네 학교 5학년 스카우트 대원은 몇 명 이상 몇 명 미만인지 구해 보세요.

( )

3-3 윤지네 학교 5학년 학생들이 모두 전망대에 오르려면 15인승 케이블카가 적어도 9번 운행하여야 합니다. 윤지네 학교 5학년 학생은 몇 명 초과 몇 명 미만인지 구해 보세요.

( )

나이의 범위를 수직선에 나타내기

영화 심의는 영화의 내용을 검사하여 특정한 표현을 규제하거나 연령에 맞게 등급을 부여하는 일입니다. 지나치게 선정적이거나 폭력적인 경우 청소년 관객의 정서에 해롭기 때문에 청소년 관객을 보호하기 위해 등급을 제한하는 경우가 많습니다. 우리나라 영화 심의는 다음과 같이 나누어집니다.

영화 심의 등급

전체 관람가	모든 연령의 관람객이 관람할 수 있는 영화
12세 관람가	12세 미만의 관람객은 관람할 수 없는 영화
15세 관람가	15세 미만의 관람객은 관람할 수 없는 영화
18세 관람가	18세 미만의 관람객은 관람할 수 없는 영화
제한 상영가	폭력 또는 음란 등의 과도한 묘사로 사회 질서를 해칠 우려가 있거나 국제적 외교 문제가 될 수 있는 영화 등에 부여하는 등급으로 일반 극장에서 상영할 수 없습니다.

부모님, 누나, 12세인 형진이가 주말에 영화를 보러 갔는데 18세 관람가인 '가시'는 누나와 형진이가 볼 수 없어 12세 관람가인 '귀여운 곰'을 보았습니다. 누나의 나이의 범위를 이상과 미만을 사용하여 구하고 수직선에 나타내어 보세요. (단, 누나는 형진이보다 나이가 많습니다.)

1단계 누나의 나이의 범위 구하기

2단계 누나의 나이의 범위를 수직선에 나타내기

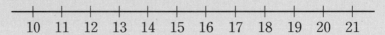

10 11 12 13 14 15 16 17 18 19 20 21

● 핵심 NOTE   **1단계** 형진이의 나이와 영화 심의 등급을 이용하여 누나의 나이의 범위를 구합니다.

               2단계 누나의 나이의 범위를 ●, ○을 사용하여 수직선에 나타냅니다.

기출 단원 평가 Level ❶

[1~3] 수를 보고 물음에 답하세요.

15	12.4	20	29.7	19
10.5	25	21.9	17	22

1 17 이하인 수를 모두 찾아 써 보세요.

( )

2 22 초과인 수를 모두 찾아 써 보세요.

( )

3 19 이상 25 미만인 수를 모두 찾아 써 보세요.

( )

4 올림하여 백의 자리까지 나타내면 4500이 되는 수는 어느 것일까요? ( )

① 4545   ② 4238   ③ 4509
④ 4461   ⑤ 4520

5 4.597을 버림하여 소수 첫째 자리까지 나타내어 보세요.

( )

6 반올림하여 백의 자리까지 나타낸 수가 <u>다른</u> 것은 어느 것일까요? ( )

① 4545   ② 4439   ③ 4509
④ 4461   ⑤ 4520

7 다음 수를 모두 포함하는 수의 범위를 나타내려고 합니다. ☐ 안에 알맞은 말을 써넣으세요.

155.0	158.5	160.0	179.2

155 ☐ 인 수

8 수를 올림, 버림, 반올림하여 천의 자리까지 나타내어 보세요.

수	올림	버림	반올림
29070			

9 어느 놀이동산의 청룡 열차는 키가 145 cm 이상인 사람만 탈 수 있습니다. 청룡 열차를 탈 수 있는 사람을 모두 찾아 이름을 써 보세요.

> 준식: 143.7 cm   연수: 132.9 cm
> 소희: 151.8 cm   기준: 146.3 cm

(   )

10 5 이상 11 미만인 자연수의 합을 구해 보세요.

(   )

11 오늘 야구장에 입장한 관람객 중 남자는 5724명, 여자는 6074명입니다. 입장한 관람객 수를 반올림하면 약 몇천 명일까요?

(   )

12 귤 1277개를 한 상자에 100개씩 담으려고 합니다. 귤을 모두 담으려면 상자는 최소 몇 개 필요할까요?

(   )

13 수직선에 나타낸 수의 범위에 속하는 자연수 중에서 가장 작은 수와 가장 큰 수를 각각 구해 보세요.

27 28 29 30 31 32 33 34 35 36

가장 작은 수 (   )
가장 큰 수 (   )

14 어떤 수를 반올림하여 백의 자리까지 나타내면 500이 됩니다. 어떤 수가 될 수 있는 수의 범위를 이상과 미만을 사용하여 나타내어 보세요.

(   )

15 어느 미술관은 20세 미만인 사람과 60세 이상인 사람에게는 입장료를 받지 않습니다. 입장료를 내야 하는 나이의 범위를 수직선에 나타내어 보세요.

10 20 30 40 50 60 70 80 90

16 주영이가 5 g인 편지 1통과 10 g인 편지 2통, 25 g인 편지 1통을 각각 보통 우편으로 보내려고 합니다. 우편 요금으로 얼마를 내야 할까요?

무게별 보통 우편 요금

무게(g)	요금(원)
5 이하	270
5 초과 25 이하	300
25 초과 50 이하	320

( )

17 쌀 538 kg을 한 포대에 10 kg씩 담아 30000원에 팔려고 합니다. 이 쌀을 팔아 받을 수 있는 돈은 최대 얼마일까요?

( )

18 어떤 자연수를 올림하여 십의 자리까지 나타내면 240이 되고, 반올림하여 십의 자리까지 나타내면 230이 됩니다. 어떤 자연수가 될 수 있는 수를 모두 구해 보세요.

( )

🖊 술술 서술형

19 4752를 어림했더니 4800이 되었습니다. 어떻게 어림했는지 보기 의 어림을 이용하여 두 가지 방법으로 설명해 보세요.

보기

올림   버림   반올림

방법 1

방법 2

20 수직선에 나타낸 수의 범위에 속하는 자연수는 5개입니다. ㉠에 알맞은 자연수는 얼마인지 풀이 과정을 쓰고 답을 구해 보세요.

22   ㉠

풀이

답

기출 단원 평가 Level ❷

점수 _____

확인 _____

1 17 이상인 수에 ○표, 12 미만인 수에 △표 하세요.

> 7 15 19 13 9 12 20 17

2 반올림하여 백의 자리까지 나타내어 보세요.

(1) 3829 ➡ (   )

(2) 26574 ➡ (   )

3 몸무게가 44 kg 초과 47 kg 이하인 초등학생 태권도 선수의 체급은 웰터급입니다. 웰터급에 속한 몸무게의 범위를 수직선에 나타내어 보세요.

```
├───┼───┼───┼───┼───┼───┼───┼───┤
41  42  43  44  45  46  47  48  49
```

4 버림하여 십의 자리까지 나타낸 수가 가장 작은 것은 어느 것일까요? (   )

① 5273   ② 5300   ③ 5268
④ 5311   ⑤ 5259

5 77을 포함하는 수의 범위를 모두 찾아 기호를 써 보세요.

> ㉠ 77 이상인 수   ㉡ 78 초과인 수
> ㉢ 77 미만인 수   ㉣ 78 이하인 수

(   )

[6~7] 준수네 모둠 학생들의 100 m 달리기 기록을 조사하여 나타낸 표입니다. 물음에 답하세요.

100 m 달리기 기록

이름	기록(초)	이름	기록(초)
준수	14.7	진희	25.5
형찬	23.3	혜수	22.0
병호	16.0	재희	13.6
기수	18.1	시연	19.3

6 100 m 달리기 기록이 16초 이하인 학생을 모두 찾아 이름을 써 보세요.

(   )

7 100 m 달리기 기록이 16초 초과 22초 미만인 학생을 모두 찾아 이름을 써 보세요.

(   )

8 25 이상 35 미만인 자연수는 모두 몇 개일까요?

( )

9 4285를 올림하여 나타낼 수 있는 수가 아닌 것을 찾아 기호를 써 보세요.

┌─────────────────────────────────┐
│ ㉠ 4290 ㉡ 4200 ㉢ 4300 ㉣ 5000 │
└─────────────────────────────────┘

( )

10 큰 수부터 차례로 기호를 써 보세요.

┌─────────────────────────────────┐
│ ㉠ 7024를 올림하여 천의 자리까지 나타 │
│   낸 수   │
│ ㉡ 7503을 버림하여 백의 자리까지 나타 │
│   낸 수   │
│ ㉢ 7865를 반올림하여 십의 자리까지 나 │
│   타낸 수   │
└─────────────────────────────────┘

( )

11 다음은 ■ 이상 ▲ 미만인 자연수를 작은 수부터 차례로 모두 쓴 것입니다. ■, ▲에 알맞은 자연수를 각각 구해 보세요.

┌─────────────────────────────────┐
│ 27 28 29 30 31 32 33 │
└─────────────────────────────────┘

■ ( )

▲ ( )

12 영호의 몸무게는 34.5 kg입니다. 영호의 몸무게를 반올림하여 일의 자리까지 나타내면 약 몇 kg일까요?

( )

13 재희가 문구점에서 2500원짜리 공책과 6200원짜리 필통을 샀습니다. 1000원짜리 지폐로 공책과 필통값을 낸다면 얼마를 내야 할까요?

( )

14 다음 수를 반올림하여 십의 자리까지 나타내면 9270이 됩니다. ☐ 안에 알맞은 수를 구해 보세요.

┌─────────────────────────────────┐
│   92☐5   │
└─────────────────────────────────┘

( )

15 어떤 자연수를 버림하여 십의 자리까지 나타내면 450이 됩니다. 어떤 자연수가 될 수 있는 수는 모두 몇 개일까요?

( )

16 66과 어떤 수를 각각 반올림하여 십의 자리까지 나타낸 후 더했더니 100이 되었습니다. 어떤 수의 범위를 이상과 미만을 사용하여 나타내어 보세요.

(   )

17 다음 조건을 모두 만족하는 네 자리 수를 구해 보세요.

> ㉠ 3000 이상 5000 미만인 수입니다.
> ㉡ 천의 자리 숫자는 4로 나누어떨어집니다.
> ㉢ 백의 자리 숫자는 6 초과 8 미만입니다.
> ㉣ 십의 자리 숫자는 가장 큰 수이고 일의 자리 숫자의 3배입니다.

(   )

18 서연이네 학교 학생들에게 연필을 한 자루씩 나누어 주려면 연필이 적어도 53타 필요합니다. 서연이네 학교 학생은 몇 명 이상 몇 명 이하인지 구해 보세요. (단, 연필 1타는 12자루입니다.)

(   )

술술 서술형

19 두 수직선에 나타낸 수의 범위에 공통으로 속하는 자연수는 모두 몇 개인지 구하려고 합니다. 풀이 과정을 쓰고 답을 구해 보세요.

풀이

답

20 다음 수를 버림하여 천의 자리까지 나타낸 수와 반올림하여 천의 자리까지 나타낸 수가 같습니다. □ 안에 들어갈 수 있는 한 자리 수를 모두 구하려고 합니다. 풀이 과정을 쓰고 답을 구해 보세요.

2□46

풀이

답

사고력이 반짝

● 크기가 같은 정사각형 모양의 색종이 8장을 겹쳐 놓았습니다. 가장 아래에
놓인 색종이의 번호를 써 보세요.

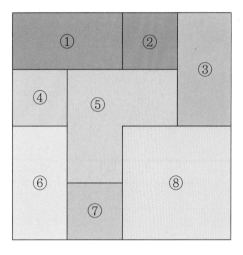

분수의 곱셈

2

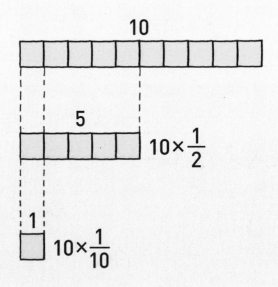

분자는 분자끼리, 분모는 분모끼리 곱해!

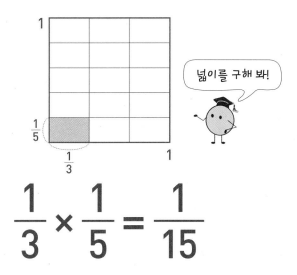

넓이를 구해 봐!

$$\frac{1}{3} \times \frac{1}{5} = \frac{1}{15}$$

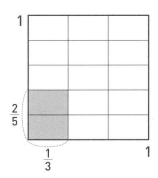

$$\frac{1}{3} \times \frac{2}{5} = \left(\frac{1}{3} \times \frac{1}{5} \right) 의 \; 2배 = \frac{2}{15}$$

$$\frac{1}{3} \times \frac{2}{5} = \frac{1 \times 2}{3 \times 5} = \frac{2}{15}$$

1 (분수) × (자연수) ⑴

● **(진분수) × (자연수)**

분수의 분모는 그대로 두고 분자와 자연수를 곱합니다.

㉑ $\dfrac{3}{4} \times 6$의 계산

방법 1 $\dfrac{3}{4} \times 6 = \dfrac{3 \times 6}{4} = \dfrac{\overset{9}{18}}{\underset{2}{4}} = \dfrac{9}{2} = 4\dfrac{1}{2}$ → 분자와 자연수를 곱한 뒤 약분합니다.

방법 2 $\dfrac{3}{4} \times 6 = \dfrac{3 \times \overset{3}{6}}{\underset{2}{4}} = \dfrac{9}{2} = 4\dfrac{1}{2}$ → 분자와 자연수를 곱하는 과정에서 약분합니다.

방법 3 $\dfrac{3}{\underset{2}{4}} \times \overset{3}{6} = \dfrac{3 \times 3}{2} = \dfrac{9}{2} = 4\dfrac{1}{2}$ → 주어진 곱셈식에서 바로 약분합니다.

➕ 보충 개념

• $\dfrac{3}{4} \times 6$의 계산 원리

$\dfrac{3}{4} \times 6$

$= \dfrac{3}{4} + \dfrac{3}{4} + \dfrac{3}{4} + \dfrac{3}{4} + \dfrac{3}{4} + \dfrac{3}{4}$

$= \dfrac{3 \times 6}{4} = \dfrac{\overset{9}{18}}{\underset{2}{4}} = \dfrac{9}{2} = 4\dfrac{1}{2}$

---

1 그림을 보고 ☐ 안에 알맞은 수를 써넣으세요.

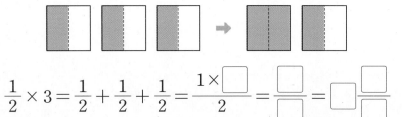

$\dfrac{1}{2} \times 3 = \dfrac{1}{2} + \dfrac{1}{2} + \dfrac{1}{2} = \dfrac{1 \times \boxed{}}{2} = \dfrac{\boxed{}}{\boxed{}} = \boxed{}\dfrac{\boxed{}}{\boxed{}}$

2 여러 가지 방법으로 계산한 것입니다. ☐ 안에 알맞은 수를 써넣으세요.

방법 1 $\dfrac{5}{12} \times 4 = \dfrac{5 \times 4}{12} = \dfrac{\overset{\boxed{}}{20}}{\underset{\boxed{}}{12}} = \dfrac{\boxed{}}{\boxed{}} = \boxed{}\dfrac{\boxed{}}{\boxed{}}$

방법 2 $\dfrac{5}{12} \times 4 = \dfrac{5 \times \overset{\boxed{}}{4}}{\underset{\boxed{}}{12}} = \dfrac{\boxed{}}{\boxed{}} = \boxed{}\dfrac{\boxed{}}{\boxed{}}$

방법 3 $\dfrac{5}{\underset{\boxed{}}{12}} \times \overset{\boxed{}}{4} = \dfrac{\boxed{}}{\boxed{}} = \boxed{}\dfrac{\boxed{}}{\boxed{}}$

❓ 계산 결과는 꼭 약분하여 기약분수로 답해야 하나요?

계산 결과를 기약분수가 아닌 분수로 나타내어도 되지만 약분하여 기약분수로 나타내는 것이 간단하고 좋아요.

---

3 계산해 보세요.

(1) $\dfrac{5}{6} \times 8$

(2) $\dfrac{7}{18} \times 10$

2 (분수) × (자연수) (2)

● **(대분수) × (자연수)**

예 $1\frac{2}{5} \times 3$의 계산

방법 1 대분수를 가분수로 고쳐서 계산합니다.

$$1\frac{2}{5} \times 3 = \frac{7}{5} \times 3 = \frac{21}{5} = 4\frac{1}{5}$$

방법 2 대분수를 자연수와 진분수로 나누어 계산합니다.

$$1\frac{2}{5} \times 3 = (1 + \frac{2}{5}) \times 3 = (1 \times 3) + (\frac{2}{5} \times 3)$$

$$= 3 + \frac{6}{5} = 3 + 1\frac{1}{5} = 4\frac{1}{5}$$

연결 개념

• 덧셈에 대한 곱셈의 분배법칙

- $(■ + ▲) × ●$
  $= (■ × ●) + (▲ × ●)$
- $(3 + 2) × 5$
  $= (3 × 5) + (2 × 5)$
- $(1 + \frac{2}{5}) × 3$
  $= (1 × 3) + (\frac{2}{5} × 3)$

4 여러 가지 방법으로 계산한 것입니다. ☐ 안에 알맞은 수를 써넣으세요.

방법 1 $2\frac{1}{7} \times 4 = \dfrac{\boxed{}}{7} \times 4 = \dfrac{\boxed{}}{7} = \boxed{}$

방법 2 $2\frac{1}{7} \times 4 = (2 \times 4) + (\boxed{} \times 4) = 8 + \boxed{} = \boxed{}$

방법 1 은 (진분수) × (자연수)의 계산 원리를 그대로 적용하여 문제를 해결할 수 있습니다.

방법 2 는 자연수 부분과 분수 부분으로 나누어 계산하기 때문에 그 양이 어느 정도인지 쉽게 알 수 있습니다.

5 계산해 보세요.

(1) $4\frac{1}{6} \times 5$

(2) $3\frac{5}{8} \times 6$

6 계산 결과가 같은 것끼리 이어 보세요.

(1) $\dfrac{5}{18} \times 7$ •

(2) $2\dfrac{3}{4} \times 5$ •

(3) $1\dfrac{3}{8} \times 6$ •

• ㉠ $\dfrac{11}{4} \times 3$

• ㉡ $\dfrac{11}{4} \times 5$

• ㉢ $\dfrac{7}{18} \times 5$

3 (자연수) × (분수) ⑴

● **(자연수) × (진분수)**

분수의 분모는 그대로 두고 자연수와 분자를 곱합니다.

예) $12 \times \dfrac{2}{9}$ 의 계산

방법 1 $\quad 12 \times \dfrac{2}{9} = \dfrac{12 \times 2}{9} = \dfrac{\overset{8}{\cancel{24}}}{\underset{3}{\cancel{9}}} = \dfrac{8}{3} = 2\dfrac{2}{3}$ → 자연수와 분자를 곱한 뒤 약분합니다.

방법 2 $\quad 12 \times \dfrac{2}{9} = \dfrac{\overset{4}{\cancel{12}} \times 2}{\underset{3}{\cancel{9}}} = \dfrac{8}{3} = 2\dfrac{2}{3}$ → 자연수와 분자를 곱하는 과정에서 약분합니다.

방법 3 $\quad \overset{4}{\cancel{12}} \times \dfrac{2}{\underset{3}{\cancel{9}}} = \dfrac{4 \times 2}{3} = \dfrac{8}{3} = 2\dfrac{2}{3}$ → 주어진 곱셈식에서 바로 약분합니다.

+ 보충 개념

• 자연수에 진분수를 곱하면 처음 자연수보다 작은 수가 됩니다.

$$4 > 4 \times \dfrac{3}{5}$$

---

7 그림을 보고 ☐ 안에 알맞은 수를 써넣으세요.

```
0   1   2   3   4   5   6   7   8   9   10
```

$$10 \times \dfrac{3}{5} = \dfrac{10 \times \boxed{}}{5} = \dfrac{\boxed{}}{5} = \boxed{}$$

$10 \times \dfrac{3}{5} = \dfrac{3}{5} \times 10$ 이므로 자연수와 분자를 곱하여 계산합니다.

8 여러 가지 방법으로 계산한 것입니다. ☐ 안에 알맞은 수를 써넣으세요.

방법 1 $\quad 8 \times \dfrac{7}{12} = \dfrac{8 \times 7}{12} = \dfrac{\overset{\boxed{}}{\cancel{56}}}{\underset{\boxed{}}{\cancel{12}}} = \dfrac{\boxed{}}{\boxed{}} = \boxed{}\dfrac{\boxed{}}{\boxed{}}$

방법 2 $\quad 8 \times \dfrac{7}{12} = \dfrac{\overset{\boxed{}}{\cancel{8}} \times 7}{\underset{\boxed{}}{\cancel{12}}} = \dfrac{\boxed{}}{\boxed{}} = \boxed{}\dfrac{\boxed{}}{\boxed{}}$

방법 3 $\quad \overset{\boxed{}}{\cancel{8}} \times \dfrac{7}{\underset{\boxed{}}{\cancel{12}}} = \dfrac{\boxed{}}{\boxed{}} = \boxed{}\dfrac{\boxed{}}{\boxed{}}$

9 계산해 보세요.

(1) $15 \times \dfrac{2}{5}$

(2) $9 \times \dfrac{5}{6}$

4 (자연수)×(분수)(2)

정답과 풀이 9쪽

● (자연수)×(대분수)

예 $6 \times 1\frac{3}{5}$ 의 계산

방법 1 대분수를 가분수로 고쳐서 계산합니다.

$$6 \times 1\frac{3}{5} = 6 \times \frac{8}{5} = \frac{48}{5} = 9\frac{3}{5}$$

방법 2 대분수를 자연수와 진분수로 나누어 계산합니다.

$$6 \times 1\frac{3}{5} = 6 \times (1+\frac{3}{5}) = (6 \times 1) + (6 \times \frac{3}{5})$$
$$= 6 + \frac{18}{5} = 6 + 3\frac{3}{5} = 9\frac{3}{5}$$

⊕ 보충 개념

• 자연수에 대분수를 곱하면 처음 자연수보다 큰 수가 됩니다.

$$4 < 4 \times 1\boxed{\frac{3}{5}}$$

10 여러 가지 방법으로 계산한 것입니다. □ 안에 알맞은 수를 써넣으세요.

방법 1 $3 \times 2\frac{1}{4} = 3 \times \dfrac{\boxed{}}{4} = \dfrac{\boxed{}}{4} = \boxed{}$

방법 2 $3 \times 2\frac{1}{4} = (3 \times 2) + (3 \times \boxed{}) = 6 + \boxed{} = \boxed{}$

▶ 덧셈에 대한 곱셈의 분배법칙
- $● \times (■ + ▲)$
  $= (● \times ■) + (● \times ▲)$
- $5 \times (3+2)$
  $= (5 \times 3) + (5 \times 2)$
- $3 \times (1 + \frac{2}{5})$
  $= (3 \times 1) + (3 \times \frac{2}{5})$

11 계산해 보세요.

(1) $4 \times 2\frac{2}{7}$

(2) $6 \times 1\frac{3}{8}$

▶ 덧셈을 하면 항상 계산 결과가 커지지만 곱셈을 하면 항상 계산 결과가 커지는 것은 아닙니다.

12 자연수에 분수를 곱하면 크기가 어떻게 변하는지 알아보세요.

(1) 곱을 그림에 나타내어 보세요.

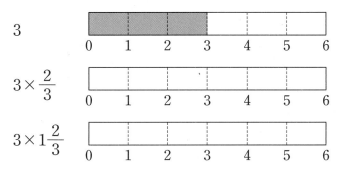

(2) ○ 안에 >, =, <를 알맞게 써넣으세요.

$3 \bigcirc 3 \times \frac{2}{3}$

$3 \bigcirc 3 \times 1\frac{2}{3}$

2

5 진분수의 곱셈

● (진분수) × (진분수)

분자는 분자끼리, 분모는 분모끼리 곱합니다.

(예) $\dfrac{5}{6} \times \dfrac{2}{3}$ 의 계산

방법 1 $\dfrac{5}{6} \times \dfrac{2}{3} = \dfrac{5 \times 2}{6 \times 3} = \dfrac{\overset{5}{10}}{\underset{9}{18}} = \dfrac{5}{9}$ → 분자끼리, 분모끼리 곱한 뒤 약분합니다.

방법 2 $\dfrac{5}{6} \times \dfrac{2}{3} = \dfrac{5 \times \overset{1}{2}}{\underset{3}{6} \times 3} = \dfrac{5}{9}$ → 분자끼리, 분모끼리 곱하는 과정에서 약분합니다.

방법 3 $\dfrac{5}{\underset{3}{6}} \times \dfrac{\overset{1}{2}}{3} = \dfrac{5}{9}$ → 주어진 곱셈식에서 바로 약분합니다.

⊕ 보충 개념

● 세 분수의 곱셈

(예) $\dfrac{3}{4} \times \dfrac{1}{2} \times \dfrac{3}{5}$ 의 계산

방법 1 앞에서부터 두 분수씩 차례로 곱합니다.

$\dfrac{3}{4} \times \dfrac{1}{2} \times \dfrac{3}{5} = \dfrac{3}{8} \times \dfrac{3}{5}$
$\phantom{\dfrac{3}{4} \times \dfrac{1}{2} \times \dfrac{3}{5}} = \dfrac{9}{40}$

방법 2 한꺼번에 분자는 분자끼리, 분모는 분모끼리 곱합니다.

$\dfrac{3}{4} \times \dfrac{1}{2} \times \dfrac{3}{5} = \dfrac{3 \times 1 \times 3}{4 \times 2 \times 5}$
$\phantom{\dfrac{3}{4} \times \dfrac{1}{2} \times \dfrac{3}{5}} = \dfrac{9}{40}$

---

13 그림을 보고 □ 안에 알맞은 수를 써넣으세요.

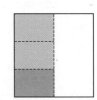

$\dfrac{1}{2} \times \dfrac{1}{3} = \dfrac{1 \times 1}{\square \times \square} = \dfrac{\square}{\square}$

▶ 1보다 작은 두 수를 곱했으므로 (진분수) × (진분수)의 계산 결과는 1보다 작습니다.

$\dfrac{1}{2} \times \dfrac{1}{3} < 1$

$\dfrac{1}{2} \times \dfrac{1}{3} < \dfrac{1}{2}$

$\dfrac{1}{2} \times \dfrac{1}{3} < \dfrac{1}{3}$

14 여러 가지 방법으로 계산한 것입니다. □ 안에 알맞은 수를 써넣으세요.

방법 1 $\dfrac{5}{6} \times \dfrac{4}{7} = \dfrac{5 \times 4}{6 \times 7} = \dfrac{\overset{\square}{20}}{\underset{\square}{42}} = \dfrac{\square}{\square}$

방법 2 $\dfrac{5}{6} \times \dfrac{4}{7} = \dfrac{5 \times \overset{\square}{4}}{\underset{\square}{6} \times 7} = \dfrac{\square}{\square}$

방법 3 $\dfrac{5}{\underset{\square}{6}} \times \dfrac{\overset{\square}{4}}{7} = \dfrac{\square}{\square}$

15 계산해 보세요.

(1) $\dfrac{6}{7} \times \dfrac{2}{9}$

(2) $\dfrac{3}{5} \times \dfrac{2}{3} \times \dfrac{7}{8}$

6 여러 가지 분수의 곱셈

● **(대분수)×(대분수)**

예 $2\frac{2}{5} \times 1\frac{1}{6}$의 계산

방법 1 대분수를 가분수로 고쳐서 계산합니다.

$$2\frac{2}{5} \times 1\frac{1}{6} = \frac{\overset{2}{\cancel{12}}}{5} \times \frac{7}{\underset{1}{\cancel{6}}} = \frac{14}{5} = 2\frac{4}{5}$$

방법 2 대분수를 자연수와 진분수로 나누어 계산합니다.

$$2\frac{2}{5} \times 1\frac{1}{6} = (2\frac{2}{5} \times 1) + (2\frac{2}{5} \times \frac{1}{6}) = 2\frac{2}{5} + (\frac{\overset{2}{\cancel{12}}}{5} \times \frac{1}{\underset{1}{\cancel{6}}})$$

$$= 2\frac{2}{5} + \frac{2}{5} = 2\frac{4}{5}$$

> **＋ 보충 개념**
>
> • 자연수나 대분수는 모두 가분수 형태로 바꿀 수 있습니다. 따라서 분수가 들어간 모든 곱셈은 분자는 분자끼리, 분모는 분모끼리 곱하여 계산할 수 있습니다.

---

16 그림을 보고 □ 안에 알맞은 수를 써넣으세요.

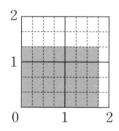

$$1\frac{3}{4} \times 1\frac{1}{3} = \frac{\square}{4} \times \frac{\square}{3} = \frac{\square}{3} = \square$$

> ▶ 대분수를 가분수로 바꾸어 계산하는 방법이 대분수를 자연수와 진분수로 나누어 계산하는 방법보다 편합니다.

17 (분수)×(분수)의 계산 방법을 이용하여 계산해 보세요.

(1) $4 \times \frac{2}{5} = \frac{\square}{1} \times \frac{2}{5} = \frac{\square \times 2}{1 \times \square} = \frac{\square}{\square} = \square\frac{\square}{\square}$

(2) $\frac{3}{4} \times 5 = \frac{3}{4} \times \frac{\square}{1} = \frac{3 \times \square}{\square \times 1} = \frac{\square}{\square} = \square\frac{\square}{\square}$

(3) $2\frac{1}{2} \times 1\frac{5}{6} = \frac{\square}{2} \times \frac{\square}{6} = \frac{\square}{\square} = \square\frac{\square}{\square}$

18 계산해 보세요.

(1) $2\frac{2}{3} \times 2\frac{1}{10}$

(2) $10\frac{1}{8} \times 3\frac{5}{9}$

개념+문제 풀이

1 (진분수)×(자연수)

예 $\frac{3}{4} \times 5$의 계산

$$\frac{3}{4} \times 5 = \frac{3 \times 5}{4} = \frac{15}{4} = 3\frac{3}{4}$$

서술형

1 바르게 계산한 학생의 이름을 쓰고, (진분수)×(자연수)의 계산 방법을 설명해 보세요.

인호: $\frac{2}{5} \times 4 = \frac{2 \times 4}{5 \times 4} = \frac{8}{20} = \frac{2}{5}$

수지: $\frac{2}{5} \times 4 = \frac{2 \times 4}{5} = \frac{8}{5} = 1\frac{3}{5}$

준형: $\frac{2}{5} \times 4 = \frac{2}{5 \times 4} = \frac{2}{20} = \frac{1}{10}$

답 _____

방법 _____

_____

2 바르게 약분한 것에 ○표 하세요.

$\overset{1}{\underset{}{\frac{2}{3}}} \times \overset{6}{12}$ $\frac{2}{3} \times \overset{4}{\underset{1}{12}}$

(   )   (   )

3 ☐ 안에 알맞은 수를 써넣으세요.

$$\frac{5}{12} \times 3 = \boxed{}$$

$$\frac{5}{12} \times 6 = \boxed{}$$

4 찰흙이 $\frac{5}{8}$ kg씩 4덩어리 있습니다. 찰흙은 모두 몇 kg일까요?

식 _____

답 _____

5 학생들에게 음료수를 $\frac{3}{5}$ L씩 나누어 주려고 합니다. 15명에게 나누어 주려면 음료수는 모두 몇 L 필요할까요?

(   )

2 (대분수)×(자연수)

예 $1\frac{1}{3} \times 2$의 계산

방법 1 $1\frac{1}{3} \times 2 = \frac{4}{3} \times 2 = \frac{8}{3} = 2\frac{2}{3}$

방법 2 $1\frac{1}{3} \times 2 = (1 \times 2) + (\frac{1}{3} \times 2)$
$$= 2 + \frac{2}{3} = 2\frac{2}{3}$$

6 계산 결과가 $1\frac{3}{5} \times 3$과 다른 것은 어느 것일까요? (   )

① $\frac{8}{5} \times 3$ ② $3 + \frac{9}{5}$

③ $1 + \frac{3 \times 3}{5}$ ④ $1\frac{3}{5} + 1\frac{3}{5} + 1\frac{3}{5}$

⑤ $(1 \times 3) + (\frac{3}{5} \times 3)$

서술형

7 다음을 두 가지 방법으로 계산해 보세요.

$$2\frac{5}{6} \times 4$$

방법 1

방법 2

8 □ 안에 알맞은 수를 써넣으세요.

$$2 \times 3 = \boxed{}$$

$$\frac{2}{9} \times 3 = \boxed{}$$

$$2\frac{2}{9} \times 3 = \boxed{}$$

9 다음 수를 구해 보세요.

$$2\frac{4}{15}\text{의 9배인 수}$$

(   )

10 민수는 자전거로 1분에 $1\frac{2}{5}$ km를 갑니다. 같은 빠르기로 간다면 7분 동안에 몇 km를 갈 수 있을까요?

식

답

11 다음 정사각형의 둘레는 몇 cm일까요?

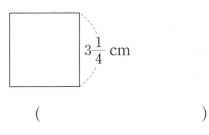

$3\frac{1}{4}$ cm

(   )

3 (자연수)×(진분수)

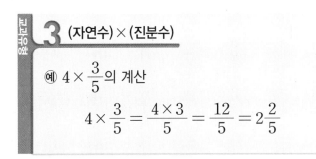

예 $4 \times \frac{3}{5}$의 계산

$$4 \times \frac{3}{5} = \frac{4 \times 3}{5} = \frac{12}{5} = 2\frac{2}{5}$$

12 그림을 보고 잘못 이야기한 학생을 찾아 이름을 써 보세요.

윤지: 10의 $\frac{1}{5}$은 2입니다.

상훈: $10 \times \frac{2}{5}$는 10보다 큽니다.

재석: 10의 $\frac{3}{5}$은 6입니다.

소윤: $10 \times \frac{4}{5}$는 10보다 작습니다.

(   )

13 계산해 보세요.

$$12 \times \frac{3}{8} = \boxed{}$$

$$12 \times \frac{5}{8} = \boxed{}$$

14 ○ 안에 >, =, <를 알맞게 써넣고, 알 수 있는 점을 써 보세요.

$$5 \bigcirc 5 \times \frac{1}{5} \qquad 5 \bigcirc \frac{5}{7} \times 5$$

15 가로가 2 m, 세로가 $\frac{8}{9}$ m인 직사각형이 있습니다. 이 직사각형의 넓이는 몇 m²일까요?

식 _____

답 _____

16 □ 안에 들어갈 수 있는 자연수는 모두 몇 개일까요?

$$6 \times \frac{3}{4} < \square < 14 \times \frac{5}{7}$$

( )

17 바르게 말한 학생을 찾아 이름을 써 보세요.

1 m의 $\frac{1}{2}$은 20 cm야. — 승재

1시간의 $\frac{1}{3}$은 20분이야. — 상화

( )

개념정리

4 (자연수)×(대분수)

예 $6 \times 1\frac{3}{7}$의 계산

방법 1 $6 \times 1\frac{3}{7} = 6 \times \frac{10}{7} = \frac{60}{7} = 8\frac{4}{7}$

방법 2 $6 \times 1\frac{3}{7} = (6 \times 1) + (6 \times \frac{3}{7})$
$= 6 + \frac{18}{7} = 6 + 2\frac{4}{7} = 8\frac{4}{7}$

18 계산 결과가 같은 것끼리 이어 보세요.

(1) $6 \times \frac{5}{7}$ •

(2) $4 \times 2\frac{2}{3}$ •

(3) $3 \times 1\frac{3}{5}$ •

• ㉠ $2\frac{2}{3} \times 4$

• ㉡ $\frac{8}{5} \times 3$

• ㉢ $\frac{6}{7} \times 5$

19 □ 안에 알맞은 수를 써넣으세요.

$$5 \times 2 = \boxed{}$$
$$5 \times \frac{2}{15} = \boxed{}$$
$$\overline{\qquad\qquad\qquad}$$
$$5 \times 2\frac{2}{15} = \boxed{}$$

20 두 수의 곱을 구해 보세요.

$$4 \qquad\qquad 3\frac{5}{6}$$

( )

21 계산 결과가 7보다 큰 식을 모두 찾아 ○표 하세요.

$$7 \times 1\frac{1}{2} \quad 7 \times \frac{4}{5} \quad 7 \times 3\frac{2}{7} \quad 7 \times 1$$

22 굵기가 일정한 철근 1 m의 무게가 15 kg입니다. 이 철근 $2\frac{3}{10}$ m의 무게는 몇 kg일까요?

식 ....

답 ....

23 어떤 수는 28의 $1\frac{3}{7}$배입니다. 어떤 수의 $1\frac{3}{5}$배는 얼마일까요?

(   )

서술형
24 분수의 곱셈식에 알맞은 문제를 만들고, 풀이 과정을 쓰고 답을 구해 보세요.

$$4 \times 2\frac{1}{2}$$

문제

풀이 ....

답 ....

5 진분수의 곱셈

예 $\frac{4}{5} \times \frac{2}{3}$의 계산

$$\frac{4}{5} \times \frac{2}{3} = \frac{4 \times 2}{5 \times 3} = \frac{8}{15}$$

25 계산해 보세요.

$$\frac{1}{4} \times \frac{1}{3} = \boxed{}$$

$$\frac{1}{2} \times \frac{1}{6} = \boxed{}$$

26 빈 곳에 알맞은 수를 써넣으세요.

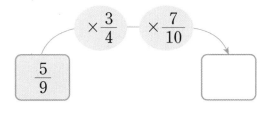

27 계산 결과가 큰 것의 기호를 써 보세요.

$$\boxed{\text{㉠ } \frac{5}{9} \times \frac{3}{10} \qquad \text{㉡ } \frac{1}{4} \times \frac{2}{5}}$$

(   )

28 ○ 안에 >, =, <를 알맞게 써넣으세요.

(1) $\frac{2}{3}$ ○ $\frac{2}{3} \times \frac{1}{5}$

(2) $\frac{3}{4} \times \frac{1}{9}$ ○ $\frac{3}{4} \times \frac{1}{7}$

29 다음 수 카드 중 두 장을 사용하여 분수의 곱셈을 만들려고 합니다. 계산 결과가 가장 작은 식을 만들고 계산해 보세요.

| 7 | 4 | 3 | 8 | 5 | 6 |

$$\dfrac{1}{\Box} \times \dfrac{1}{\Box} = (\qquad\qquad)$$

30 건희네 학교 5학년 학생은 전체 학생 수의 $\dfrac{1}{6}$입니다. 5학년 학생의 $\dfrac{4}{9}$는 여학생이고, 그 중 $\dfrac{1}{3}$은 안경을 썼습니다. 안경을 쓴 5학년 여학생은 전체 학생 수의 몇 분의 몇일까요?

식 _____

답 _____

31 성민이는 어제까지 동화책 한 권의 $\dfrac{2}{3}$를 읽었습니다. 그리고 오늘은 어제까지 읽고 난 나머지의 $\dfrac{1}{4}$을 읽었습니다. 오늘 읽은 양은 동화책 전체의 몇 분의 몇일까요?

(   )

32 □ 안에 들어갈 수 있는 자연수를 모두 구해 보세요.

$$\dfrac{1}{30} < \dfrac{1}{8} \times \dfrac{1}{\Box}$$

(   )

6 여러 가지 분수의 곱셈

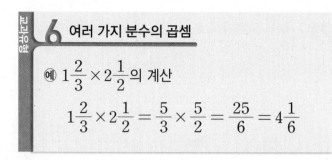

예 $1\dfrac{2}{3} \times 2\dfrac{1}{2}$의 계산

$$1\dfrac{2}{3} \times 2\dfrac{1}{2} = \dfrac{5}{3} \times \dfrac{5}{2} = \dfrac{25}{6} = 4\dfrac{1}{6}$$

서술형
33 계산에서 잘못된 부분을 찾아 이유를 쓰고, 바르게 계산해 보세요.

$$1\dfrac{\overset{1}{2}}{5} \times 1\dfrac{1}{\underset{7}{14}} = 1\dfrac{1}{5} \times 1\dfrac{1}{7} = \dfrac{6}{5} \times \dfrac{8}{7}$$
$$= \dfrac{48}{35} = 1\dfrac{13}{35}$$

이유 _____

_____

$$1\dfrac{2}{5} \times 1\dfrac{1}{14} = $$ _____

34 가장 큰 수와 가장 작은 수의 곱을 구해 보세요.

$$1\dfrac{7}{9} \quad 2\dfrac{2}{5} \quad 2\dfrac{1}{3} \quad 1\dfrac{3}{4}$$

(   )

35 □ 안에 알맞은 수를 써넣으세요.

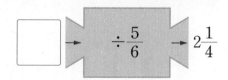

$$\Box \to \div \dfrac{5}{6} \to 2\dfrac{1}{4}$$

36 수 카드를 한 번씩만 사용하여 대분수를 만들려고 합니다. 만들 수 있는 가장 큰 대분수와 가장 작은 대분수의 곱을 구해 보세요.

1 2 5

(   )

실전유형

괄호가 있는 분수의 곱셈

괄호가 있는 곱셈은 괄호 안을 먼저 계산합니다.

예 $\dfrac{3}{4} \times \left(\dfrac{1}{2} + \dfrac{1}{3} \right) = \dfrac{\overset{1}{\cancel{3}}}{4} \times \dfrac{5}{\underset{2}{\cancel{6}}} = \dfrac{5}{8}$

① ②

37 □ 안에 들어갈 수 있는 자연수를 모두 구해 보세요.

$$3\dfrac{3}{4} \times 1\dfrac{2}{3} > \square\dfrac{3}{4}$$

(   )

40 계산해 보세요.

(1) $\dfrac{3}{5} \times \left(\dfrac{3}{8} + \dfrac{1}{4} \right)$

(2) $\left(\dfrac{5}{6} - \dfrac{2}{3} \right) \times \dfrac{2}{3}$

38 지혜는 한 시간에 $3\dfrac{1}{2}$ km를 걷습니다. 같은 빠르기로 걷는다면 $2\dfrac{2}{3}$ 시간 동안 몇 km를 걸을 수 있을까요?

식

답

서술형
41 도형에서 색칠한 부분의 넓이는 몇 cm²인지 풀이 과정을 쓰고 답을 구해 보세요.

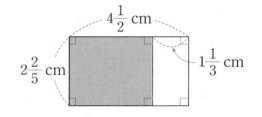

풀이

답

39 민주의 몸무게는 36 kg입니다. 수호의 몸무게는 민주의 몸무게의 $1\dfrac{1}{8}$배이고, 승훈이의 몸무게는 수호의 몸무게의 $\dfrac{7}{9}$입니다. 승훈이의 몸무게는 몇 kg일까요?

(   )

42 길이가 각각 $\dfrac{7}{9}$ m, $\dfrac{1}{3}$ m인 두 끈을 겹치지 않게 길게 이은 후 전체의 $\dfrac{3}{4}$을 사용하였습니다. 사용한 끈의 길이는 몇 m일까요?

(   )

심화유형 1 곱셈과 나눗셈의 관계를 이용하여 어떤 수 구하기

어떤 수를 4로 나누었더니 $1\frac{2}{9}$가 되었습니다. 어떤 수는 얼마일까요?

( )

● 핵심 NOTE
- 어떤 수를 □라 하고 식을 세웁니다.
- 곱셈과 나눗셈의 관계를 이용하여 나눗셈식을 곱셈식으로 바꾸어 계산합니다.

1-1 어떤 수를 8로 나누었더니 $1\frac{4}{5}$가 되었습니다. 어떤 수는 얼마일까요?

( )

1-2 어떤 수에 9를 곱해야 할 것을 잘못하여 9로 나누었더니 $\frac{5}{6}$가 되었습니다. 바르게 계산하면 얼마일까요?

( )

1-3 $4\frac{1}{6}$에 어떤 수를 곱해야 할 것을 잘못하여 더했더니 $5\frac{2}{3}$가 되었습니다. 바르게 계산하면 얼마일까요?

( )

부분은 전체의 몇 분의 몇인지 구하기

심화유형 **2**

선우네 반 학급문고에 있는 전체 책의 $\frac{3}{4}$은 아동 도서입니다. 아동 도서 중 $\frac{1}{4}$은 동화책이고, 동화책 중 $\frac{2}{3}$는 전래동화입니다. 학급문고에 있는 책이 모두 96권이라면 이 중 전래동화는 몇 권일까요?

( )

● **핵심 NOTE**

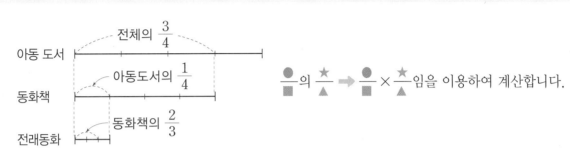

$\frac{■}{●}$의 $\frac{★}{▲}$ ➡ $\frac{■}{●} × \frac{★}{▲}$ 임을 이용하여 계산합니다.

2-1 아현이네 학교 5학년 학생 수의 $\frac{1}{2}$은 여학생입니다. 여학생 중 $\frac{3}{7}$은 문학을 좋아하고, 문학을 좋아하는 여학생 중 $\frac{2}{5}$는 시를 좋아합니다. 5학년 학생이 모두 140명이라면 이 중 시를 좋아하는 여학생은 몇 명일까요?

( )

2-2 인서는 어제 책 한 권의 $\frac{1}{4}$을 읽고, 오늘은 어제 읽고 난 나머지의 $\frac{4}{9}$를 읽었습니다. 책 한 권이 60쪽이라면 어제와 오늘 읽고 난 나머지는 몇 쪽일까요?

( )

3 곱이 자연수가 되는 분수 구하기

심화유형

㉮에 알맞은 분수 중에서 가장 작은 수를 구해 보세요.

$$㉮ \times \frac{3}{14} = (자연수) \qquad ㉮ \times \frac{9}{28} = (자연수)$$

( )

● **핵심 NOTE** · ㉮에 $\frac{3}{14}$ 과 $\frac{9}{28}$ 를 각각 곱했을 때의 곱이 자연수가 되려면 곱의 분모는 1이 되어야 합니다.

· $\frac{\blacktriangle}{\blacksquare} \times \frac{\blacklozenge}{\blacktriangledown} = (자연수)$ 가 되는 $\frac{\blacktriangle}{\blacksquare}$ 를 구하려면 $\frac{\blacktriangle}{\blacksquare} = \frac{(\blacktriangledown의 배수)}{(\blacklozenge의 약수)}$ 입니다.

3-1 ㉮에 알맞은 분수 중에서 가장 작은 수를 구해 보세요.

$$㉮ \times \frac{7}{30} = (자연수) \qquad ㉮ \times \frac{14}{15} = (자연수)$$

( )

3-2 두 분수 $\frac{5}{12}$ 와 $\frac{15}{16}$ 에 각각 같은 어떤 분수를 곱한 결과가 자연수가 되었습니다. 어떤 분수가 될 수 있는 수 중에서 가장 작은 수를 구해 보세요.

( )

단위량을 이용하여 전체 거리 구하기

석준이는 8·15 광복을 기념하는 나라사랑 청소년 국토 순례 대장정 프로그램에 참여하였습니다. 석준이는 제주도에서 시작하여 판문점까지의 구간을 19박 20일에 걸쳐 도보로 이동하며 우리나라의 문화 유적지를 순례하고 다양한 체험활동을 하였습니다. 석준이는 이 행사에서 한 시간에 $4\frac{2}{11}$ km를 가는 빠르기로 걸었습니다. 같은 빠르기로 석준이가 3시간 40분 동안 걸은 거리는 몇 km인지 구해 보세요.

제주도

판문점

1단계 3시간 40분은 몇 시간인지 분수로 나타내기

_____

_____

2단계 3시간 40분 동안 걸은 거리는 몇 km인지 구하기

_____

_____

(   )

● 핵심 NOTE   **1단계** 1시간=60분임을 이용하여 3시간 40분을 시간 단위의 분수로 나타냅니다.

            2단계 (한 시간에 걸은 거리)×(걸은 시간)을 이용하여 3시간 40분 동안 걸은 거리를 구합니다.

4-1 종민이는 자전거를 타고 우리나라의 산과 강을 순례하는 청소년 나라사랑 자전거 국토 순례 대행진에 참여하였습니다. 종민이는 이 행진에서 자전거로 한 시간에 $6\frac{6}{7}$ km를 가는 빠르기로 달렸습니다. 같은 빠르기로 종민이가 5시간 15분 동안 달린 거리는 몇 km일까요?

(   )

기출 단원 평가 Level ❶

1 그림을 보고 ☐ 안에 알맞은 수를 써넣으세요.

$$\frac{1}{2} \times \frac{1}{\boxed{}} \times \frac{1}{3} = \frac{\boxed{}}{\boxed{}}$$

2 계산 결과가 <u>다른</u> 하나는 어느 것일까요?

( )

① $\frac{5}{7} \times 3$ ② $\frac{5}{7} + \frac{5}{7} + \frac{5}{7}$

③ $\frac{5 \times 3}{7}$ ④ $\frac{3}{7} \times 6$

⑤ $2\frac{1}{7}$

3 바르게 계산한 학생을 찾아 이름을 써 보세요.

> 주혜: $4 \times \frac{3}{8} = 1\frac{2}{3}$
>
> 선웅: $5 \times \frac{4}{15} = 1\frac{1}{3}$
>
> 지호: $6 \times \frac{4}{7} = \frac{64}{7}$

( )

4 계산해 보세요.

(1) $\frac{5}{6} \times 10$

(2) $1\frac{5}{8} \times 3\frac{7}{13}$

5 빈 곳에 두 수의 곱을 써넣으세요.

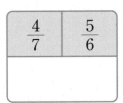

6 ○ 안에 >, =, <를 알맞게 써넣으세요.

(1) $9 \bigcirc 9 \times 1\frac{1}{3}$

(2) $\frac{5}{9} \bigcirc \frac{5}{9} \times \frac{3}{4}$

7 빈 곳에 알맞은 수를 써넣으세요.

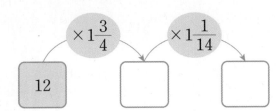

8 주어진 식의 계산 결과보다 작은 자연수를 모두 구해 보세요.

$$7 \times \frac{9}{14}$$

( )

9 ㉠과 ㉡ 중 더 큰 수의 기호를 써 보세요.

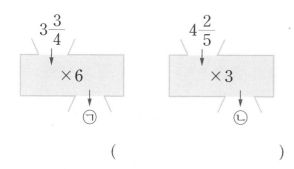

$3\frac{3}{4}$ → ×6 → ㉠

$4\frac{2}{5}$ → ×3 → ㉡

( )

10 가장 큰 수를 찾아 기호를 써 보세요.

㉠ $3\frac{5}{7} \times 1$

㉡ $3\frac{5}{7} \times \frac{3}{4}$

㉢ $3\frac{5}{7} \times 1\frac{1}{3}$

( )

11 빈 곳에 알맞은 수를 써넣으세요.

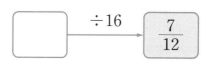

□ → ÷16 → $\frac{7}{12}$

12 색종이 20장 중 $\frac{2}{5}$는 빨간색입니다. 빨간 색종이는 몇 장일까요?

( )

13 하은이는 위인전을 어제는 전체의 $\frac{1}{4}$만큼 읽었고 오늘은 어제 읽은 양의 $\frac{1}{3}$만큼 읽었습니다. 하은이가 오늘 읽은 양은 위인전 전체의 몇 분의 몇일까요?

( )

14 물이 1분에 $4\frac{5}{9}$ L 나오는 수도가 있습니다. 이 수도로 6분 동안 받을 수 있는 물은 몇 L 일까요?

( )

15 벽에 한 변이 $3\frac{1}{3}$ cm인 정사각형 모양의 타일 15장을 겹치지 않게 붙였습니다. 타일을 붙인 벽의 넓이는 몇 cm²일까요?

(   )

16 어떤 수는 15의 $\frac{5}{9}$배입니다. 어떤 수의 $\frac{7}{10}$배는 얼마일까요?

(   )

17 수 카드를 모두 한 번씩 사용하여 3개의 진분수를 만들어 곱하였을 때 가장 작은 곱은 얼마일까요? (단, 분모, 분자에 각각 한 장의 카드만 사용합니다.)

[1] [3] [4] [6] [8] [9]

(   )

18 수연이는 하루 중 $\frac{1}{4}$을 학교에서 생활하고, 그중 $\frac{2}{3}$는 공부를 합니다. 수연이가 하루에 학교에서 공부하는 시간은 몇 시간일까요?

(   )

🖊 술술 서술형

19 귤 한 상자의 무게는 $5\frac{1}{8}$ kg입니다. 귤 4상자의 무게는 몇 kg인지 두 가지 방법으로 구해 보세요.

방법 1 _____

_____

_____

방법 2 _____

_____

답 _____

20 한 시간에 88 km를 가는 빠르기로 달리는 자동차가 있습니다. 이 자동차가 같은 빠르기로 달린다면 1시간 45분 동안 몇 km를 달릴 수 있는지 풀이 과정을 쓰고 답을 구해 보세요.

풀이 _____

_____

_____

답 _____

기출 단원 평가 Level ❷

1 계산에서 잘못된 부분을 찾아 바르게 계산해 보세요.

$$6 \times 1\frac{2}{9} = \overset{2}{\cancel{6}} \times \frac{11}{\underset{3}{\cancel{9}}} = \frac{11}{2 \times 3}$$

$$= \frac{11}{6} = 1\frac{5}{6}$$

2 계산 결과가 같은 것끼리 이어 보세요.

(1) $\dfrac{3}{16} \times 5$ •

(2) $2\dfrac{1}{3} \times 4$ •

(3) $1\dfrac{5}{6} \times 8$ •

• ㉠ $4 \times \dfrac{7}{3}$

• ㉡ $4 \times \dfrac{11}{3}$

• ㉢ $3 \times \dfrac{5}{16}$

3 계산해 보세요.

(1) $\dfrac{9}{10} \times \dfrac{5}{6}$

(2) $2\dfrac{3}{8} \times 4$

4 두 수의 곱을 구해 보세요.

$$\frac{7}{8} \qquad 4\frac{4}{5}$$

( )

5 계산 결과가 가장 작은 것은 어느 것일까요?

( )

① $\dfrac{1}{4} \times \dfrac{1}{4}$ ② $\dfrac{1}{5} \times \dfrac{1}{7}$

③ $\dfrac{1}{6} \times \dfrac{1}{6}$ ④ $\dfrac{1}{2} \times \dfrac{1}{9}$

⑤ $\dfrac{1}{5} \times \dfrac{1}{8}$

6 ☐ 안에 들어갈 수 있는 자연수 중 가장 작은 수를 구해 보세요.

$$2\frac{2}{3} \times 2\frac{1}{10} < \square$$

( )

7 ㉠과 ㉡을 계산한 값의 차를 구해 보세요.

$$㉠ \frac{11}{18} \times 27 \qquad ㉡ \frac{4}{7} \times 21$$

( )

8 계산 결과가 $\frac{5}{8}$보다 큰 것에 ○표, $\frac{5}{8}$보다 작은 것에 △표 하세요.

$$\frac{5}{8}\times 2 \quad \frac{1}{3}\times\frac{5}{8} \quad 3\times\frac{5}{8} \quad \frac{5}{8}\times\frac{7}{10}$$

9 ☐ 안에 알맞은 수를 구해 보세요.

$$\boxed{}\div 2\frac{5}{8}=4\frac{2}{3}$$

( )

10 30 cm 높이에서 공을 떨어뜨렸습니다. 이 공은 땅에 닿으면 떨어진 높이의 $\frac{3}{10}$만큼 튀어 오릅니다. 공이 땅에 한 번 닿았다가 튀어 올랐을 때의 높이는 몇 cm일까요?

( )

11 규연이는 길이가 $\frac{8}{9}$ m인 색 테이프를 가지고 있습니다. 그중 $\frac{3}{10}$을 만들기를 하는 데 사용했다면 규연이가 만들기를 하는 데 사용한 색 테이프의 길이는 몇 m일까요?

( )

12 민주네 강아지의 무게는 $5\frac{1}{4}$ kg이고, 민주의 몸무게는 강아지 무게의 6배입니다. 민주의 몸무게는 몇 kg일까요?

( )

13 ☐ 안에 알맞은 수를 써넣으세요.

(1) 1 m의 $\frac{2}{5}$는 $\boxed{}$ cm입니다.

(2) 1시간의 $\frac{3}{4}$은 $\boxed{}$ 분입니다.

14 지헌이네 학교 5학년 학생 수의 $\frac{4}{7}$는 남학생입니다. 남학생 중 $\frac{5}{6}$는 운동을 좋아하고, 운동을 좋아하는 남학생 중 $\frac{2}{5}$는 야구를 좋아합니다. 야구를 좋아하는 남학생은 지헌이네 학교 5학년 학생 수의 몇 분의 몇일까요?

( )

15 시하네 반 학생은 28명이고 그중 $\frac{3}{7}$은 남학생입니다. 시하네 반 여학생은 몇 명일까요?

( )

16 ㉠▲㉡ = (㉠－㉡)×㉡으로 약속할 때 다음을 계산해 보세요.

$$1\frac{1}{3} ▲ \frac{3}{4}$$

(   )

17 직사각형을 똑같이 넷으로 나누었습니다. 색칠한 부분의 넓이는 몇 cm^2일까요?

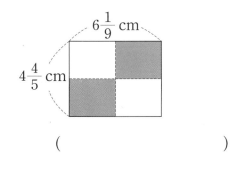

(   )

18 □ 안에 들어갈 수 있는 자연수를 모두 구해 보세요.

$$\frac{1}{25} < \frac{1}{3} \times \frac{1}{\square} < \frac{1}{12}$$

(   )

19 분수의 곱셈식에 알맞은 문제를 만들고, 풀이 과정을 쓰고 답을 구해 보세요.

$$\frac{3}{7} \times \frac{5}{6}$$

문제

풀이

답

20 어떤 수에 $\frac{3}{4}$을 곱해야 할 것을 잘못하여 더했더니 $1\frac{5}{6}$가 되었습니다. 바르게 계산하면 얼마인지 풀이 과정을 쓰고 답을 구해 보세요.

풀이

답

합동과 대칭

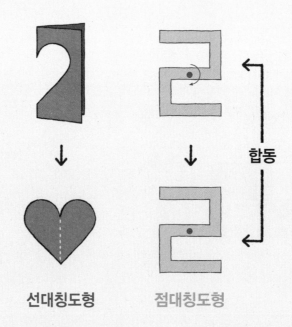

선대칭도형   점대칭도형

합동

도형을 밀거나, 접거나, 돌려봐!

● 합동

● 선대칭도형

● 점대칭도형

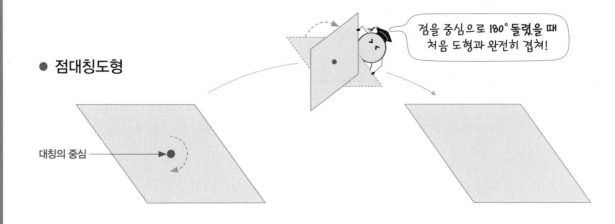

1 도형의 합동

● 합동 알아보기

모양과 크기가 같아서 포개었을 때 완전히 겹치는 두 도형을 서로 합동이라고 합니다.

🌐 **연결 개념**

• 모양이 같고 크기가 다른 도형은 '닮음'이라고 합니다.

1 서로 합동인 도형을 각각 찾아 기호를 써 보세요.

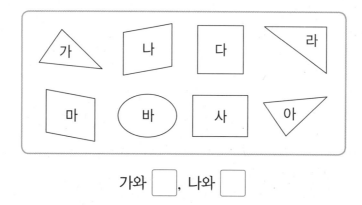

가와 ☐ , 나와 ☐

방향이 다르게 놓인 두 도형을 뒤집거나 돌려서 포개었을 때 완전히 겹치면 합동입니다.

2 주어진 도형과 서로 합동인 도형을 그려 보세요.

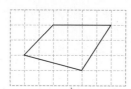 

3 직사각형 모양의 색종이를 잘라서 서로 합동인 도형을 만들어 보세요.

(1) 서로 합동인 삼각형 2개로 만들어 보세요.

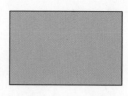

(2) 서로 합동인 사각형 4개로 만들어 보세요.

2 합동인 도형의 성질

● 합동인 도형의 성질 알아보기

서로 합동인 두 도형을 포개었을 때

• 대응점: 겹치는 점

점 ㄱ과 점 ㄹ, 점 ㄴ과 점 ㅁ, 점 ㄷ과 점 ㅂ

• 대응변: 겹치는 변

변 ㄱㄴ과 변 ㄹㅁ, 변 ㄴㄷ과 변 ㅁㅂ, 변 ㄷㄱ과 변 ㅂㄹ

➡ 대응변의 길이는 서로 같습니다.

• 대응각: 겹치는 각

각 ㄱㄴㄷ과 각 ㄹㅁㅂ, 각 ㄴㄷㄱ과 각 ㅁㅂㄹ,

각 ㄷㄱㄴ과 각 ㅂㄹㅁ

➡ 대응각의 크기는 서로 같습니다.

보충 개념

• ■각형에는 꼭짓점, 변, 각이 각각 □개씩 있으므로 서로 합동인 ■각형에는 대응점, 대응변, 대응각이 각각 □쌍씩 있습니다.

---

4 두 사각형은 서로 합동입니다. 물음에 답하세요.

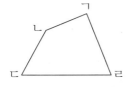 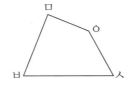

(1) 점 ㄷ의 대응점을 써 보세요.   (   )

(2) 변 ㄱㄹ의 대응변을 써 보세요.   (   )

(3) 각 ㄱㄴㄷ의 대응각을 써 보세요.   (   )

? 서로 합동인 두 도형에서 대응변, 대응각을 쉽게 찾는 방법이 있나요?

대응점을 먼저 찾은 후에 대응변이나 대응각을 대응점과 같은 순서로 나열하면 쉬워요.

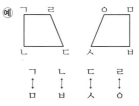

ㄱ	ㄴ	ㄷ	ㄹ
↕	↕	↕	↕
ㅁ	ㅂ	ㅅ	ㅇ

➡ 각 ㄹㄷㄴ의 대응각은 각 ㅇㅅㅂ이에요.

---

5 두 삼각형은 서로 합동입니다. 물음에 답하세요.

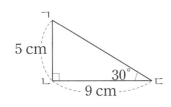 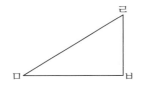

(1) 변 ㅁㅂ은 몇 cm일까요?   (   )

(2) 각 ㄹㅁㅂ은 몇 도일까요?   (   )

(3) 각 ㅁㄹㅂ은 몇 도일까요?   (   )

3

3 선대칭도형

● **선대칭도형 알아보기**

한 직선을 따라 접어서 완전히 겹치는 도형을 **선대칭도형**
이라고 합니다.
이때 그 직선을 **대칭축**이라고 합니다.
대칭축을 따라 포개었을 때 겹치는 점을 **대응점**, 겹치는
변을 **대응변**, 겹치는 각을 **대응각**이라고 합니다.

←대칭축

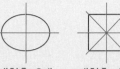 **보충 개념**

• 선대칭도형의 대칭축은 여러 개
있을 수 있습니다.

대칭축: 2개   대칭축: 4개

---

6 선대칭도형을 모두 찾아 기호를 써 보세요.

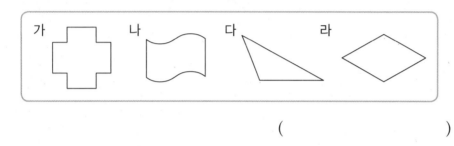

가   나   다   라

(   )

선대칭은 수학에서 주로 사용하
는 용어이고, 과학에서는 좌우대
칭, 거울대칭, 반사대칭이라는 용
어를 주로 사용합니다.

7 선대칭도형에 대칭축을 모두 그려 보세요.

(1)    (2)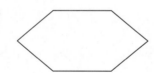

❓ **선대칭도형의 대칭축은 어떻게
찾아야 하나요?**

선대칭도형에서 왼쪽과 오른쪽,
위쪽과 아래쪽의 모양을 살펴서
같은 곳을 찾고, 모양이 같은 곳
의 한가운데에 대칭축을 그려요.

8 선대칭도형을 보고 물음에 답하세요.

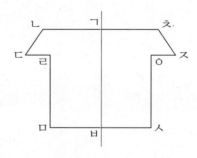

(1) 점 ㄷ의 대응점을 써 보세요.   (   )

(2) 변 ㄹㅁ의 대응변을 써 보세요.   (   )

(3) 각 ㄱㄴㄷ의 대응각을 써 보세요.   (   )

4 선대칭도형의 성질

정답과 풀이 18쪽

● 선대칭도형의 성질 알아보기

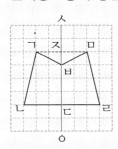

- 대응변의 길이와 대응각의 크기는 각각 같습니다.
  - (변 ㄱㄴ) = (변 ㅁㄹ), (변 ㄴㄷ) = (변 ㄹㄷ),
    (변 ㄱㅂ) = (변 ㅁㅂ)
  - (각 ㅂㄱㄴ) = (각 ㅂㅁㄹ), (각 ㄱㄴㄷ) = (각 ㅁㄹㄷ)
- 각각의 대응점에서 대칭축까지의 거리는 같습니다.
  (선분 ㄱㅈ) = (선분 ㅁㅈ), (선분 ㄴㄷ) = (선분 ㄹㄷ)
- 대응점끼리 이은 선분은 대칭축과 수직으로 만납니다.
  ······• 대칭축은 대응점끼리 이은 선분을 수직이등분합니다.

● 선대칭도형 그리기

① 각 점에서 대칭축에 수선을 긋습니다.
② 각 점에서 대칭축까지의 거리가 같도록 대응점을 찍습니다.
③ 각 대응점을 이어 선대칭도형을 완성합니다.

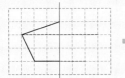 ➡ 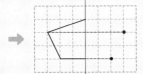 ➡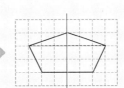

⊕ 보충 개념

- 선대칭도형의 성질을 그림으로 나타내기

---

9 오른쪽 선대칭도형을 보고 ☐ 안에 알맞게 써넣으세요.

(1) 변 ㄱㄴ과 길이가 같은 변은 변 ☐ 입니다.

(2) 각 ㄴㄷㄹ과 크기가 같은 각은 각 ☐ 입니다.

(3) 선분 ㄴㅈ과 길이가 같은 선분은 선분 ☐ 입니다.

(4) 선분 ㄴㅂ과 대칭축이 만나서 이루는 각은 ☐ °입니다.

▶ 자연에서 대칭은 반드시 짝수로 나타납니다. 두 눈과 두 손, 두 발이 그렇고, 동물의 경우 다리도 2개, 4개, 8개, 12개 등 짝수입니다.

10 선대칭도형을 완성해 보세요.

(1)
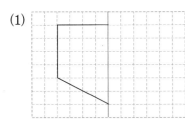

(2)
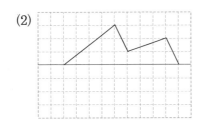

▶ 선대칭도형에서 대칭축 위에 있는 꼭짓점은 대응점이 자기 자신입니다.

5 점대칭도형

● 점대칭도형 알아보기

한 도형을 어떤 점을 중심으로 180° 돌렸을 때 처음 도형과 완전히 겹치면 이 도형을 점대칭도형이라고 합니다.

이때 그 점을 대칭의 중심이라고 합니다.

대칭의 중심을 중심으로 180° 돌렸을 때 겹치는 점을 대응점, 겹치는 변을 대응변, 겹치는 각을 대응각이라고 합니다.

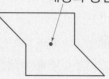
대칭의 중심

보충 개념
• 선대칭도형의 대칭축은 여러 개 있을 수 있지만, 점대칭도형에서 대칭의 중심은 한 개뿐입니다.

11 점대칭도형을 모두 찾아 기호를 써 보세요.

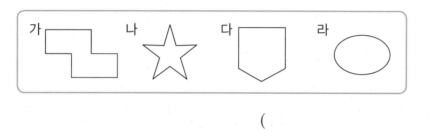

(   )

12 점대칭도형에서 대칭의 중심을 찾아 표시해 보세요.

(1)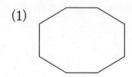

(2)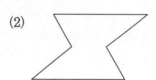

❓ 점대칭도형에서 대칭의 중심은 어디에 있을까요?

도형을 180° 돌렸을 때 처음 도형과 완전히 겹쳐지려면 대칭의 중심은 도형의 안쪽 정가운데에 있어야 해요.

13 점 ㅇ을 대칭의 중심으로 하는 점대칭도형입니다. 물음에 답하세요.

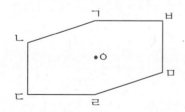

(1) 점 ㄴ의 대응점을 써 보세요.　　　(   )

(2) 변 ㄱㅂ의 대응변을 써 보세요.　　　(   )

(3) 각 ㄴㄷㄹ의 대응각을 써 보세요.　　　(   )

6 점대칭도형의 성질

● 점대칭도형의 성질 알아보기

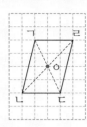

- 대응변의 길이와 대응각의 크기는 각각 같습니다.
  - (변 ㄱㄴ) = (변 ㄷㄹ), (변 ㄴㄷ) = (변 ㄹㄱ)
  - (각 ㄹㄱㄴ) = (각 ㄴㄷㄹ), (각 ㄱㄴㄷ) = (각 ㄷㄹㄱ)
- 각각의 대응점에서 대칭의 중심까지의 거리는 같습니다.
  (선분 ㄱㅇ) = (선분 ㄷㅇ), (선분 ㄴㅇ) = (선분 ㄹㅇ)
- 대응점을 이은 선분은 반드시 대칭의 중심을 지납니다.
  ⋯⋯ 대칭의 중심은 대응점을 이은 선분을 이등분합니다.

● 점대칭도형 그리기

① 각 점에서 대칭의 중심을 지나는 직선을 긋습니다.
② 각 점에서 대칭의 중심까지의 길이가 같도록 대응점을 찍습니다.
③ 각 대응점을 이어 점대칭도형을 완성합니다.

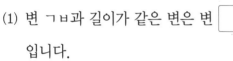

＋ 보충 개념

- 점대칭도형의 성질을 그림으로 나타내기

---

14 오른쪽 점대칭도형을 보고 ☐ 안에 알맞게 써넣으세요.

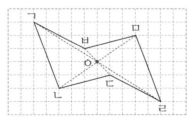

(1) 변 ㄱㅂ과 길이가 같은 변은 변 ☐ 입니다.

(2) 각 ㄱㄴㄷ과 크기가 같은 각은 각 ☐ 입니다.

(3) 선분 ㄱㅇ과 길이가 같은 선분은 선분 ☐ 입니다.

(4) 선분 ㄴㅇ과 길이가 같은 선분은 선분 ☐ 입니다.

▶ 180°가 아닌 일정한 각도만큼 돌렸을 때 처음 도형과 완전히 겹치는 경우는 회전대칭이라고 합니다.

120° 회전대칭　90° 회전대칭

15 점대칭도형을 완성해 보세요.

(1)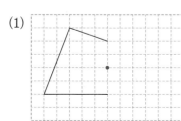

(2)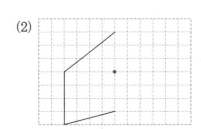

교과서유형

1 도형의 합동

• 합동: 모양과 크기가 같아서 포개었을 때 완전히 겹치는 두 도형

1 서로 합동인 두 도형을 찾아 기호를 써 보세요.

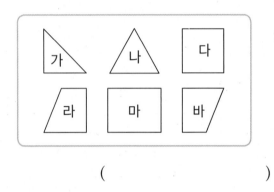

( )

2 다음 도형을 점선을 따라 잘랐을 때, 잘린 두 도형이 합동이 되는 점선을 찾아 기호를 써 보세요.

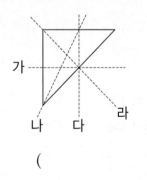

( )

3 주어진 도형과 서로 합동인 도형을 그려 보세요.

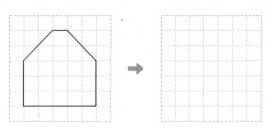

4 다음 두 도형이 합동인지 아닌지 답하고, 그 이유를 설명해 보세요.

답 ....

이유 ....

....

....

5 모양이 서로 합동인 표지판을 모두 찾아 기호를 써 보세요. (단, 표지판의 색깔과 표지판 안의 그림은 생각하지 않습니다.)

가   나   다   라

마   바   사   아

( )

6 두 도형이 서로 합동이 <u>아닌</u> 것은 어느 것일까요? ( )

① 둘레가 같은 두 정삼각형

② 둘레가 같은 두 정육각형

③ 넓이가 같은 두 직사각형

④ 넓이가 같은 두 정사각형

⑤ 한 변의 길이가 같은 두 정오각형

2 대응점, 대응변, 대응각

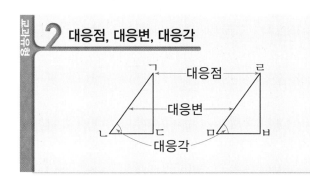

3 합동인 도형의 성질 (1)

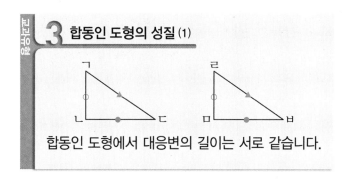

합동인 도형에서 대응변의 길이는 서로 같습니다.

7 두 사각형은 서로 합동입니다. 표를 완성하세요.

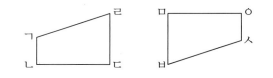

대응변		대응각
변 ㄱㄹ		각 ㅅㅇㅁ

10 두 사각형은 서로 합동입니다. 변 ㅁㅇ은 몇 cm일까요?

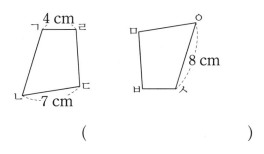

( )

8 두 도형은 서로 합동입니다. 대응변과 대응각은 각각 몇 쌍일까요?

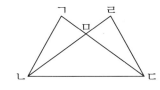

대응변 ( )

대응각 ( )

11 두 삼각형은 서로 합동입니다. 삼각형 ㄹㅁㅂ의 둘레는 몇 cm일까요?

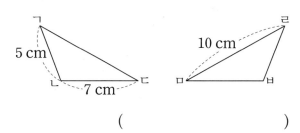

( )

9 삼각형 ㄱㄴㄷ과 삼각형 ㄹㄷㄴ은 서로 합동입니다. 물음에 답하세요.

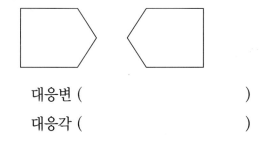

(1) 변 ㄴㄹ의 대응변을 써 보세요.

( )

(2) 각 ㄴㄱㄷ의 대응각을 써 보세요.

( )

12 두 사각형은 서로 합동입니다. 사각형 ㅁㅂㅅㅇ의 둘레가 46 cm라면 변 ㄴㄷ은 몇 cm일까요?

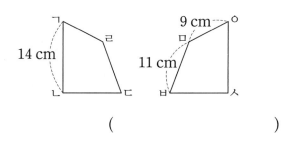

( )

13 삼각형 ㄱㄴㅁ과 삼각형 ㅁㄷㄹ은 서로 합동입니다. 사각형 ㄱㄴㄷㄹ의 둘레는 몇 cm일까요?

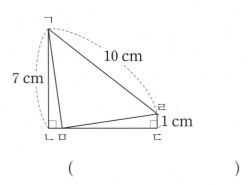

(   )

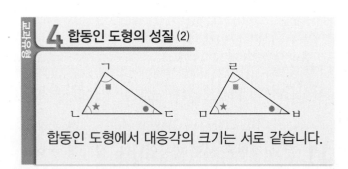

합동인 도형에서 대응각의 크기는 서로 같습니다.

14 두 삼각형은 서로 합동입니다. 각 ㄹㅁㅂ은 몇 도일까요?

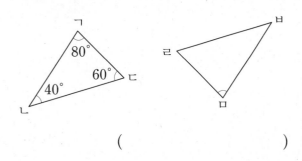

(   )

15 두 사각형은 서로 합동입니다. ☐ 안에 알맞은 수를 써넣으세요.

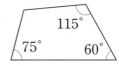 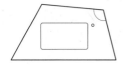

---

16 두 삼각형은 서로 합동입니다. 각 ㅁㄹㅂ은 몇 도인지 풀이 과정을 쓰고 답을 구해 보세요.

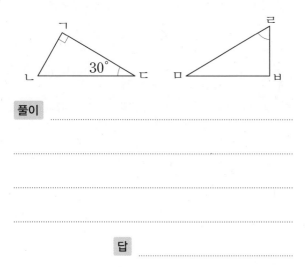

풀이 _____

_____

_____

_____

답 _____

17 삼각형 ㄱㄴㄷ과 삼각형 ㄹㄷㄴ은 서로 합동입니다. 각 ㄴㄷㄹ은 몇 도일까요?

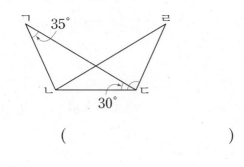

(   )

18 삼각형 ㄱㄴㄷ과 삼각형 ㄷㄹㅁ은 서로 합동입니다. 각 ㄱㄷㅁ은 몇 도일까요?

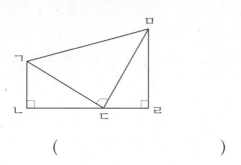

(   )

도형의 넓이 구하기

합동인 두 도형에서 대응변의 길이가 같음을 이용하여 필요한 선분의 길이를 구한 후 넓이를 구합니다.

19 직사각형 ㄱㄴㄷㅅ과 직사각형 ㅂㄷㄹㅁ은 서로 합동입니다. 직사각형 ㄱㄴㄷㅅ의 넓이는 몇 cm²일까요?

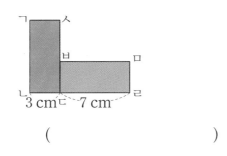

( )

20 합동인 사각형 ㄱㄴㄷㄹ과 사각형 ㅁㅂㅅㅇ을 겹쳐 놓은 것입니다. 직사각형 ㄱㄴㅅㅇ의 넓이는 몇 cm²일까요?

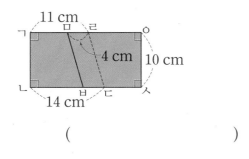

( )

21 직사각형 ㄱㄷㄹㅇ과 직사각형 ㄱㄴㅂㅅ은 서로 합동입니다. 색칠한 부분의 넓이는 몇 cm²일까요?

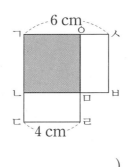

( )

22 사각형 ㄱㄴㄷㄹ은 합동인 4개의 직사각형과 1개의 정사각형으로 이루어져 있습니다. 사각형 ㄱㄴㄷㄹ의 넓이는 몇 cm²일까요?

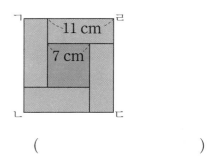

( )

5 선대칭도형

• 선대칭도형: 한 직선을 따라 접어서 완전히 겹치는 도형
• 대칭축: 선대칭도형을 접어서 완전히 겹치게 하는 직선

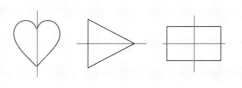

23 선대칭도형을 모두 찾아 기호를 써 보세요.

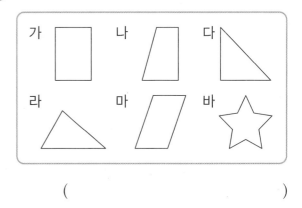

( )

24 선대칭도형에 대칭축을 모두 그려 보세요.

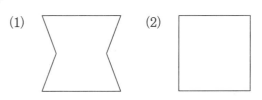

25 선대칭도형인 알파벳을 모두 찾아 기호를 써 보세요.

㉠ D ㉡ F ㉢ N ㉣ X

(   )

26 국기의 모양이 선대칭이 아닌 나라를 모두 찾아 이름을 써 보세요.

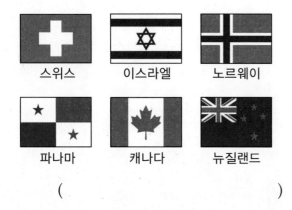

스위스   이스라엘   노르웨이

파나마   캐나다   뉴질랜드

(   )

27 정오각형은 선대칭도형입니다. 대칭축은 모두 몇 개일까요?

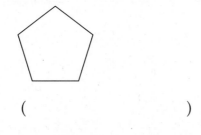

(   )

28 다음 선대칭도형 중 대칭축의 개수가 가장 많은 도형은 어느 것일까요? (   )

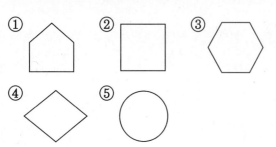

①   ②   ③

④   ⑤

29 선대칭도형을 보고 물음에 답하세요.

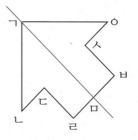

(1) 점 ㄷ의 대응점을 써 보세요.

(   )

(2) 변 ㄱㄴ의 대응변을 써 보세요.

(   )

(3) 각 ㄷㄹㅁ의 대응각을 써 보세요.

(   )

개념유형 6 선대칭도형의 성질

• 대응변의 길이는 서로 같습니다.
• 대응각의 크기는 서로 같습니다.
• 각각의 대응점에서 대칭축까지의 거리는 같습니다.
• 대응점끼리 이은 선분은 대칭축과 수직으로 만납니다.

30 선분 ㄱㄴ을 대칭축으로 하는 선대칭도형입니다. ☐ 안에 알맞은 수를 써넣으세요.

(1)

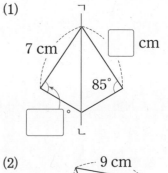

7 cm   ☐ cm

85°

☐°

(2)

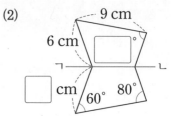

9 cm

6 cm   ☐°

☐ cm   60°   80°

31 선분 ㄱㄴ을 대칭축으로 하는 선대칭도형입니다. 물음에 답하세요.

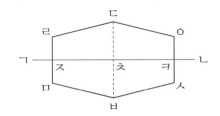

(1) 선분 ㄱㄴ과 선분 ㄷㅂ이 만나서 이루는 각은 몇 도일까요?

( )

(2) 선분 ㄷㅊ이 5 cm라면 선분 ㄷㅂ은 몇 cm일까요?

( )

32 선분 ㅅㅇ을 대칭축으로 하는 선대칭도형입니다. 선대칭도형의 둘레는 몇 cm일까요?

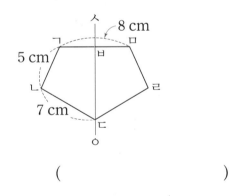

( )

33 선대칭도형을 완성해 보세요.

(1)
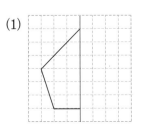

(2)
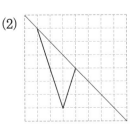

34 선분 ㄱㄴ을 대칭축으로 하는 선대칭도형입니다. 각 ㄷㄹㅂ은 몇 도인지 풀이 과정을 쓰고 답을 구해 보세요.

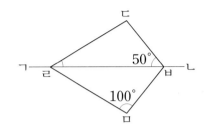

풀이 _____

_____

_____

답 _____

35 선대칭도형을 완성했을 때 나타나는 글자를 써 보세요.

(1)
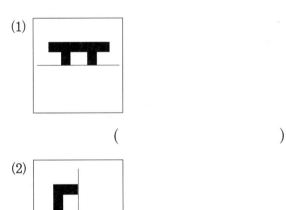

( )

(2)

( )

36 선분 ㄱㄹ을 대칭축으로 하는 선대칭도형입니다. 각 ㄷㄱㄹ은 몇 도일까요?

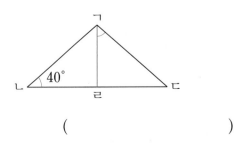

( )

7 점대칭도형

- 점대칭도형: 어떤 점을 중심으로 180° 돌렸을 때 처음 도형과 완전히 겹치는 도형
- 대칭의 중심: 점대칭도형을 180° 돌렸을 때 완전히 겹치게 하는 점

서술형

37 점대칭도형이 아닌 것을 찾아 기호를 쓰고, 그 이유를 설명해 보세요.

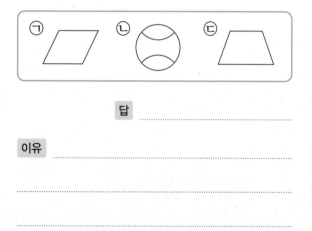

답 _____

이유 _____

_____

_____

38 점대칭도형인 문자를 모두 고르세요.

( )

39 점대칭도형에서 대칭의 중심을 찾아 표시해 보세요.

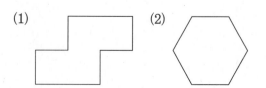

40 도형을 보고 물음에 답하세요.

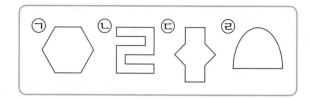

(1) 선대칭도형을 모두 찾아 기호를 써 보세요.

( )

(2) 점대칭도형을 모두 찾아 기호를 써 보세요.

( )

(3) 선대칭도형이면서 점대칭도형인 것을 모두 찾아 기호를 써 보세요.

( )

41 점대칭도형이 <u>아닌</u> 도형을 모두 고르세요.

( )

① 원   ② 정삼각형
③ 정사각형   ④ 정오각형
⑤ 정육각형

42 점 ㅇ을 대칭의 중심으로 하는 점대칭도형입니다. 물음에 답하세요.

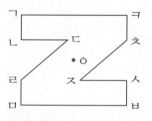

(1) 점 ㄹ의 대응점을 써 보세요.

( )

(2) 변 ㄴㄷ의 대응변을 써 보세요.

( )

(3) 각 ㄹㅁㅂ의 대응각을 써 보세요.

( )

8 점대칭도형의 성질

- 대응변의 길이는 서로 같습니다.
- 대응각의 크기는 서로 같습니다.
- 각각의 대응점에서 대칭의 중심까지의 거리는 같습니다.
- 대응점을 이은 선분은 반드시 대칭의 중심을 지납니다.

43 점 ㅇ을 대칭의 중심으로 하는 점대칭도형입니다. 각 ㅈㄱㄴ과 크기가 같은 각을 찾아 써 보세요.

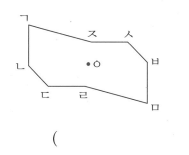

( )

44 점 ㅇ을 대칭의 중심으로 하는 점대칭도형입니다. ☐ 안에 알맞은 수를 써넣으세요.

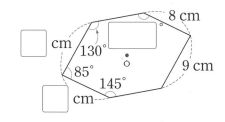

45 점 ㅇ을 대칭의 중심으로 하는 점대칭도형입니다. 선분 ㄴㅁ이 16 cm라면 선분 ㄴㅇ은 몇 cm일까요?

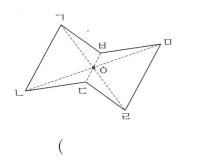

( )

46 오른쪽은 점 ㅇ을 대칭의 중심으로 하는 점대칭도형입니다. 점대칭도형의 둘레는 몇 cm일까요?

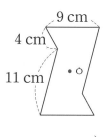

( )

47 점 ㅇ을 대칭의 중심으로 하는 점대칭도형입니다. 각 ㄱㄴㅁ은 몇 도일까요?

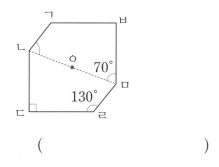

( )

48 점 ㅇ을 대칭의 중심으로 하는 점대칭도형입니다. 선분 ㄴㅁ은 몇 cm일까요?

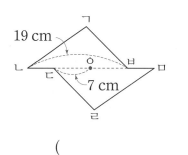

( )

49 점대칭도형을 완성해 보세요.

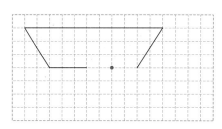

1 접은 부분을 이용하여 전체 넓이 구하기

직사각형 모양의 종이를 오른쪽 그림과 같이 접었습니다. 종이 전체의 넓이는 몇 cm²일까요?

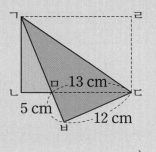

(   )

● 핵심 NOTE
• 삼각형 ㄱㅂㄷ은 삼각형 ㄱㄹㄷ이 접혀져 내려 온 부분이므로 두 삼각형은 서로 합동입니다.
• 합동인 삼각형을 찾고 대응변의 길이를 이용하여 종이 전체의 가로와 세로를 알아봅니다.

1-1 직사각형 모양의 종이를 오른쪽 그림과 같이 접었습니다. 종이 전체의 넓이는 몇 cm²일까요?

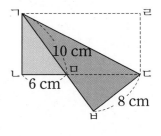

(   )

1-2 직사각형 모양의 종이를 오른쪽 그림과 같이 접었습니다. 종이 전체의 넓이가 864 cm²라면 선분 ㅂㄹ은 몇 cm일까요?

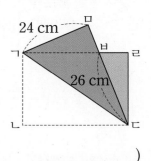

(   )

심화유형 2 대칭인 도형에서 넓이 구하기

오른쪽 도형은 점 ㅇ을 대칭의 중심으로 하는 점대칭도형의 일
부분입니다. 완성된 점대칭도형의 넓이는 몇 cm^2일까요?

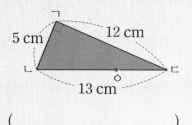

(   )

● 핵심 NOTE   점대칭도형에서 대응변의 길이와 대응각의 크기는 각각 같으므로 완성된 점대칭도형은 처음 도형
의 넓이의 2배가 됩니다.

2-1   오른쪽 도형은 점 ㅇ을 대칭의 중심으로 하는 점대칭도형의 일부분
입니다. 완성된 점대칭도형의 넓이는 몇 cm^2일까요?

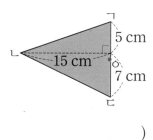

(   )

2-2   오른쪽 도형은 선분 ㄱㄴ을 대칭축으로 하는 선대칭도형의 일부분입니다.
완성된 선대칭도형의 넓이는 몇 cm^2일까요?

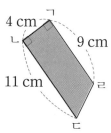

(   )

점대칭도형인 수 구하기

다음과 같은 디지털 숫자로 세 자리 수를 만들려고 합니다. 100부터 200까지의 자연수 중 180° 돌려도 같은 수를 나타내는 것은 모두 몇 개일까요? (단, 같은 숫자를 여러 번 사용할 수 있습니다.)

$$0 \quad 1 \quad 2 \quad 3 \quad 4 \quad 5 \quad 6 \quad 7 \quad 8 \quad 9$$

( )

● 핵심 NOTE   디지털 숫자를 180° 돌려서 나오는 숫자

$0 \to 0, 1 \to 1, 2 \to 2, 5 \to 5, 6 \to 9, 8 \to 8, 9 \to 6$

3-1 다음과 같은 디지털 숫자로 네 자리 수를 만들려고 합니다. 1000부터 2000까지의 자연수 중 180° 돌려도 같은 수를 나타내는 것은 모두 몇 개일까요? (단, 같은 숫자를 여러 번 사용할 수 있습니다.)

$$0 \quad 1 \quad 2 \quad 3 \quad 4 \quad 5 \quad 6 \quad 7 \quad 8 \quad 9$$

( )

3-2 다음과 같은 디지털 숫자로 네 자리 수를 만들려고 합니다. 6000보다 작은 자연수 중 180° 돌려도 같은 수를 나타내는 것은 모두 몇 개일까요? (단, 같은 숫자를 여러 번 사용할 수 있습니다.)

$$0 \quad 1 \quad 5 \quad 6 \quad 8 \quad 9$$

( )

선대칭도형인 코트의 넓이 구하기

농구 코트 규격은 다음과 같은 선대칭도형입니다. 색칠한 직사각형 구역은 '페인트 존'인데 이 곳은 골대 밑의 공격 제한 구역으로 자기 팀이 공을 가지고 있는 동안 공격수가 3초 이상 머물 수 없는 구역입니다. 한쪽 페인트 존의 넓이는 몇 cm^2인지 구해 보세요.

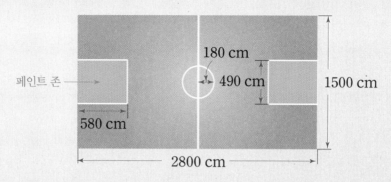

1단계 페인트 존의 가로와 세로 알아보기

_____

2단계 한쪽 페인트 존의 넓이 구하기

_____

(   )

● 핵심 NOTE   1단계 선대칭도형의 성질을 이용하여 페인트 존의 가로와 세로를 각각 구합니다.

                 2단계 한쪽 페인트 존의 넓이를 구합니다.

4-1   축구 경기장의 규격은 다음과 같은 선대칭도형입니다. 색칠한 직사각형 구역이 '페널티 에어리어'인데 이 곳에서 반칙을 하면 바로 상대팀에게 페널티킥이 부여되므로 선수들에게 매우 민감한 구역입니다. 한쪽 페널티 에어리어의 둘레는 몇 m일까요?

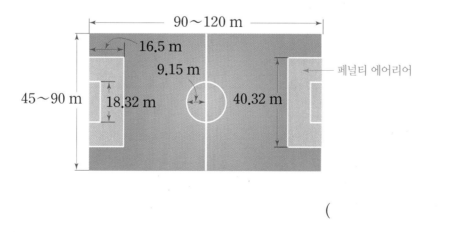

(   )

기출 단원 평가 Level ❶

1 오른쪽 도형과 서로 합동인 도형은 어느 것일까요?
( )

① ② ③

④ ⑤

2 나머지 셋과 서로 합동이 아닌 도형을 찾아 기호를 써 보세요.

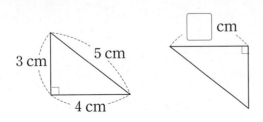

가   나   다   라

( )

3 두 삼각형은 서로 합동입니다. ☐ 안에 알맞은 수를 써넣으세요.

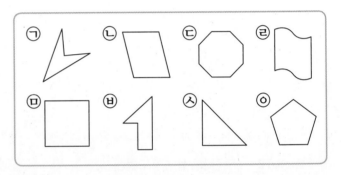

3 cm 5 cm
4 cm
☐ cm

4 주어진 도형과 서로 합동인 도형을 그려 보세요.

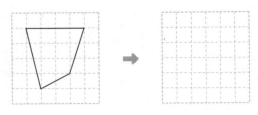

[5~7] 도형을 보고 물음에 답하세요.

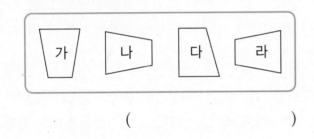

ㄱ ㄴ ㄷ ㄹ
ㅁ ㅂ ㅅ ㅇ

5 선대칭도형을 모두 찾아 기호를 써 보세요.
( )

6 점대칭도형을 모두 찾아 기호를 써 보세요.
( )

7 선대칭도형이면서 점대칭도형인 것을 모두 찾아 기호를 써 보세요.
( )

8 다음은 선대칭도형입니다. 변 ㄷㄹ은 몇 cm 일까요?

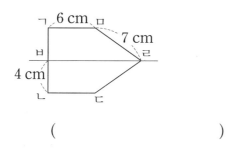

( )

9 점 ㅇ을 대칭의 중심으로 하는 점대칭도형입니다. ☐ 안에 알맞은 수를 써넣으세요.

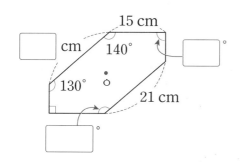

10 다음 선대칭도형 중 대칭축의 개수가 가장 많은 도형은 어느 것일까요? ( )

11 두 삼각형은 서로 합동입니다. 각 ㄱㄴㄷ은 몇 도일까요?

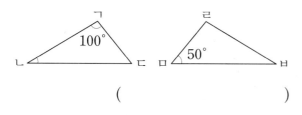

( )

12 두 사각형은 서로 합동입니다. 사각형 ㅁㅂㅅㅇ의 둘레는 몇 cm일까요?

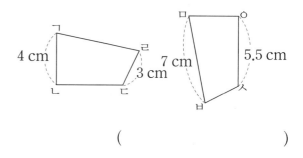

( )

13 점대칭도형을 완성해 보세요.

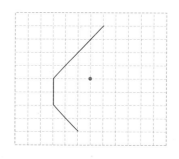

14 다음 알파벳 중 점대칭도형이지만 선대칭도형이 아닌 것은 어느 것일까요?

( )

15 정사각형 모양의 색종이를 다음과 같이 반으로 4번 접은 후 펼쳤습니다. 접힌 선을 따라 자르면 합동인 삼각형이 몇 개 생길까요?

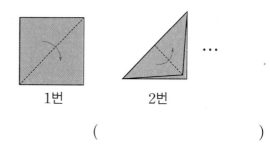

1번 2번

( )

16 점 ㅇ을 대칭의 중심으로 하는 점대칭도형입니다. 선분 ㅁㅂ은 몇 cm일까요?

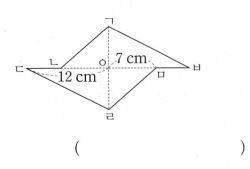

(   )

17 삼각형 ㄱㄴㄷ과 삼각형 ㅁㄹㄷ은 서로 합동입니다. 각 ㄱㄷㅁ은 몇 도일까요?

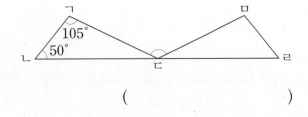

(   )

18 선분 ㄹㄷ을 대칭축으로 하는 선대칭도형의 일부분입니다. 완성된 선대칭도형의 넓이는 몇 cm²일까요?

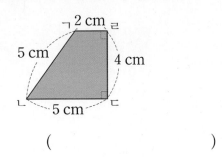

(   )

19 삼각형 ㄱㄴㄷ과 삼각형 ㄷㄹㅁ은 서로 합동입니다. 각 ㄷㅁㄹ은 몇 도인지 풀이 과정을 쓰고 답을 구해 보세요.

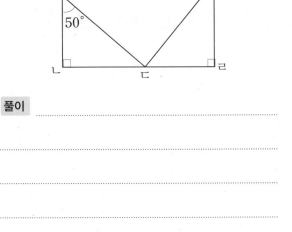

풀이 _____

_____

_____

답 _____

20 점 ㅇ을 대칭의 중심으로 하는 점대칭도형입니다. 점대칭도형의 둘레는 몇 cm인지 풀이 과정을 쓰고 답을 구해 보세요.

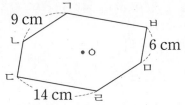

풀이 _____

_____

_____

_____

답 _____

기출 단원 평가 Level ❷

1 서로 합동인 두 도형을 찾아 기호를 써 보세요.

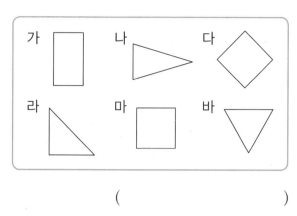

(   )

2 점선을 따라 잘랐을 때 만들어지는 두 도형이 서로 합동인 것을 모두 고르세요.

(   )

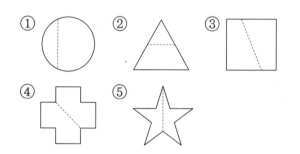

3 삼각형 ㄱㄴㄹ과 삼각형 ㄹㄷㄱ은 서로 합동입니다. 표를 완성하세요.

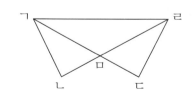

대응변	대응각
변 ㄴㄹ	각 ㄱㄹㄴ

4 정육각형을 서로 합동인 도형 3개로 나누어 보세요.

5 선대칭도형이 <u>아닌</u> 것을 모두 고르세요.

(   )

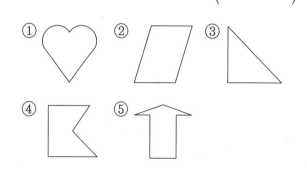

6 점대칭도형인 알파벳을 모두 찾아 기호를 써 보세요.

(   )

7 점 ㅇ을 대칭의 중심으로 하는 점대칭도형입니다. 각 ㄱㅂㅁ은 몇 도일까요?

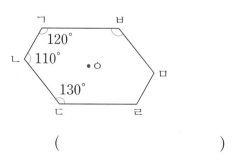

(   )

8 점 ㅇ을 대칭의 중심으로 하는 점대칭도형입니다. 선분 ㄷㅂ이 14 cm라면 선분 ㅂㅇ은 몇 cm일까요?

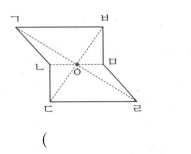

(   )

9 다음은 선대칭도형입니다. 대칭축의 개수가 많은 것부터 차례로 기호를 써 보세요.

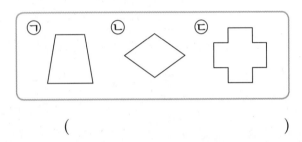

(   )

10 선분 ㄱㄴ을 대칭축으로 하는 선대칭도형입니다. 선대칭도형의 둘레는 몇 cm일까요?

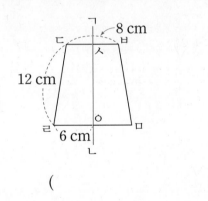

(   )

11 선대칭도형을 완성했을 때 나타나는 글자를 써 보세요.

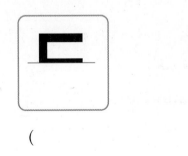

(   )

12 두 삼각형은 서로 합동입니다. 삼각형 ㄱㄴㄷ의 둘레가 22 cm라면 변 ㄱㄷ은 몇 cm일까요?

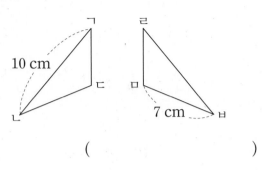

(   )

13 선대칭도형이면서 점대칭도형인 글자는 모두 몇 개일까요?

(   )

14 삼각형 ㄱㄴㄷ과 삼각형 ㄹㄷㄴ은 서로 합동입니다. 각 ㅁㄷㄹ은 몇 도일까요?

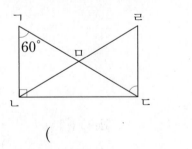

(   )

15 다음 식을 180° 돌린 식을 계산한 값을 구해 보세요.

$$659 + 182$$

(   )

16 평행사변형 ㄱㄴㄷㄹ에서 찾을 수 있는 서로 합동인 삼각형은 모두 몇 쌍일까요?

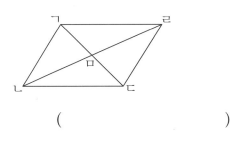

( )

17 점 ㅇ을 대칭의 중심으로 하는 점대칭도형의 일부분입니다. 완성된 점대칭도형의 둘레는 몇 cm일까요?

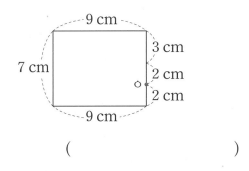

( )

18 직사각형 모양의 종이를 그림과 같이 접었습니다. 종이 전체의 넓이는 몇 cm²일까요?

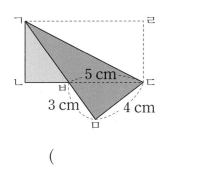

( )

✎ 술술 서술형

19 직사각형 ㄱㄴㄷㅅ과 직사각형 ㅂㄷㄹㅁ은 서로 합동입니다. 직사각형 ㄱㄴㄷㅅ의 넓이는 몇 cm²인지 풀이 과정을 쓰고 답을 구해 보세요.

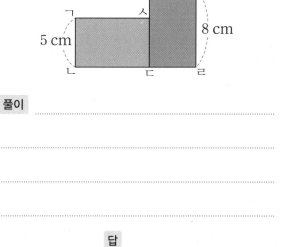

풀이 _____

_____

_____

답 _____

20 선분 ㄱㄴ을 대칭축으로 하는 선대칭도형입니다. 각 ㄹㅁㅂ은 몇 도인지 풀이 과정을 쓰고 답을 구해 보세요.

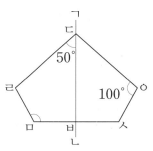

풀이 _____

_____

_____

답 _____

소수의 곱셈

4

$$1230 \times 0.1 = 123.0$$

$$1230 \times 0.01 = 12.30$$

$$1230 \times 0.001 = 1.230$$

소수의 곱셈

자연수의 곱셈처럼 계산하고 소수점을 찍어!

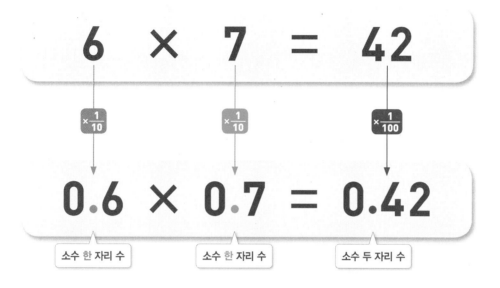

$$6 \times 7 = 42$$

$\times \frac{1}{10}$ $\times \frac{1}{10}$ $\times \frac{1}{100}$

$$0.6 \times 0.7 = 0.42$$

소수 한 자리 수   소수 한 자리 수   소수 두 자리 수

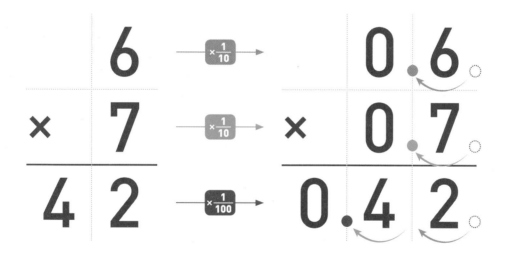

자연수처럼 계산하고 소수의 크기를
생각하여 소수점을 찍으면 끝!

1 (소수) × (자연수) (1)

개념 강의

● **(1보다 작은 소수) × (자연수)**

예 0.5 × 3의 계산

방법 1 덧셈식으로 계산하기

$$0.5 \times 3 = \underbrace{0.5 + 0.5 + 0.5}_{3번} = 1.5$$

방법 2 0.1의 개수로 계산하기

0.5는 0.1이 5개입니다.

0.5 × 3은 0.1이 5개씩 3묶음입니다.

0.1이 모두 15개이므로

0.5 × 3 = 1.5입니다.

방법 3 분수의 곱셈으로 계산하기

$$0.5 \times 3 = \frac{5}{10} \times 3 = \frac{5 \times 3}{10} = \frac{15}{10} = 1.5$$

방법 4 세로셈으로 계산하기

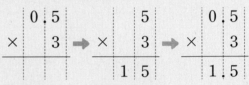

오른쪽 끝을 | 자연수의 곱셈과 | 소수의 소수점을
맞추어 씁니다. | 같이 계산합니다. | 내려 찍습니다.

---

1 0.6 × 4를 여러 가지 방법으로 계산한 것입니다. ☐ 안에 알맞은 수를 써넣으세요.

방법 1 $0.6 \times 4 = \boxed{} + \boxed{} + \boxed{} + \boxed{} = \boxed{}$

방법 2 $0.6 \times 4 = 0.1 \times 6 \times 4 = 0.1 \times \boxed{}$

0.1이 모두 $\boxed{}$개이므로 $0.6 \times 4 = \boxed{}$입니다.

방법 3 $0.6 \times 4 = \dfrac{\boxed{}}{10} \times 4 = \dfrac{\boxed{} \times \boxed{}}{10} = \dfrac{\boxed{}}{10} = \boxed{}$

▶ 0.6 × 4의 곱 어림하기

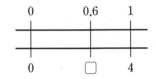

0.6은 1의 반인 0.5보다 크기 때문에 0.6 × 4는 4의 반인 2보다 클 것으로 예상할 수 있습니다.

---

2 보기 와 같이 세로셈으로 계산해 보세요.

보기

0.9 × 2

(1) 0.3 × 6

(2) 0.8 × 3

? **0.5 × 3 = 1.5와 0.05 × 3 = 0.15의 곱의 소수점의 위치는 왜 다를까요?**

곱해지는 수인 0.5와 0.05의 소수점의 위치가 다르기 때문이에요. 곱해지는 수가 $\frac{1}{10}$배가 되면 계산 결과도 $\frac{1}{10}$배가 돼요.

---

3 계산해 보세요.

(1) 0.4 × 9

(2) 0.7 × 5

(3) 0.34 × 2

(4) 0.52 × 4

2 (소수) × (자연수) ⑵

● (1보다 큰 소수) × (자연수)

예 1.3 × 4의 계산

방법 1 덧셈식으로 계산하기

$$1.3 \times 4 = \underbrace{1.3 + 1.3 + 1.3 + 1.3}_{4번} = 5.2$$

방법 2 0.1의 개수로 계산하기
1.3은 0.1이 13개입니다.
1.3 × 4는 0.1이 13개씩 4묶음입니다.
0.1이 모두 52개이므로
1.3 × 4 = 5.2입니다.

방법 3 분수의 곱셈으로 계산하기

$$1.3 \times 4 = \frac{13}{10} \times 4 = \frac{13 \times 4}{10} = \frac{52}{10} = 5.2$$

방법 4 세로셈으로 계산하기

$$
\begin{array}{r}
1.3 \\
\times \quad 4 \\
\hline
\end{array}
\Rightarrow
\begin{array}{r}
1 \ 3 \\
\times \quad 4 \\
\hline
5 \ 2
\end{array}
\Rightarrow
\begin{array}{r}
1.3 \\
\times \quad 4 \\
\hline
5.2
\end{array}
$$

오른쪽 끝을   자연수의 곱셈과   소수의 소수점을
맞추어 씁니다.   같이 계산합니다.   내려 찍습니다.

---

4 보기 와 다른 방법으로 계산해 보세요.

> 보기
>
> 2.5×3 덧셈식으로 계산하기
>
> $2.5 \times 3 = 2.5 + 2.5 + 2.5 = 7.5$

(1) 1.3×6

0.1의 개수로 계산하기

(2) 1.9×4

분수의 곱셈으로 계산하기

(3) 3.7×2

세로셈으로 계산하기

▶ 25 × 3과 2.5 × 3 비교하기

$\left[\begin{array}{l} 25 \times 3 = 75 \\ 2.5 \times 3 = 7.5 \end{array}\right.$

$\left[\begin{array}{l} 2.5는 25의 \frac{1}{10}배 \\ 7.5는 75의 \frac{1}{10}배 \end{array}\right.$

➡ 곱해지는 수가 $\frac{1}{10}$배가 되면 계산 결과도 $\frac{1}{10}$배가 됩니다.

---

5 계산해 보세요.

(1) 1.4×7 (2) 5.3×5

(3) 1.27×3 (4) 2.83×2

3 (자연수) × (소수) ⑴

● **(자연수)×(1보다 작은 소수)**

예 2×0.7의 계산

방법 1 그림으로 계산하기

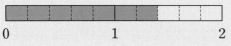

0   1   2

한 칸의 크기는 2의 $\frac{1}{10}$이고, 일곱 칸의

크기는 2의 $\frac{7}{10}$이므로 $\frac{14}{10}$입니다.

따라서 $2×0.7=1.4$입니다.

방법 2 분수의 곱셈으로 계산하기

$2×0.7=2×\frac{7}{10}=\frac{2×7}{10}=\frac{14}{10}=1.4$

방법 3 자연수의 곱셈으로 계산하기

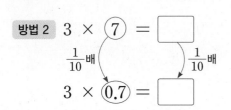

곱하는 수가 $\frac{1}{10}$배가 되면 계산 결과도 $\frac{1}{10}$배가 됩니다.

방법 4 세로셈으로 계산하기

$$\begin{array}{r} 2 \\ × \ 0.7 \\ \hline \end{array} \Rightarrow \begin{array}{r} 2 \\ × \ \ \ 7 \\ \hline 1\ 4 \end{array} \Rightarrow \begin{array}{r} 2 \\ × \ 0.7 \\ \hline 1.4 \end{array}$$

오른쪽 끝을   자연수의 곱셈과   소수의 소수점을
맞추어 씁니다.   같이 계산합니다.   내려 찍습니다.

---

6 3×0.7을 여러 가지 방법으로 계산한 것입니다. ☐ 안에 알맞은 수를 써넣으세요.

방법 1 $3×0.7=3×\dfrac{\boxed{}}{10}=\dfrac{\boxed{}×\boxed{}}{10}=\dfrac{\boxed{}}{10}=\boxed{}$

방법 2

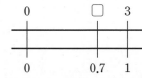

$3 × 7 = \boxed{}$

$3 × 0.7 = \boxed{}$

▶ 3×0.7의 곱 어림하기

0   ☐   3

0   0.7   1

0.7은 1의 반인 0.5보다 크기 때문에 3×0.7은 3의 반인 1.5보다 클 것으로 예상할 수 있습니다.

7 보기 와 같이 세로셈으로 계산해 보세요.

보기

$5 × 0.3$

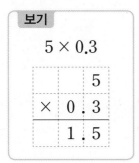

⑴ $8 × 0.6$

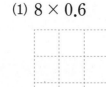

⑵ $4 × 0.8$

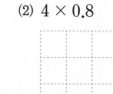

❓ **3.5와 3.50은 같은가요?**

소수점 아래 마지막 0은 생략하여 나타낼 수 있으므로 3.5와 3.50은 같아요.

8 계산해 보세요.

⑴ $6 × 0.4$

⑵ $9 × 0.8$

⑶ $27 × 0.5$

⑷ $5 × 0.62$

4 (자연수) × (소수) ⑵

● (자연수) × (1보다 큰 소수)

예 5 × 1.5의 계산

방법 1 그림으로 계산하기

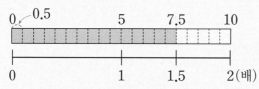

5의 1배는 5이고 5의 0.5배는 2.5이므로
5의 1.5배는 7.5입니다.
따라서 5 × 1.5 = 7.5입니다.

방법 2 분수의 곱셈으로 계산하기

$$5 \times 1.5 = 5 \times \frac{15}{10} = \frac{5 \times 15}{10} = \frac{75}{10} = 7.5$$

방법 3 자연수의 곱셈으로 계산하기

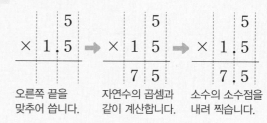

곱하는 수가 $\frac{1}{10}$배가 되면 계산 결과도 $\frac{1}{10}$배가 됩니다.

방법 4 세로셈으로 계산하기

$$\begin{array}{r} 5 \\ \times\ 1.5 \\ \hline \end{array} \Rightarrow \begin{array}{r} 5 \\ \times\ 1\ 5 \\ \hline 7\ 5 \end{array} \Rightarrow \begin{array}{r} 5 \\ \times\ 1.5 \\ \hline 7.5 \end{array}$$

오른쪽 끝을 맞추어 씁니다. | 자연수의 곱셈과 같이 계산합니다. | 소수의 소수점을 내려 찍습니다.

---

9 보기 와 다른 방법으로 계산해 보세요.

보기

분수의 곱셈으로 계산하기

3×1.7 $3 \times 1.7 = 3 \times \dfrac{17}{10} = \dfrac{3 \times 17}{10} = \dfrac{51}{10} = 5.1$

(1) 30 × 2.5

자연수의 곱셈으로 계산하기

(2) 9 × 1.4

세로셈으로 계산하기

▶ 3 × 17과 3 × 1.7 비교하기
- 3 × 17 = 51
- 3 × 1.7 = 5.1
- 1.7은 17의 $\frac{1}{10}$배
- 5.1은 51의 $\frac{1}{10}$배

➡ 곱하는 수가 $\frac{1}{10}$배가 되면 계산 결과도 $\frac{1}{10}$배가 됩니다.

10 계산해 보세요.

(1) 4 × 1.7

(2) 8 × 2.3

(3) 2 × 2.19

(4) 6 × 1.25

5 (소수) × (소수) (1)

● 1보다 작은 소수끼리의 곱셈

예) 0.7 × 0.6의 계산

방법 1 그림으로 계산하기

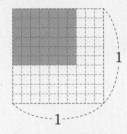

모눈 한 칸의 넓이는 0.01이고 색칠한 모눈은 42칸이므로 0.7 × 0.6 = 0.42입니다.

방법 2 분수의 곱셈으로 계산하기

$$0.7 \times 0.6 = \frac{7}{10} \times \frac{6}{10} = \frac{42}{100} = 0.42$$

방법 3 자연수의 곱셈으로 계산하기

$$7 \times 6 = 42$$
$\frac{1}{10}$배 $\frac{1}{10}$배 $\frac{1}{100}$배
$$0.7 \times 0.6 = 0.42$$

방법 4 세로셈으로 계산하기

```
      7            0 . 7  ← 소수 한 자리 수
  ×   6    →   ×  0 . 6  ← 소수 한 자리 수
  ─────       ─────────
    4 2        0 . 4 2  ← 소수 두 자리 수
```

곱의 소수점 아래 자리 수는 곱하는 두 소수의 소수점 아래 자리 수의 합과 같습니다.

---

11 0.4 × 0.9를 여러 가지 방법으로 계산한 것입니다. □ 안에 알맞은 수를 써넣으세요.

방법 1 $0.4 \times 0.9 = \dfrac{\square}{10} \times \dfrac{\square}{10} = \dfrac{\square}{100} = \boxed{}$

방법 2
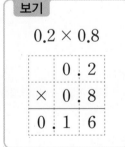

> 소수의 곱셈은 자연수의 곱셈 결과에 소수의 크기를 생각하여 소수점을 찍습니다.
>
> 예) 0.7 × 0.6의 계산
> 7 × 6 = 42인데 0.7에 0.6을 곱하면 0.7보다 작은 값이 나와야 하므로 0.7 × 0.6 = 0.42입니다.

12 보기 와 같이 세로셈으로 계산해 보세요.

보기

0.2×0.8

```
    0 . 2
×   0 . 8
─────────
0 . 1 6
```

(1) 0.5×0.3

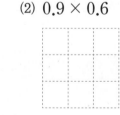

(2) 0.9×0.6

13 계산해 보세요.

(1) 0.5×0.5

(2) 0.7×0.2

(3) 0.17×0.3

(4) 0.6×0.42

6 (소수) × (소수) ⑵

● 1보다 큰 소수끼리의 곱셈

예 2.5 × 1.3의 계산

방법 1 그림으로 계산하기

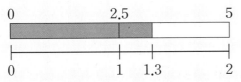

2.5의 1배는 2.5이고 2.5의 0.3배는
0.75이므로 2.5의 1.3배는 3.25입니다.
따라서 2.5 × 1.3 = 3.25입니다.

방법 2 분수의 곱셈으로 계산하기

$$2.5 \times 1.3 = \frac{25}{10} \times \frac{13}{10} = \frac{325}{100} = 3.25$$

방법 3 자연수의 곱셈으로 계산하기

$$25 \times 13 = 325$$

$\frac{1}{10}$배 $\frac{1}{10}$배 $\frac{1}{100}$배

$$2.5 \times 1.3 = 3.25$$

방법 4 세로셈으로 계산하기

	2	5
×	1	3
	7	5
2	5	
3	2	5

➡

	2 .	5	← 소수 한 자리 수
×	1 .	3	← 소수 한 자리 수
	7	5	
2	5		
3 .	2	5	← 소수 두 자리 수

---

14 서로 다른 방법을 골라 계산해 보세요.

(1) 1.7 × 1.2 •

• ㉠ | 분수의 곱셈으로 계산하기 |

(2) 3.4 × 1.9 •

• ㉡ | 자연수의 곱셈으로 계산하기 |

(3) 1.8 × 1.5 •

• ㉢ | 세로셈으로 계산하기 |

15 계산해 보세요.

(1) 2.6 × 1.6

(2) 1.4 × 1.7

(3) 3.5 × 2.3

(4) 2.23 × 1.8

▶ 소수의 곱셈은 자연수의 곱셈 결
과에 소수의 크기를 생각하여 소
수점을 찍습니다.

예 2.5 × 1.3의 계산
25 × 13 = 325인데 2.5에
1.3을 곱하면 2.5보다 큰 값
이 나와야 하므로
2.5 × 1.3 = 3.25입니다.

❓ 두 소수의 곱셈에서 순서를 바꾸
어 곱하면 계산 결과는 어떻게
될까요?

순서를 바꾸어 곱하여도 계산 결
과는 같아요.

예 $1.2 \times 2.6 = \frac{12}{10} \times \frac{26}{10}$

$= \frac{26}{10} \times \frac{12}{10}$

$= 2.6 \times 1.2$

7 곱의 소수점 위치

● 자연수와 소수의 곱셈에서 곱의 소수점 위치

- 곱하는 수의 0이 하나씩 늘어날 때마다 곱의 소수점을 오른쪽으로 한 칸씩 옮깁니다.

  예) $5.28 \times 10 = 52.8$
  $5.28 \times 100 = 528$
  $5.28 \times 1000 = 5280$

- 곱하는 소수의 소수점 아래 자리 수가 하나씩 늘어날 때마다 곱의 소수점을 왼쪽으로 한 칸씩 옮깁니다.

  예) $528 \times 0.1 = 52.8$
  $528 \times 0.01 = 5.28$
  $528 \times 0.001 = 0.528$

● 소수끼리의 곱셈에서 곱의 소수점 위치

곱하는 두 소수의 소수점 아래 자리 수를 더한 값과 곱의 소수점 아래 자리 수가 같습니다.

예) $9 \times 8 = 72$
$0.9 \times 0.8 = 0.72$
$0.9 \times 0.08 = 0.072$
$0.09 \times 0.08 = 0.0072$

예) $16 \times 29 = 464$
$1.6 \times 2.9 = 4.64$
$0.16 \times 2.9 = 0.464$
$0.16 \times 0.29 = 0.0464$

⊕ 보충 개념

- 소수에 10, 100, 1000을 곱할 때 소수점을 옮길 자리가 없으면 오른쪽으로 0을 채우면서 소수점을 옮깁니다.

- 자연수에 0.1, 0.01, 0.001을 곱할 때 소수점을 옮길 자리가 없으면 왼쪽으로 0을 채우면서 소수점을 옮깁니다.

---

16 □ 안에 알맞은 수를 써넣으세요.

(1) $2.417 \times 10 =$ ☐

$2.417 \times 100 =$ ☐

$2.417 \times 1000 =$ ☐

(2) $580 \times 0.1 =$ ☐

$580 \times 0.01 =$ ☐

$580 \times 0.001 =$ ☐

❓ 10을 곱하면 소수점을 오른쪽으로 한 칸 옮기고, 0.1을 곱하면 소수점을 왼쪽으로 한 칸 옮기는 이유는 무엇인가요?

10을 곱하면 계산 결과도 10배가 되고, 0.1을 곱하면 계산 결과도 0.1배가 되기 때문이에요.

17 보기 를 이용하여 계산해 보세요.

보기
$$4.7 \times 26 = 122.2$$

(1) $4.7 \times 260 =$ ☐

(2) $0.047 \times 26 =$ ☐

18 보기 를 이용하여 계산해 보세요.

보기
$$83 \times 15 = 1245$$

(1) $8.3 \times 1.5 =$ ☐

(2) $8.3 \times 0.15 =$ ☐

기본에서 응용으로

1 (1보다 작은 소수) × (자연수)

㉠ 0.7 × 4를 여러 가지 방법으로 계산하기

· 0.7 × 4 = 0.7 + 0.7 + 0.7 + 0.7 = 2.8

· $0.7 \times 4 = \frac{7}{10} \times 4 = \frac{7 \times 4}{10} = \frac{28}{10} = 2.8$

·
$$
\begin{array}{r} 0.7 \\ \times \quad 4 \\ \hline \end{array} \Rightarrow
\begin{array}{r} 7 \\ \times \quad 4 \\ \hline 2\ 8 \end{array} \Rightarrow
\begin{array}{r} 0.7 \\ \times \quad 4 \\ \hline 2.8 \end{array}
$$

1 계산 결과가 <u>다른</u> 것은 어느 것일까요?

(   )

① 0.3 × 7   ② 0.7 × 3

③ $\frac{3}{10} \times 7$ ④ $\frac{7}{10} \times 3$

⑤ 0.3 + 0.3 + 0.3

2 ☐ 안에 알맞은 수를 써넣으세요.

$0.5 \times 7 = 0.1 \times \boxed{} \times 7$

$= 0.1 \times \boxed{}$

$= \boxed{}$

서술형
3 0.8 × 4를 두 가지 방법으로 계산해 보세요.

방법 1 _____

_____

방법 2 _____

4 어림하여 계산 결과가 4보다 큰 것을 찾아 기호를 써 보세요.

㉠ 0.59 × 6   ㉡ 0.92 × 5   ㉢ 0.7 × 5

(   )

5 영주는 우유를 하루에 0.35 L씩 마십니다. 영주가 일주일 동안 마신 우유는 모두 몇 L일까요?

(   )

6 무게가 500 g인 사과가 3개 있습니다. 사과 3개의 무게는 몇 kg일까요?

(   )

2 (1보다 큰 소수) × (자연수)

㉠ 1.2 × 3을 여러 가지 방법으로 계산하기

· 1.2 × 3 = 1.2 + 1.2 + 1.2 = 3.6

· $1.2 \times 3 = \frac{12}{10} \times 3 = \frac{12 \times 3}{10} = \frac{36}{10} = 3.6$

·
$$
\begin{array}{r} 1.2 \\ \times \quad 3 \\ \hline \end{array} \Rightarrow
\begin{array}{r} 1\ 2 \\ \times \quad 3 \\ \hline 3\ 6 \end{array} \Rightarrow
\begin{array}{r} 1.2 \\ \times \quad 3 \\ \hline 3.6 \end{array}
$$

7 ☐ 안에 알맞은 수를 써넣으세요.

$4 \quad \times 3 = \boxed{}$

$0.7 \times 3 = \boxed{}$

$\overline{}$

$4.7 \times 3 = \boxed{}$

8 계산 결과를 잘못 말한 친구를 찾아 이름을 쓰고, 잘못 말한 부분을 바르게 고쳐 보세요.

> 영기: 5.2×3은 5와 3의 곱으로 어림할 수 있으니까 결과는 15 정도가 돼.
>
> 수아: 3.95×2에서 395와 2의 곱은 약 800이니까 3.95와 2의 곱은 80 정도가 돼.

답 ....

....

....

9 빈칸에 알맞은 수를 써넣으세요.

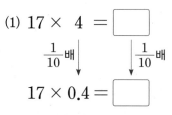

10 진영이가 미술 시간에 5.74 m짜리 철사 3개로 꽃 모양을 만들었습니다. 꽃 모양을 만드는 데 사용한 철사는 모두 몇 m일까요?

( )

11 소희네 집에서 편의점까지의 거리는 1 km 700 m입니다. 소희가 집에서 편의점까지 다녀온다면 몇 km를 걸은 셈일까요?

( )

3 (자연수)×(1보다 작은 소수)

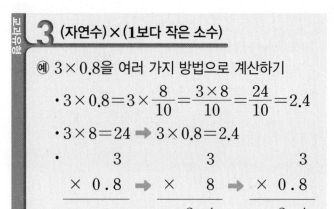

12 ◻ 안에 알맞은 수를 써넣으세요.

(1) $17 \times 4 = \boxed{}$

$\frac{1}{10}$배 ↓ $\frac{1}{10}$배 ↓

$17 \times 0.4 = \boxed{}$

(2) $3 \times 29 = \boxed{}$

$\frac{1}{100}$배 ↓ $\frac{1}{100}$배 ↓

$3 \times 0.29 = \boxed{}$

13 계산해 보세요.

$2 \times 0.6 = \boxed{}$

$4 \times 0.6 = \boxed{}$

$6 \times 0.6 = \boxed{}$

$8 \times 0.6 = \boxed{}$

14 ◯ 안에 >, =, <를 알맞게 써넣으세요.

$8 \bigcirc 8 \times 0.9$

15 ☐ 안에 알맞은 행성의 이름을 구해 보세요.

> • 수성에서 잰 몸무게는 지구에서 잰 몸무게의 약 0.38배입니다.
> • 금성에서 잰 몸무게는 지구에서 잰 몸무게의 약 0.91배입니다.

 지구에서 내 몸무게가 40 kg이니까 ☐에서 몸무게를 재면 약 36 kg일 거야.

(   )

16 빨간색 테이프의 길이는 45 cm이고, 노란색 테이프의 길이는 빨간색 테이프의 길이의 0.8배입니다. 노란색 테이프의 길이는 몇 cm일까요?

(   )

유형 4 (자연수)×(1보다 큰 소수)

예 2×2.4를 여러 가지 방법으로 계산하기

- $2 \times 2.4 = 2 \times \dfrac{24}{10} = \dfrac{2 \times 24}{10} = \dfrac{48}{10} = 4.8$

- $2 \times 24 = 48$ ➡ $2 \times 2.4 = 4.8$

-
$$
\begin{array}{r} 2 \\ \times\ 2.4 \\ \hline \end{array}
\ \Rightarrow\
\begin{array}{r} 2 \\ \times\ 2\ 4 \\ \hline 4\ 8 \end{array}
\ \Rightarrow\
\begin{array}{r} 2 \\ \times\ 2.4 \\ \hline 4.8 \end{array}
$$

17 ☐ 안에 알맞은 수를 써넣으세요.

$6 \times 2 = $ ☐

$6 \times 0.7 = $ ☐

$6 \times 2.7 = $ ☐

18 ☐ 안에 알맞은 수를 써넣으세요.

$$
\begin{array}{r} 3 \\ \times\ 4\ 6 \\ \hline \end{array}
\quad
\begin{array}{c} \frac{1}{10}\text{배} \\ \longrightarrow \\ \frac{1}{10}\text{배} \\ \longrightarrow \end{array}
\quad
\begin{array}{r} 3 \\ \times\ 4.6 \\ \hline \end{array}
$$

19 어림하여 계산 결과가 6보다 큰 것을 찾아 기호를 써 보세요.

> ㉠ 3×1.8   ㉡ 2의 2.9배   ㉢ 3의 2.1

(   )

20 멜론의 무게는 4 kg이고, 수박의 무게는 멜론의 무게의 1.85배입니다. 수박의 무게는 몇 kg일까요?

(   )

서술형
21 윤지가 2000원으로 초콜릿을 사려고 합니다. 사려는 초콜릿의 가격표가 찢어져 있을 때 가진 돈으로 초콜릿을 살 수 있을지 답하고, 그 이유를 설명해 보세요.

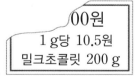
00원
1 g당 10.5원
밀크초콜릿 200 g

초콜릿을 살 수 (있습니다 , 없습니다).

이유   ....

....

응용유형

5 1보다 작은 소수끼리의 곱셈

예 0.8×0.3을 여러 가지 방법으로 계산하기

$\cdot 0.8 \times 0.3 = \dfrac{8}{10} \times \dfrac{3}{10} = \dfrac{24}{100} = 0.24$

$\cdot 8 \times 3 = 24 \Rightarrow 0.8 \times 0.3 = 0.24$

$\cdot$
$$
\begin{array}{r} 0.8 \\ \times\ 0.3 \\ \hline \end{array}
\Rightarrow
\begin{array}{r} 8 \\ \times\ 3 \\ \hline 2\,4 \end{array}
\Rightarrow
\begin{array}{r} 0.8 \\ \times\ 0.3 \\ \hline 0.2\,4 \end{array}
$$

서술형

22 $0.9 \times 0.7 = 0.63$입니다. 0.9×0.7은 왜 0.63인지 두 가지 방법으로 설명해 보세요.

방법 1

방법 2

23 □ 안에 알맞은 수를 써넣으세요.

$$
\begin{array}{r} 1\,6 \\ \times\ \ \ 4 \\ \hline \boxed{} \end{array}
\Rightarrow
\begin{array}{r} 0.1\,6 \\ \times\ \ \ 0.4 \\ \hline \boxed{} \end{array}
$$

24 0.82×0.65의 값이 얼마인지 어림해서 구해 보세요.

| ㉠ 5.33 | ㉡ 0.533 | ㉢ 0.0533 |

( )

25 밀가루 $0.9\ \text{kg}$의 0.3만큼을 사용하여 식빵을 만들었습니다. 식빵을 만드는 데 사용한 밀가루는 몇 kg일까요?

( )

26 ㉠▲㉡을 다음과 같이 약속할 때 $0.2▲0.4$의 값을 구해 보세요.

$$ ㉠▲㉡ = (㉠ + ㉡) \times ㉡ $$

( )

6 1보다 큰 소수끼리의 곱셈

예 1.2×2.7을 여러 가지 방법으로 계산하기

$\cdot 1.2 \times 2.7 = \dfrac{12}{10} \times \dfrac{27}{10} = \dfrac{324}{100} = 3.24$

$\cdot 12 \times 27 = 324 \Rightarrow 1.2 \times 2.7 = 3.24$

$\cdot$
$$
\begin{array}{r} 1.2 \\ \times\ 2.7 \\ \hline \end{array}
\Rightarrow
\begin{array}{r} 1\,2 \\ \times\ 2\,7 \\ \hline 8\,4 \\ 2\,4 \\ \hline 3\,2\,4 \end{array}
\Rightarrow
\begin{array}{r} 1.2 \\ \times\ 2.7 \\ \hline 8\,4 \\ 2\,4 \\ \hline 3.2\,4 \end{array}
$$

27 2.17과 3.5의 합과 곱에 소수점을 바르게 찍어 보세요.

$$
\begin{array}{r} 2.1\,7 \\ +\ \ 3.5 \\ \hline 5\,6\,7 \end{array}
\qquad
\begin{array}{r} 2.1\,7 \\ \times\ \ \ 3.5 \\ \hline 1\,0\,8\,5 \\ 6\,5\,1 \\ \hline 7\,5\,9\,5 \end{array}
$$

28 계산 결과가 3.9보다 큰 것을 모두 찾아 ○표 하세요.

$$3.9 \times 0.9 \qquad 3.9 \times 1.2$$
$$3.9 \times 0.4 \qquad 3.9 \times 4.3$$

29 □ 안에 들어갈 수 있는 자연수를 모두 구해 보세요.

$$2.9 \times 1.3 < \square < 1.6 \times 4.5$$

(   )

30 고양이의 무게는 4.5 kg이고, 강아지의 무게는 고양이 무게의 1.7배입니다. 강아지의 무게는 몇 kg일까요?

(   )

31 민서는 1시간에 3.3 km를 걷습니다. 같은 빠르기로 1시간 30분 동안 걷는다면 몇 km를 걸을 수 있을까요?

(   )

32 계산기로 3.5×2.7을 계산하려고 두 수를 눌렀는데 수 하나의 소수점 위치를 잘못 눌러서 94.5의 결과가 나왔습니다. 계산기에 누른 두 수를 구해 보세요.

7 곱의 소수점 위치

- 소수와 자연수의 곱셈에서 곱하는 수의 0이 하나씩 늘어날 때마다 곱의 소수점을 오른쪽으로 한 칸씩 옮깁니다.
- 자연수와 소수의 곱셈에서 곱하는 소수의 소수점 아래 자리 수가 하나씩 늘어날 때마다 곱의 소수점을 왼쪽으로 한 칸씩 옮깁니다.
- 소수끼리의 곱셈에서 곱의 소수점 아래 자리 수는 곱하는 두 소수의 소수점 아래 자리 수의 합과 같습니다.

33 $29 \times 63 = 1827$입니다. 관계있는 것끼리 선으로 이어 보세요.

(1) 2.9×6.3 · · ㉠ 0.1827

(2) 2.9×0.63 · · ㉡ 18.27

(3) 0.29×0.63 · · ㉢ 1.827

34 계산 결과가 다른 것을 찾아 기호를 써 보세요.

㉠ 924×0.1 ㉡ 9.24×10
㉢ 9.24의 0.1   ㉣ 0.924의 100배

(   )

35 구슬 한 개의 무게는 3.75 g입니다. 구슬 10개, 100개, 1000개의 무게는 각각 몇 g일까요?

10개 (   )

100개 (   )

1000개 (   )

36 찰흙 12 kg의 0.01만큼으로 만들기를 하였습니다. 만들기를 하는 데 사용한 찰흙은 몇 kg일까요?

(   )

37 ○ 안에 >, =, <를 알맞게 써넣으세요.

2.85×6.3 ◯ 28.5×0.63

38 □ 안에 알맞은 수를 써넣으세요.

(1) $3.129 \times \boxed{} = 312.9$

(2) $562.7 \times \boxed{} = 56.27$

39 보기 를 이용하여 □ 안에 알맞은 수를 써넣으세요.

> 보기
> $527 \times 36 = 18972$

(1) $52.7 \times \boxed{} = 189.72$

(2) $\boxed{} \times 3.6 = 1.8972$

40 □ 안에 알맞은 수를 구해 보세요.

$3.6 \times 0.17 = 0.36 \times \boxed{}$

(   )

세 소수의 곱셈

곱셈은 순서를 바꾸어 곱하여도 계산 결과가 같으므로 계산이 편리한 순서대로 계산합니다.

(예) $1.6 \times 3.9 \times 0.5 = 3.12$

       6.24
          3.12

$1.6 \times 3.9 \times 0.5 = 3.12$

         0.8
        3.12

41 세 소수의 곱을 구해 보세요.

| 6.5 | 2.9 | 0.4 |

(   )

42 빈 곳에 알맞은 수를 써넣으세요.

$\times 1.5$ $\times 7.3$

6.8   □

43 아버지의 몸무게는 75.5 kg입니다. 주연이의 몸무게는 아버지 몸무게의 0.6배이고, 동생의 몸무게는 주연이 몸무게의 0.8배입니다. 동생의 몸무게는 몇 kg일까요?

(   )

44 1분에 0.45 L의 물이 나오는 수도꼭지가 있습니다. 이 수도꼭지 12개로 1시간 동안 물을 받았다면 받은 물의 양은 모두 몇 L일까요?

(   )

도형의 넓이 구하기

- (직사각형의 넓이) = (가로) × (세로)
- (평행사변형의 넓이) = (밑변) × (높이)
- (마름모의 넓이)
  = (한 대각선) × (다른 대각선) × 0.5
  └→ ÷2와 같습니다.

45 평행사변형의 넓이는 몇 cm²일까요?

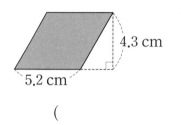
4.3 cm
5.2 cm

( )

서술형
46 직사각형의 가로는 세로의 1.5배입니다. 세로가 1.8 cm라면 넓이는 몇 cm²인지 풀이 과정을 쓰고 답을 구해 보세요.

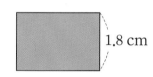
1.8 cm

풀이 _____

_____

답 _____

47 정사각형의 네 변의 가운데 점을 이어 마름모를 그렸습니다. 마름모의 넓이는 몇 cm²일까요?

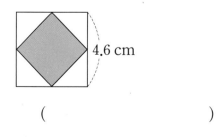
4.6 cm

( )

수 카드로 만든 소수의 곱 구하기

소수는 자연수 부분이 클수록 큰 수이고, 자연수 부분이 같으면 소수점 아래 높은 자리의 숫자가 클수록 큰 수입니다.

48 4장의 카드 중에서 3장을 골라 소수 한 자리 수를 만들려고 합니다. 만들 수 있는 소수 중에서 가장 큰 수와 가장 작은 수의 곱을 구해 보세요.

 .
2 . 6 8

( )

49 5장의 카드 중에서 4장을 골라 소수 두 자리 수를 만들려고 합니다. 만들 수 있는 소수 중에서 가장 큰 수와 가장 작은 수의 곱을 구해 보세요.

1 7 4 . 5

( )

50 6장의 카드 중에서 4장을 골라 소수를 만들려고 합니다. 만들 수 있는 소수 중에서 가장 큰 수와 가장 작은 수의 곱을 구해 보세요.

0 6 5 . 8 9

( )

4

심화유형 1 바르게 계산한 값 구하기

어떤 수에 3.7을 곱해야 할 것을 잘못하여 더했더니 9.2가 되었습니다. 바르게 계산한 값은 얼마일까요?

( )

● 핵심 NOTE 잘못 계산한 식을 이용하여 어떤 수를 구한 후 바르게 계산한 값을 구합니다.

1-1 어떤 수에 6.2를 곱해야 할 것을 잘못하여 뺐더니 1.7이 되었습니다. 바르게 계산한 값은 얼마일까요?

( )

1-2 어떤 수에 0.7을 곱해야 할 것을 잘못하여 나누었더니 0.4가 되었습니다. 바르게 계산한 값은 얼마일까요?

( )

1-3 3.68에 어떤 수를 곱해야 할 것을 잘못하여 더했더니 5.28이 되었습니다. 바르게 계산한 값은 얼마일까요?

( )

심화유형 2 도형에서 색칠한 부분의 넓이 구하기

다음 도형에서 색칠한 부분의 넓이는 몇 cm²일까요?

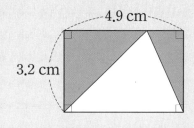

(   )

● 핵심 NOTE   색칠한 부분의 넓이를 바로 구할 수 없을 때는 큰 도형의 넓이에서 작은 도형의 넓이를 빼서 구할
수 있습니다.

2-1 다음 도형에서 색칠한 부분의 넓이는 몇 cm²일까요? (단, 색칠하지 않은 부분은 마름모입니다.)

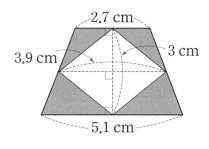

(   )

2-2 다음 도형에서 색칠한 부분의 넓이는 몇 cm²일까요?

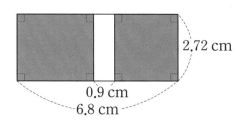

(   )

③ 곱이 가장 큰 곱셈식 만들기

심화유형

4장의 수 카드를 모두 한 번씩 사용하여 (소수 한 자리 수)×(소수 한 자리 수)의 식을 만들려고 합니다. 곱이 가장 클 때의 곱셈식을 만들고 계산해 보세요.

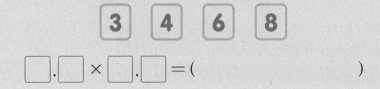

☐.☐ × ☐.☐ = (   )

● **핵심 NOTE** 곱이 가장 큰 (소수 한 자리 수)×(소수 한 자리 수)의 식을 만들려면 일의 자리에 가장 큰 수와 두 번째로 큰 수를 놓아야 합니다.

3-1 4장의 수 카드를 모두 한 번씩 사용하여 (소수 한 자리 수)×(소수 한 자리 수)의 식을 만들려고 합니다. 곱이 가장 클 때의 곱셈식을 만들고 계산해 보세요.

☐.☐ × ☐.☐ = (   )

3-2 4장의 수 카드를 모두 한 번씩 사용하여 (소수 한 자리 수)×(소수 한 자리 수)의 식을 만들려고 합니다. 곱이 가장 작을 때의 곱셈식을 만들고 계산해 보세요.

2   3   5   8

☐.☐ × ☐.☐ = (   )

응 용 에 서
최 상 위 로
융합유형 4
수학 ✚ 과학

음식의 염도를 보고 소금의 양 구하기

염도계는 음식에 든 소금의 양을 측정할 때 사용하는 것입니다. 염도계의 센서 부분이 음식과 접촉하면 액정에 염도가 표시되는데 이 숫자는 용액 100 mL당 소금 함유량을 의미하고, 염도 1 %는 소금 1 g을 나타냅니다. 주희 어머니께서 만드신 된장찌개와 미역국에 염도계를 담궈 봤더니 다음과 같이 표시되었습니다. 된장찌개 500 mL와 미역국 300 mL에 들어 있는 소금은 모두 몇 g인지 구해 보세요.

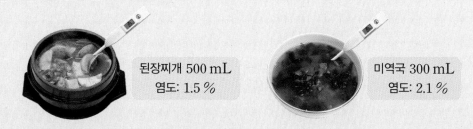

된장찌개 500 mL
염도: 1.5 %

미역국 300 mL
염도: 2.1 %

1단계 된장찌개 500 mL와 미역국 300 mL에 들어 있는 소금의 양을 각각 구하기

....

2단계 전체 소금의 양 구하기

....

....

(   )

● **핵심 NOTE**   **1단계** 염도계의 수치는 100 mL당 소금의 양임을 이용하여 된장찌개 500 mL와 미역국 300 mL에 들어 있는 소금의 양을 각각 구합니다.

               2단계 전체 소금의 양을 구합니다.

4

4-1

소금의 양을 적게 하여 먹을수록 건강에 좋습니다. 오른쪽 표는 몇 가지 음식의 '건강식 염분표'를 나타낸 것인데, 건강식 음식이 되려면 이 기준표에 염도를 맞추는 것이 좋습니다. 4번의 주희 어머니께서 만드신 미역국을 건강식 음식으로 만들려면 미역국 300 mL에 소금을 적어도 몇 g 적게 넣어야 할까요?

(   )

건강식 염분표

음식명	염도(%)
김치찌개	1.1
미역국	0.8
북어국	0.9
된장찌개	1.5
물냉면	0.8
칼국수	0.9

기출 단원 평가 Level ❶

점수 _____

확인 _____

1 그림을 보고 ☐ 안에 알맞은 수를 써넣으세요.

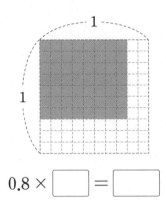

$0.8 \times \boxed{} = \boxed{}$

2 계산 결과가 <u>다른</u> 것은 어느 것일까요?

(   )

① 3.9×4 ② 4×3.9

③ $\dfrac{39}{10} \times 4$ ④ $4 \times \dfrac{39}{100}$

⑤ $3.9 + 3.9 + 3.9 + 3.9$

3 보기 와 같이 계산해 보세요.

보기

$$0.5 \times 0.9 = \frac{5}{10} \times \frac{9}{10} = \frac{45}{100} = 0.45$$

$0.7 \times 0.4 =$
....

4 계산해 보세요.

(1) 0.3×27

(2) 7×0.34

(3) 0.62×0.9

(4) 1.5×4.8

5 두 수의 곱을 구해 보세요.

| 2.3   0.7 |

(   )

6 관계있는 것끼리 선으로 이어 보세요.

(1) 0.7×10 •   • ㉠ 0.7

(2) 0.07×1000 •   • ㉡ 7

(3) 0.007×100 •   • ㉢ 70

7 ○ 안에 >, =, <를 알맞게 써넣으세요.

$8 \bigcirc 8 \times 0.7$

$8 \bigcirc 8 \times 1.3$

8 계산 결과가 다른 것을 찾아 기호를 써 보세요.

> ㉠ 0.45×10 ㉡ 450×0.1
> ㉢ 4500×0.01 ㉣ 0.45×100

( )

9 49×0.71의 값이 얼마인지 어림해서 구해 보세요.

> ㉠ 3.479 ㉡ 34.79 ㉢ 347.9

( )

10 보기 를 이용하여 계산해 보세요.

> 보기
> $35 \times 49 = 1715$

(1) $3.5 \times 4.9 = \boxed{}$

(2) $0.35 \times 4.9 = \boxed{}$

11 가장 큰 수와 가장 작은 수의 곱을 구해 보세요.

> 0.5 0.29 0.9 0.76

( )

12 ☐ 안에 알맞은 수를 써넣으세요.

(1) $1.05 \times \boxed{} = 10.5$

(2) $\boxed{} \times 100 = 74$

13 빈 곳에 알맞은 수를 써넣으세요.

2.4 → $\times 0.8$ → $\times 4.7$ → $\boxed{}$

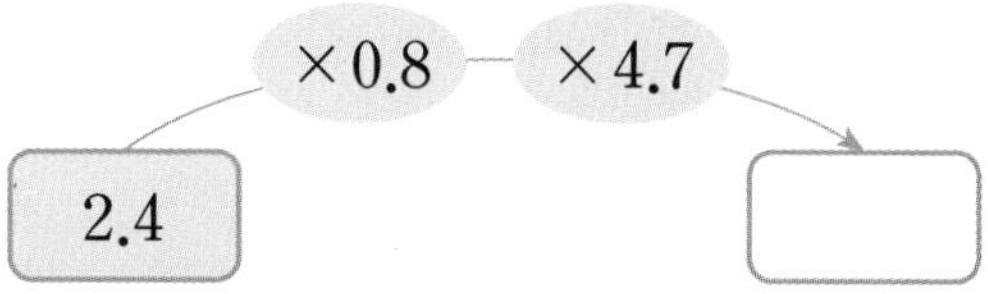

14 삼촌의 나이는 35살이고, 준후의 나이는 삼촌 나이의 0.4배입니다. 준후의 나이는 몇 살일까요?

( )

15 소리는 공기 중에서 1초 동안에 0.34 km를 간다고 합니다. 번개를 보고 나서 7.5초 후에 천둥소리를 들었다면, 소리를 들은 곳은 번개 친 곳에서 몇 km 떨어져 있을까요?

( )

16 ☐ 안에 알맞은 수를 구해 보세요.

$$5.19 \times 6.2 = 51.9 \times \square$$

( )

17 어떤 달팽이가 10분에 9.7 cm씩 기어갑니다. 이 달팽이가 같은 속도로 1시간 동안 기어간다면 몇 cm를 갈 수 있을까요?

( )

18 색칠한 부분의 넓이는 몇 cm²일까요?

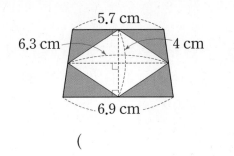

( )

19 밀가루 3 kg 한 봉지의 0.75만큼이 탄수화물 성분입니다. 탄수화물 성분은 몇 kg인지 두 가지 방법으로 구해 보세요.

방법1

방법2

답

20 사과의 무게는 300 g입니다. 감의 무게는 사과 무게의 0.6배이고, 배의 무게는 감 무게의 4.5배입니다. 배의 무게는 몇 kg인지 풀이 과정을 쓰고 답을 구해 보세요.

풀이

답

기출 단원 평가 Level ❷

1 ☐ 안에 알맞은 수를 써넣으세요.

$$4 \times 23 = \boxed{}$$

$\frac{1}{100}$배 ↓   ↓ $\frac{1}{100}$배

$$4 \times 0.23 = \boxed{}$$

2 계산이 잘못된 곳을 찾아 바르게 고쳐 보세요.

$$0.3 \times 0.52 = \frac{3}{10} \times \frac{52}{10}$$
$$= \frac{156}{100} = 1.56$$

➡ ....

....

3 계산해 보세요.

(1) 0.72×4

(2) 8×2.3

(3) 0.5×0.17

(4) 6.3×3.6

4 빈칸에 알맞은 수를 써넣으세요.

×	0.3	0.6	0.9
0.9			

5 곱의 소수점의 위치가 잘못된 것은 어느 것일까요? ( )

① $0.12 \times 10 = 1.2$

② $0.12 \times 100 = 12$

③ $0.12 \times 1000 = 1200$

④ $12 \times 0.01 = 0.12$

⑤ $12 \times 0.001 = 0.012$

6 계산 결과가 다른 것을 찾아 기호를 써 보세요.

㉠ 0.734×10	㉡ 734×0.01
㉢ 0.734의 100배	㉣ 73.4의 0.1

( )

7 계산 결과가 9보다 큰 것을 모두 찾아 ○표 하세요.

$9 \times 1.05 \quad 9 \times 0.8 \quad 9 \times 0.57 \quad 9 \times 2.2$

8 어림하여 계산 결과가 8보다 큰 것을 찾아 기호를 써 보세요.

$$ⓐ\ 0.79×9 \quad ⓑ\ 4×2.13 \quad ⓒ\ 3.5×1.8$$

( )

9 빈 곳에 알맞은 수를 써넣으세요.

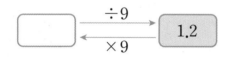

10 ☐ 안에 알맞은 수를 써넣으세요.

(1) $32.8 × \boxed{} = 0.328$

(2) $0.615 × \boxed{} = 61.5$

11 보기 를 이용하여 ☐ 안에 알맞은 수를 써넣으세요.

> 보기
> $93 × 274 = 25482$

(1) $9.3 × \boxed{} = 254.82$

(2) $\boxed{} × 2.74 = 2.5482$

12 $19 × 38 = 722$를 이용하여 다음을 계산한 값을 구해 보세요.

$$19 × 0.38 + 1.9 × 38$$

( )

13 ☐ 안에 들어갈 수 있는 가장 작은 자연수를 구해 보세요.

$$6.7 × 2.3 < \boxed{}$$

( )

14 학교에서 인서네 집까지의 거리는 $0.8\ \mathrm{km}$ 이고, 학교에서 지윤이네 집까지의 거리는 학교에서 인서네 집까지 거리의 0.45배입니다. 학교에서 지윤이네 집까지의 거리는 몇 km 일까요?

( )

15 딸기를 한 상자에 $0.5\ \mathrm{kg}$씩 15상자에 담았습니다. 상자에 담은 딸기는 모두 몇 kg일까요?

( )

16 ㉠♥㉡을 다음과 같이 약속할 때 5♥0.7의 값을 구해 보세요.

$$㉠♥㉡ = (㉠ - ㉡) \times ㉡$$

(   )

17 1분에 3.7 L의 물이 나오는 수도꼭지가 있습니다. 이 수도꼭지로 2분 15초 동안 물을 받았다면 받은 물의 양은 몇 L일까요?

(   )

18 4장의 수 카드를 모두 한 번씩 사용하여 (소수 한 자리 수) × (소수 한 자리 수)의 식을 만들려고 합니다. 곱이 가장 클 때의 곱셈식을 만들고 계산해 보세요.

$$\boxed{2} \quad \boxed{7} \quad \boxed{5} \quad \boxed{9}$$

$$\boxed{}.\boxed{} \times \boxed{}.\boxed{} = (\qquad)$$

19 $147 \times 42 = 6174$입니다. 1.47×4.2의 값을 어림하여 결괏값에 소수점을 찍고, 그 이유를 설명해 보세요.

$$1.47 \times 4.2 = 6174$$

이유

20 어떤 수에 1.8을 곱해야 할 것을 잘못하여 더했더니 3.2가 되었습니다. 바르게 계산하면 얼마인지 풀이 과정을 쓰고 답을 구해 보세요.

풀이

답

직육면체

5

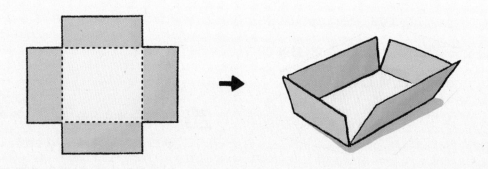

직육면체, 직사각형 모양의 면이 6개인 도형

● **직육면체의 겨냥도**

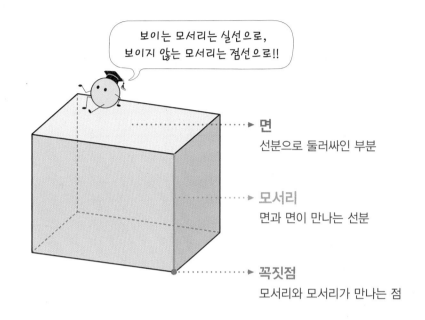

면
선분으로 둘러싸인 부분

모서리
면과 면이 만나는 선분

꼭짓점
모서리와 모서리가 만나는 점

● **직육면체의 전개도**

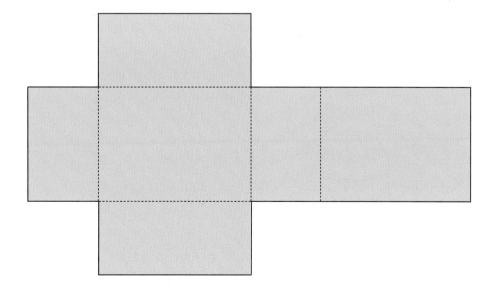

1 직육면체

직육면체 알아보기

- 직사각형 6개로 둘러싸인 도형을 직육면체라고 합니다.

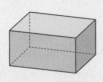

- 직육면체에서 선분으로 둘러싸인 부분을 면, 면과 면이 만나는 선분을 모서리, 모서리와 모서리가 만나는 점을 꼭짓점이라고 합니다.

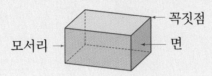

보충 개념

- **직육면체의 면, 모서리, 꼭짓점**

면의 수 (개)	모서리의 수(개)	꼭짓점의 수(개)
6	12	8

1 오른쪽과 같은 직육면체는 직사각형 몇 개로 둘러싸인 도형일까요?

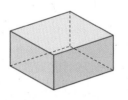

(   )

▶ 직육면체는 상자 모양으로 직육면체의 면은 모두 직사각형입니다.

2 직육면체의 각 부분의 이름을 □ 안에 알맞게 써넣으세요.

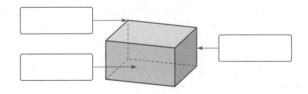

3 직육면체를 보고 물음에 답하세요.

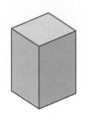

(1) 보이는 면은 몇 개일까요?

(   )

(2) 보이는 모서리는 몇 개일까요?

(   )

(3) 보이는 꼭짓점은 몇 개일까요?

(   )

2 정육면체

정답과 풀이 31쪽

● **정육면체 알아보기**

- 정사각형 6개로 둘러싸인 도형을 **정육면체**라고 합니다.

- 정육면체의 특징

면의 수(개)	모서리의 수 (개)	꼭짓점의 수 (개)	면의 모양	모서리의 길이
6	12	8	정사각형	모두 같습니다.

➕ 보충 개념

- **정육면체와 직육면체의 다른 점**
  - 면의 모양
    - 정육면체: 정사각형
    - 직육면체: 직사각형
  - 모서리의 길이
    - 정육면체: 모두 같다.
    - 직육면체: 평행한 모서리끼리 길이가 같다.

---

4 도형을 보고 물음에 답하세요.

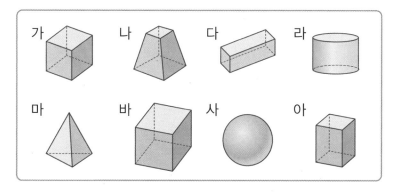

(1) 직육면체를 모두 찾아 기호를 써 보세요.

( )

(2) 정육면체를 모두 찾아 기호를 써 보세요.

( )

❓ 정육면체를 직육면체라고 말할 수 있나요?

네. 정사각형은 직사각형이라고 말할 수 있으므로 정사각형으로 둘러싸인 정육면체는 직육면체라고 말할 수 있어요. 하지만 직육면체는 정육면체라고 말할 수 없어요.

직육면체
정육면체

5 직육면체와 정육면체를 보고 빈칸에 알맞게 써넣으세요.

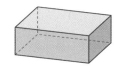

	면의 모양	면의 수(개)	모서리의 수(개)	꼭짓점의 수(개)
직육면체				
정육면체				

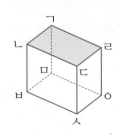

3 직육면체의 성질

● 직육면체의 성질 알아보기

- 직육면체에서 색칠한 두 면처럼 계속 늘여도 만나지 않는 두 면을 서로 평행하다고 합니다. 이 두 면을 직육면체의 **밑면**이라고 합니다. 직육면체에는 평행한 면이 3쌍 있고 이 평행한 면은 각각 밑면이 될 수 있습니다.

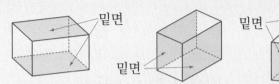

- 직육면체에서 밑면과 수직인 면을 직육면체의 **옆면**이라고 합니다.

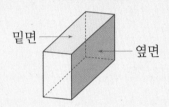

⊕ 보충 개념

- 직육면체에서 서로 평행한 면은 3쌍입니다.

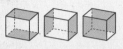

- 직육면체에서 한 면과 수직인 면은 4개입니다.

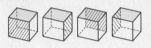

6 직육면체에서 색칠한 면과 평행한 면을 찾아 빗금을 그어 보세요.

(1) 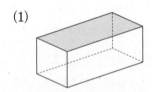 (2)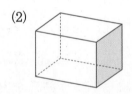

7 정육면체에서 색칠한 면과 수직인 면을 색칠한 것이 아닌 것을 찾아 기호를 써 보세요.

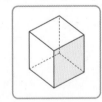 ㉠   ㉡   ㉢

( )

> 한 꼭짓점에서 만나는 3개의 면은 각각 서로 수직입니다.
>
>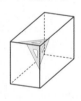

8 직육면체를 보고 ☐ 안에 알맞게 써넣으세요.

(1) 색칠한 면과 평행한 면은 면 ☐ 입니다.

(2) 색칠한 면과 수직인 면은 면 ☐, 면 ☐, 면 ☐, 면 ☐ 입니다.

4 직육면체의 겨냥도

● 직육면체의 겨냥도 알아보기

직육면체의 모양을 잘 알 수 있도록 나타낸 그림을 직육면체의 **겨냥도**라고 합니다.

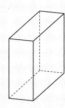 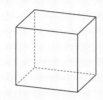

➡ 겨냥도에서는 보이는 모서리는 실선으로, 보이지 않는 모서리는 점선으로 그립니다.

➕ 보충 개념

• **직육면체의 겨냥도에서 면, 모서리, 꼭짓점의 수의 비교**

	보이는 개수	보이지 않는 개수
면	3개	3개
모서리	9개	3개
꼭짓점	7개	1개

---

9 직육면체의 겨냥도를 바르게 그린 것은 어느 것일까요? (   )

①   ②   ③   ④   ⑤

▶ 직육면체의 면, 모서리, 꼭짓점이 가장 많이 보일 때는 면 3개, 모서리 9개, 꼭짓점 7개가 보일 때입니다.

10 여러 가지 직육면체의 겨냥도를 그린 것입니다. 빠진 부분을 그려 넣어 겨냥도를 완성해 보세요.

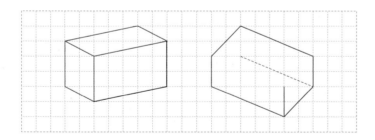

11 직육면체의 겨냥도를 보고 물음에 답하세요.

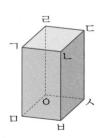

(1) 보이지 않는 면을 모두 찾아 써 보세요.

(   )

(2) 보이지 않는 모서리를 모두 찾아 써 보세요.

(   )

(3) 보이지 않는 꼭짓점을 찾아 써 보세요.

(   )

5 정육면체의 전개도

● 정육면체의 전개도 알아보기

정육면체의 모서리를 잘라서 펼친 그림을 정육면체의 전개도라고 합니다.

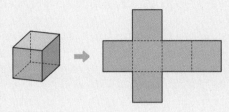

➡ 전개도에서 잘린 모서리는 실선으로, 잘리지 않는 모서리는 점선으로 표시합니다.

+ 보충 개념

• **정육면체 전개도의 공통점**
 − 정사각형 6개로 이루어져 있습니다.
 − 모든 모서리의 길이가 같습니다.
 − 접었을 때 서로 겹치는 부분이 없습니다.
 − 접었을 때 마주 보며 평행한 면이 3쌍 있습니다.
 − 접었을 때 한 면과 수직인 면이 4개입니다.

12 전개도를 접어서 정육면체를 만들었습니다. 물음에 답하세요.

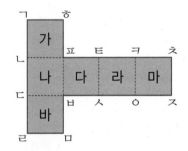

(1) 점 ㄴ과 만나는 점을 찾아 써 보세요.

( )

(2) 선분 ㅎㅍ과 겹치는 선분을 찾아 써 보세요.

( )

(3) 면 가와 평행한 면을 찾아 써 보세요.

( )

(4) 면 나와 수직인 면을 모두 찾아 써 보세요.

( )

13 정육면체의 전개도가 아닌 것을 찾아 기호를 써 보세요.

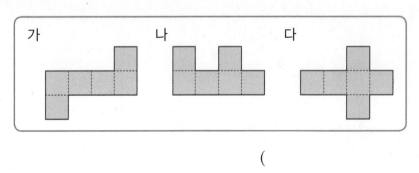

( )

? 정육면체의 전개도는 몇 개나 있나요?

정육면체의 전개도는 모두 11가지가 있어요.

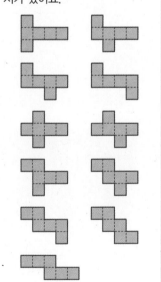

6 직육면체의 전개도

● **직육면체의 전개도 알아보기**

직육면체의 모서리를 잘라서 펼친 그림을 직육면체의 **전개도**라고 합니다.

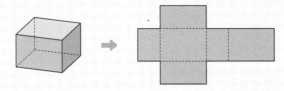

➡ 직육면체를 완전히 펼치기 위해서는 모서리를 7군데 잘라야 하고, 다시 직육면체를 만들기 위해서는 5군데를 접어야 합니다.

➕ **보충 개념**

● **직육면체 전개도의 공통점**
  - 직사각형 6개로 이루어져 있습니다.
  - 접었을 때 서로 겹치는 부분이 없습니다.
  - 접었을 때 만나는 모서리의 길이가 같습니다.
  - 접었을 때 마주 보며 모양과 크기가 같은 면이 3쌍 있습니다.
  - 접었을 때 한 면과 수직인 면이 4개입니다.

14 전개도를 접어서 직육면체를 만들었습니다. 물음에 답하세요.

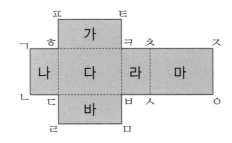

▶ 전개도에서 같은 색 면끼리는 서로 평행하고 다른 색 면끼리는 서로 수직입니다.

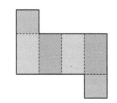

(1) 점 ㄱ과 만나는 점을 모두 찾아 써 보세요.

( )

(2) 선분 ㄱㄴ과 겹치는 선분을 찾아 써 보세요.

( )

(3) 면 나와 평행한 면을 찾아 써 보세요.

( )

(4) 면 마와 수직인 면을 모두 찾아 써 보세요.

( )

15 직육면체의 전개도를 그린 것입니다. ☐ 안에 알맞은 수를 써넣으세요.

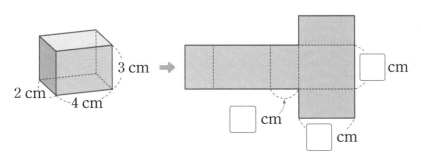

1 직육면체

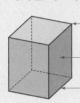

- 직육면체: 직사각형 6개로 둘러싸인 도형

꼭짓점 : 모서리와 모서리가 만나는 점

면 : 선분으로 둘러싸인 부분

모서리 : 면과 면이 만나는 선분

1 직육면체에 ○표, 직육면체가 아닌 것에 ×표 하세요.

  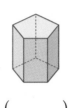

(   ) (   ) (   )

2 직육면체를 바르게 설명한 것에 ○표, 그렇지 않은 것에 ×표 하세요.

(1) 모서리는 모두 8개입니다.

(   )

(2) 면의 모양은 모두 직사각형입니다.

(   )

(3) 면과 면이 만나는 선분은 꼭짓점입니다.

(   )

3 다음 직육면체에서 모양과 크기가 같은 면에 같은 색을 칠하고 모양과 크기가 다른 면에는 서로 다른 색을 칠하려고 합니다. 몇 가지 색이 필요할까요?

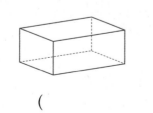

(   )

4 다음 도형이 직육면체인지 아닌지 쓰고, 그 이유를 설명해 보세요.

답

이유

5 직육면체의 모든 모서리의 길이의 합은 몇 cm일까요?

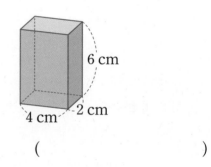

6 cm

4 cm   2 cm

(   )

6 다음과 같이 직육면체 모양의 상자를 끈으로 묶었습니다. 상자를 묶는 데 사용한 끈의 길이는 몇 cm일까요? (단, 매듭의 길이는 생각하지 않습니다.)

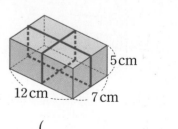

5 cm

12 cm   7 cm

(   )

2 정육면체

• 정육면체: 정사각형 6개로 둘러싸인 도형

➡ 정육면체는 면이 6개, 모서리가 12개, 꼭짓점이 8개입니다.

7 정육면체를 모두 고르세요. (   )

①   ②   ③

④   ⑤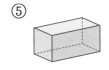

8 정육면체의 면 ㉮를 본뜬 모양을 모눈종이에 그려 보세요.

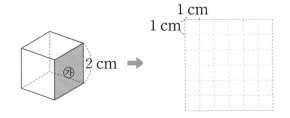

9 정육면체에 대한 설명으로 옳은 것을 모두 고르세요. (   )

① 면은 8개입니다.
② 모서리는 8개입니다.
③ 꼭짓점은 8개입니다.
④ 면의 크기는 모두 다릅니다.
⑤ 모서리의 길이는 모두 같습니다.

10 오른쪽 정육면체에서 면의 수, 모서리의 수, 꼭짓점의 수의 합을 구해 보세요.

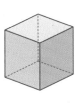

(   )

11 정육면체를 보고 ☐ 안에 알맞은 수를 써넣으세요.

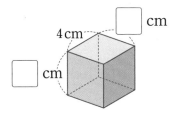

서술형
12 바르게 말한 사람의 이름을 쓰고, 그 이유를 설명해 보세요.

> 수연: 직육면체는 정육면체라고 말할 수 있어.
> 상훈: 정육면체는 직육면체라고 말할 수 있어.

답 _____

이유 _____

_____

_____

13 오른쪽 정육면체에서 보이지 않는 면, 모서리, 꼭짓점은 각각 몇 개일까요?

보이지 않는 면 (   )
보이지 않는 모서리 (   )
보이지 않는 꼭짓점 (   )

14 정육면체의 모든 모서리의 길이의 합은 몇 cm일까요?

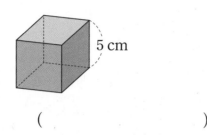

5 cm

(　　　　)

3 직육면체의 성질

• 직육면체의 밑면: 서로 평행한 두 면
• 직육면체의 옆면: 밑면과 수직인 면

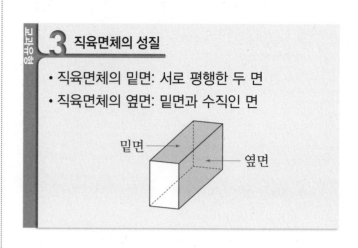

밑면　　　　　　옆면

15 직육면체와 정육면체의 같은 점이 <u>아닌</u> 것을 모두 고르세요. (　　　)

① 면의 수　　　　② 면의 모양
③ 모서리의 수　　④ 꼭짓점의 수
⑤ 모서리의 길이

18 직육면체에서 서로 평행한 면은 모두 몇 쌍일까요?

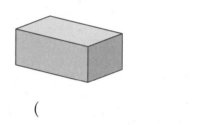

(　　　　　　)

16 다음 직육면체를 잘라 정육면체를 만들려고 합니다. 만들 수 있는 가장 큰 정육면체의 한 모서리는 몇 cm일까요?

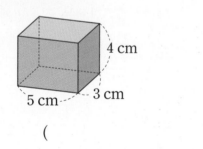

4 cm

5 cm　　3 cm

(　　　　)

19 오른쪽 정육면체에서 색칠한 면과 수직인 면은 모두 몇 개일까요?

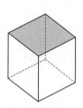

(　　　　)

17 직육면체의 모든 모서리의 길이의 합과 정육면체의 모든 모서리의 길이의 합이 같습니다. 정육면체의 한 모서리는 몇 cm일까요?

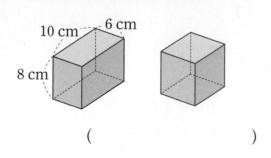

10 cm　6 cm

8 cm

(　　　　)

20 직육면체에서 두 면 사이의 관계가 <u>다른</u> 것은 어느 것일까요? (　　　)

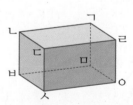

① 면 ㄱㄴㄷㄹ과 면 ㄷㅅㅇㄹ
② 면 ㄴㅂㅅㄷ과 면 ㅁㅂㅅㅇ
③ 면 ㅁㅂㅅㅇ과 면 ㄱㄴㄷㄹ
④ 면 ㄱㅁㅇㄹ과 면 ㄴㅂㅁㄱ
⑤ 면 ㄷㅅㅇㄹ과 면 ㄴㅂㅅㄷ

21 직육면체에서 색칠한 면이 한 밑면일 때 다른 밑면을 찾아 써 보세요.

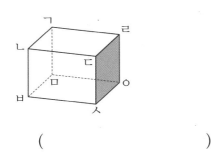

( )

22 직육면체에서 면 ㄱㅁㅂㄴ과 평행한 면의 모서리의 길이의 합은 몇 cm일까요?

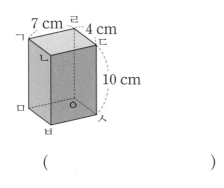

( )

서술형
23 직육면체의 성질에 대해 잘못 설명한 사람을 찾아 이름을 쓰고 바르게 고쳐 보세요.

> 윤주: 서로 평행한 두 면은 모양과 크기가 같아.
> 미래: 한 모서리에서 만나는 두 면은 서로 평행해.
> 신영: 한 꼭짓점에서 만나는 세 면은 서로 수직이야.

답 _____

_____

4 직육면체의 겨냥도

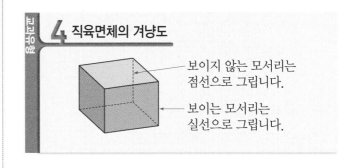

보이지 않는 모서리는 점선으로 그립니다.

보이는 모서리는 실선으로 그립니다.

24 그림에서 빠진 부분을 그려 넣어 직육면체의 겨냥도를 완성해 보세요.

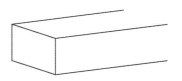

서술형
25 직육면체의 겨냥도에서 잘못 그린 모서리를 모두 찾아 쓰고 그 이유를 설명해 보세요.

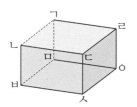

답 _____

이유 _____

_____

_____

26 정육면체를 보고 겨냥도를 그려 보세요.

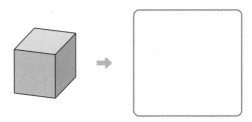

27 직육면체에서 면, 모서리, 꼭짓점이 가장 많이 보일 때는 각각 몇 개일까요?

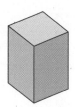

면 (　　　　　　)
모서리 (　　　　　　)
꼭짓점 (　　　　　　)

28 직육면체를 보고 표를 완성하세요.

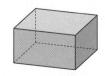

모서리의 수(개)	
보이는 모서리	보이지 않는 모서리

29 직육면체에서 ㉠ + ㉡을 구해 보세요.

㉠ 보이지 않는 면의 수
㉡ 보이는 꼭짓점의 수

(　　　　　　)

30 직육면체에서 보이는 모서리의 길이의 합은 몇 cm일까요?

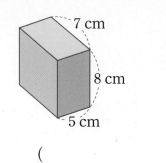

7 cm
8 cm
5 cm

(　　　　　　)

• 정육면체의 전개도: 정육면체의 모서리를 잘라서 펼친 그림

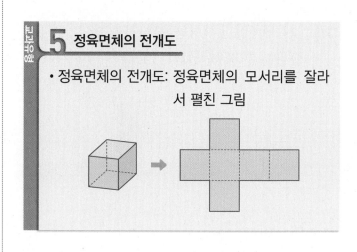

31 정육면체의 전개도를 모두 찾아 기호를 쓰세요.

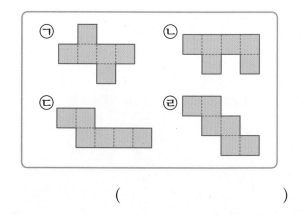

㉠　　　㉡
㉢　　　㉣

(　　　　　　)

32 전개도를 접어서 정육면체를 만들었습니다. 물음에 답하세요.

(1) 색칠한 면과 평행한 면에 색칠해 보세요.

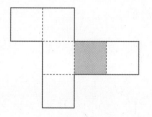

(2) 색칠한 면과 수직인 면에 모두 색칠해 보세요.

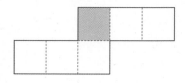

33 정육면체의 모서리를 잘라서 전개도를 만들었습니다. ☐ 안에 알맞은 기호를 써넣으세요.

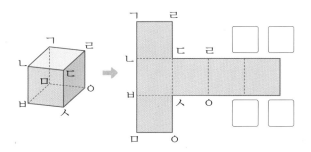

34 한 모서리가 2 cm인 정육면체의 전개도를 서로 다른 모양으로 두 가지 그려 보세요.

35 보기 와 같이 무늬(◆) 3개가 그려져 있는 정육면체를 만들 수 있도록 아래의 전개도에 무늬(◆) 1개를 그려 넣으세요.

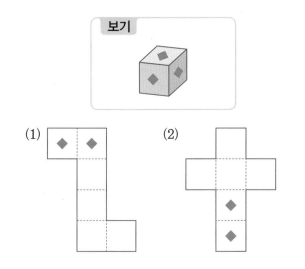

6 직육면체의 전개도

- 직육면체의 전개도: 직육면체의 모서리를 잘라서 펼친 그림

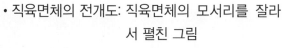
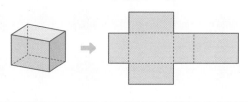

36 직육면체의 전개도가 아닌 것을 모두 찾아 기호를 써 보세요.

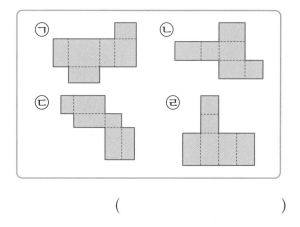

(   )

37 직육면체의 전개도를 접었을 때 선분 ㅊㅈ과 겹치는 선분을 찾아 써 보세요.

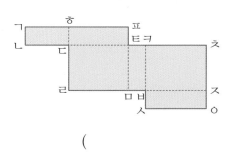

(   )

38 전개도를 접어서 직육면체를 만들었습니다. ☐ 안에 알맞은 기호를 써넣으세요.

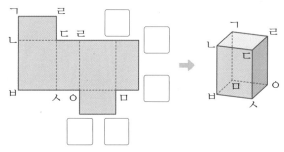

서술형
39 다음 직육면체의 전개도를 접었더니 직육면체가 만들어지지 않았습니다. 전개도가 잘못된 이유를 쓰고 전개도를 바르게 그려 보세요.

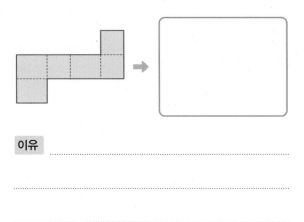

이유 _____

40 한 변이 12 cm인 정사각형 모양의 종이가 있습니다. 색칠한 부분을 오려 내고 접어서 직육면체를 만들려고 합니다. 전개도를 완성해 보세요.

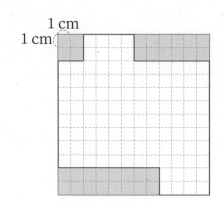

41 직육면체의 겨냥도를 보고 전개도를 그려 보세요.

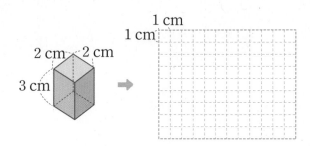

실전유형
주사위의 눈 알아보기

• 주사위는 정육면체 모양이므로 마주 보는 두 면이 서로 평행합니다.
• 주사위의 전개도에서 한 면과 수직인 면은 평행한 면을 제외한 나머지 4개의 면입니다.

42 주사위에서 서로 평행한 두 면의 눈의 수의 합은 7입니다. 전개도의 빈 곳에 주사위의 눈을 알맞게 그려 넣으세요.

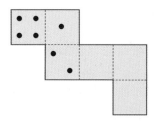

43 정육면체의 전개도를 접어서 주사위를 만들었습니다. 전개도로 만들 수 있는 주사위의 기호를 써 보세요.

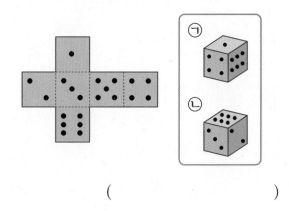

( )

44 오른쪽 주사위에서 서로 평행한 두 면의 눈의 수의 합이 7일 때 보이지 않는 면에 있는 눈의 수의 합을 구해 보세요.

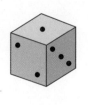

( )

직육면체의 모든 모서리의 길이의 합 구하기

어느 직육면체를 앞과 옆에서 본 모양입니다. 이 직육면체의 모든 모서리의 길이의 합은 몇 cm일까요?

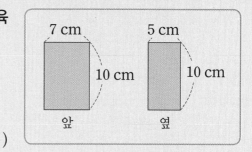

(   )

● **핵심 NOTE** • 앞에서 본 모양과 옆에서 본 모양을 이용하여 직육면체의 겨냥도를 그려 봅니다.
• 직육면체는 평행한 모서리끼리 길이가 같습니다.

1-1 어느 직육면체를 위와 옆에서 본 모양입니다. 이 직육면체의 모든 모서리의 길이의 합은 몇 cm일까요?

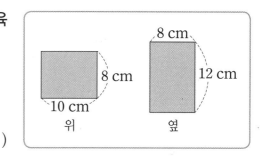

(   )

1-2 다음과 같이 나무 판자를 잘라 직육면체 모양의 상자를 만들려고 합니다. 나무 판자 2개를 더 잘라 상자를 완성하였을 때 완성한 상자의 모든 모서리의 길이의 합은 몇 cm일까요? (단, 나무 판자의 두께는 생각하지 않습니다.)

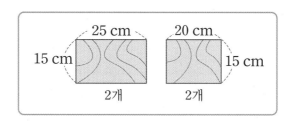

(   )

5

심화유형 2 정육면체에서 보이지 않는 면 알아보기

각 면에 서로 다른 숫자가 쓰여진 정육면체를 세 방향에서 본 것입니다. 3이 쓰여진 면과 평행한 면에 쓰여진 숫자는 무엇일까요? (단, 숫자의 방향은 생각하지 않습니다.)

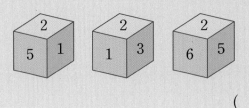

( )

● **핵심 NOTE**
- 정육면체에서 한 면과 수직인 면은 4개입니다.
- 3이 쓰여진 면과 평행한 면은 3이 쓰여진 면과 마주 보는 면입니다.

2-1 각 면에 서로 다른 기호가 쓰여진 정육면체를 세 방향에서 본 것입니다. ㅁ이 쓰여진 면과 평행한 면에 쓰여진 기호는 무엇일까요? (단, 기호의 방향은 생각하지 않습니다.)

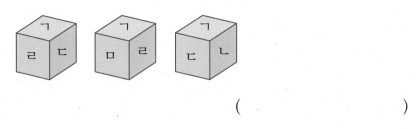

( )

2-2 각 면에 1부터 6까지의 숫자가 쓰여진 정육면체를 세 방향에서 본 것입니다. 정육면체의 전개도에 알맞은 숫자를 써넣으세요. (단, 숫자의 방향은 생각하지 않습니다.)

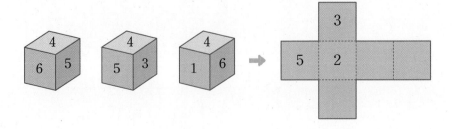

심화유형 3 직육면체를 보고 전개도에 선 그리기

왼쪽과 같이 직육면체의 면에 선을 그었습니다. 이 직육면체의 전개도가 오른쪽과 같을 때 전개도에 꼭짓점의 기호를 표시하고 나타나는 선을 그려 넣으세요.

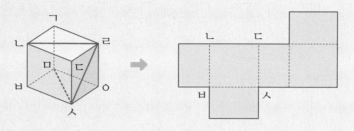

● 핵심 NOTE
· 직육면체를 접었을 때 만나는 점을 찾아 전개도에 꼭짓점의 기호를 표시합니다.

· 직육면체의 꼭짓점을 이용하여 전개도에 선을 그립니다.

3-1 왼쪽과 같이 직육면체의 면에 선을 그었습니다. 이 직육면체의 전개도가 오른쪽과 같을 때 전개도에 꼭짓점의 기호를 표시하고 나타나는 선을 그려 넣으세요.

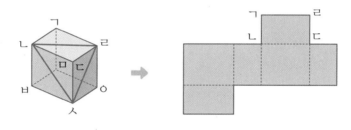

3-2 왼쪽과 같이 정육면체의 면에 선을 그었습니다. 이 정육면체의 전개도가 오른쪽과 같을 때 전개도에 꼭짓점의 기호를 표시하고 나타나는 선을 그려 넣으세요.

5

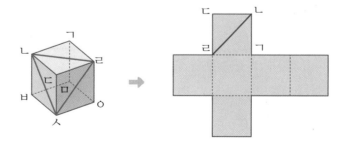

상자의 전개도 그리기

가정용품의 제작, 수리, 장식을 직접 하는 것을 간단하게 줄여서 DIY라고 합니다. 희수는 두 꺼운 종이로 오른쪽과 같은 직육면체 모양의 서랍을 넣을 수 있도록 앞쪽만 뚫려 있는 상자를 만들려고 합니다. 이 상자의 전개도를 그려 보세요. (단, 상자의 각 모서리의 길이는 서랍의 각 모서리의 길이보다 1cm씩 길게 하고 풀칠하는 부분은 생각하지 않습니다.)

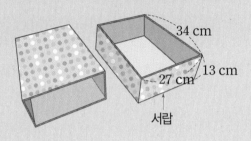

1단계	상자의 가로, 세로, 높이 구하기

....

....

....

....

2단계	상자의 전개도 그리기

7 cm
7 cm

● **핵심 NOTE**　　1단계 서랍의 가로, 세로, 높이를 이용하여 상자의 가로, 세로, 높이를 각각 구합니다.

2단계 직육면체의 전개도를 그리는 방법을 이용하여 한 면이 없는 상자의 전개도를 그립니다.

4-1

은지는 두꺼운 종이로 다음과 같은 저금통을 만들려고 합니다. 이 저금통의 전개도를 그려 보세요. (단, 저금통 윗부분의 곡선 부분의 길이는 12 cm로 하고 풀칠하는 부분은 생각하지 않습니다.)

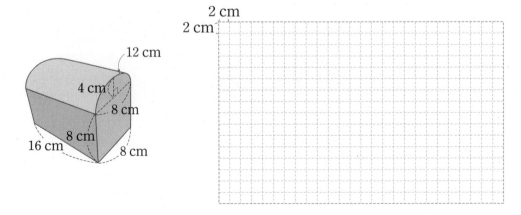

2 cm
2 cm

기출 단원 평가 Level ❶

1 직육면체를 모두 고르세요. (   )

①   ②   ③

④   ⑤

2 직육면체는 모두 몇 개의 면으로 둘러싸여 있을까요?

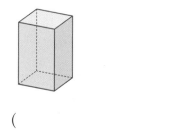

(   )

3 직육면체의 겨냥도를 바르게 그린 것은 어느 것일까요? (   )

①   ②   ③

④   ⑤

4 정육면체에서 길이가 5 cm인 모서리는 모두 몇 개일까요?

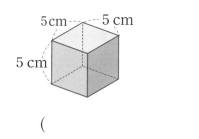

(   )

5 오른쪽 정육면체에서 색칠한 면은 어떤 도형일까요?

(   )

6 직육면체에서 면 ㄷㅅㅇㄹ과 평행한 면을 찾아 써 보세요.

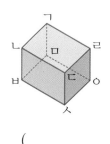

(   )

7 직육면체에서 보이는 면, 모서리, 꼭짓점은 각각 몇 개일까요?

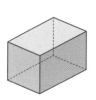

보이는 면 (   )

보이는 모서리 (   )

보이는 꼭짓점 (   )

5

8 옳은 것에는 ○표, 틀린 것에는 ×표 하세요.

(1) 직육면체는 정육면체라고 할 수 있습니다.

( )

(2) 정육면체는 직육면체라고 할 수 있습니다.

( )

9 직육면체에서 모서리 ㄷㅅ과 길이가 같은 모서리를 모두 찾아 써 보세요.

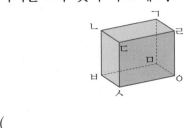

( )

10 직육면체에 대한 설명으로 <u>틀린</u> 것을 모두 고르세요. ( )

① 면은 6개입니다.

② 꼭짓점은 8개입니다.

③ 모서리는 10개입니다.

④ 모서리의 길이는 모두 같습니다.

⑤ 직사각형 6개로 둘러싸여 있습니다.

11 직육면체의 전개도에 ○표, 아닌 것에 ×표 하세요.

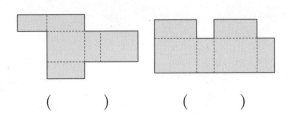

( ) ( )

12 오른쪽 직육면체에서 색칠한 면과 평행한 면의 모서리의 길이의 합은 몇 cm일까요?

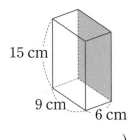

( )

[13~14] 전개도를 접어서 직육면체를 만들었습니다. 물음에 답하세요.

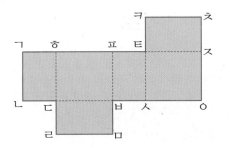

13 면 ㅍㅂㅅㅌ과 평행한 면을 찾아 써 보세요.

( )

14 면 ㅎㄷㅂㅍ과 수직인 면을 모두 찾아 빗금을 그어 보세요.

15 정육면체의 전개도를 완성해 보세요.

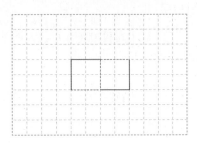

16 전개도를 접어서 정육면체를 만들었습니다. 서로 평행한 면끼리 같은 모양이 그려진 정육면체가 되도록 전개도의 빈 곳에 알맞은 모양을 그려 넣으세요.

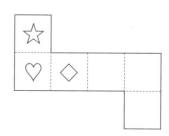

17 다음과 같이 직육면체 모양의 선물 상자를 끈으로 묶었습니다. 매듭을 묶는 데 20 cm를 사용했다면 사용한 끈의 길이는 모두 몇 cm일까요?

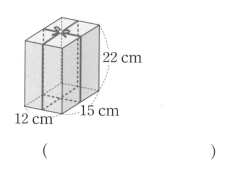

(   )

18 직육면체의 모든 모서리의 길이의 합은 64 cm입니다. ☐ 안에 알맞은 수를 써넣으세요.

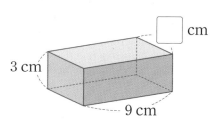

19 직육면체와 정육면체의 같은 점과 다른 점을 각각 1개씩 써 보세요.

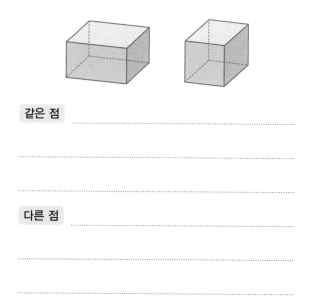

같은 점 _____

_____

_____

다른 점 _____

_____

_____

20 모든 모서리의 길이의 합이 60cm인 정육면체가 있습니다. 이 정육면체의 한 모서리는 몇 cm인지 풀이 과정을 쓰고 답을 구해 보세요.

풀이 _____

_____

_____

답 _____

기출 단원 평가 Level ❷

1 직육면체의 면이 될 수 있는 도형을 모두 고르세요. (   )

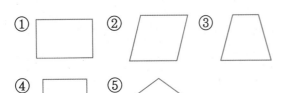

2 오른쪽 직육면체를 보고 빈칸에 알맞은 수를 써넣으세요.

면의 수(개)	모서리의 수 (개)	꼭짓점의 수 (개)

3 정육면체를 보고 ☐ 안에 알맞은 수를 써넣으세요.

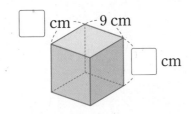

4 오른쪽 정육면체에서 모서리의 수는 꼭짓점의 수보다 몇 개 더 많습니까?

(   )

5 오른쪽 직육면체의 겨냥도에서 잘못 그린 모서리는 어느 것일까요? (   )

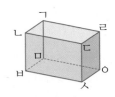

① 모서리 ㄴㄷ   ② 모서리 ㄷㅅ
③ 모서리 ㄹㅇ   ④ 모서리 ㄱㅁ
⑤ 모서리 ㅂㅅ

6 직육면체에서 길이가 5 cm인 모서리는 모두 몇 개일까요?

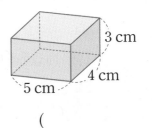

(   )

7 한 모서리가 4 cm인 정육면체의 모든 모서리의 길이의 합은 몇 cm일까요?

(   )

8 직육면체에서 색칠한 면이 한 밑면일 때 다른 밑면을 찾아 써 보세요.

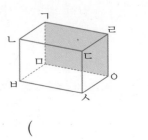

(   )

9 직육면체에 대한 설명으로 틀린 것을 모두 고르세요. (   )

① 정육면체의 면은 모두 정사각형입니다.
② 정육면체는 직육면체라고 할 수 있습니다.
③ 직육면체는 정육면체라고 할 수 있습니다.
④ 직육면체는 모서리의 길이가 모두 같습니다.
⑤ 직육면체와 정육면체는 면, 모서리, 꼭짓점의 수가 각각 같습니다.

10 정육면체의 전개도가 아닌 것은 어느 것일까요? (   )

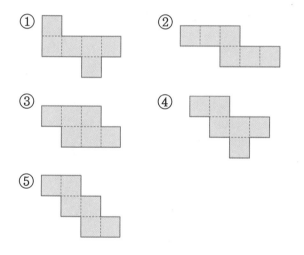

11 전개도를 접어서 직육면체를 만들었을 때 면 다와 수직인 면을 모두 찾아 써 보세요.

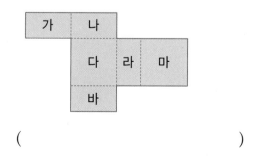

(   )

12 오른쪽 직육면체의 전개도를 그렸습니다. ☐ 안에 알맞은 수를 써넣으세요.

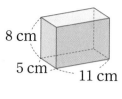

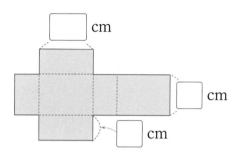

13 직육면체에서 면 ㄴㅂㅅㄷ과 수직이면서 면 ㄴㅂㅁㄱ과도 수직인 면을 모두 찾아 써 보세요.

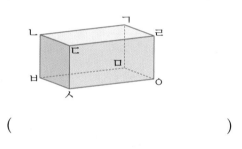

(   )

14 오른쪽 직육면체의 겨냥도에서 보이지 않는 모서리의 길이의 합은 몇 cm일까요?

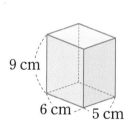

(   )

15 전개도를 접어서 정육면체를 만들었습니다. 선분 ㅎㅍ과 겹치는 선분을 찾아 써 보세요.

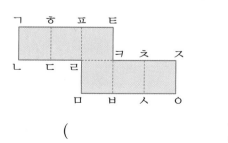

(   )

16 직육면체를 만들기 위해 직사각형 모양의 종이에 다음과 같은 전개도를 그렸습니다. 직사각형 모양 종이의 가로와 세로는 각각 몇 cm일까요?

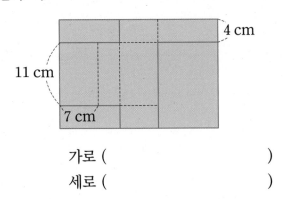

가로 (   )
세로 (   )

17 주사위에서 서로 평행한 두 면의 눈의 수의 합은 7입니다. 전개도의 빈 곳에 주사위의 눈을 알맞게 그려 넣으세요.

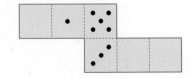

18 왼쪽과 같이 정육면체의 면에 선을 그었습니다. 이 정육면체의 전개도가 오른쪽과 같을 때 전개도에 꼭짓점의 기호를 표시하고 나타나는 선을 그려 넣으세요.

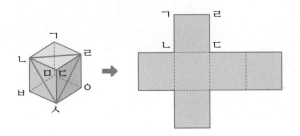

19 다음 도형이 정육면체인지 아닌지 쓰고 그 이유를 설명해 보세요.

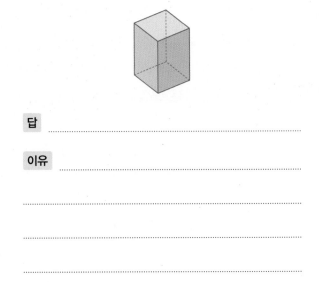

답   ....

이유   ....
....
....

20 직육면체의 모든 모서리의 길이의 합은 84 cm입니다. ☐ 안에 알맞은 수는 얼마인지 풀이과정을 쓰고 답을 구해 보세요.

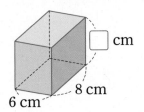

풀이   ....
....
....
....

답   ....

사고력이 반짝

●●와 ▲가 하나씩만 포함되도록 모양과 크기가 같은 4조각으로 나누어 보세요.

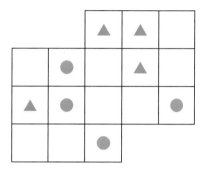

평균과 가능성

6

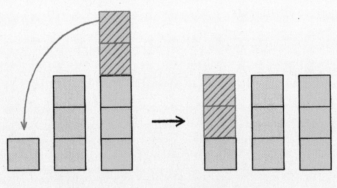

(평균) = (1+3+5)÷3 = 3

자료를 대표하는 값을 평균이라고 해!

지우네 모둠의 제기차기 기록

이름	지우	슬아	민해	유준
횟수(번)	4	3	5	4

○의 수가 많은 곳에서 적은 곳으로 옮겨서 값을 고르게 나타내!

횟수(번)	지우	슬아	민해	유준
5				
4	○	○	○	○
3	○	○	○	○
2	○	○	○	○
1	○	○	○	○
이름	지우	슬아	민해	유준

$$(평균) = (4 + 3 + 5 + 4) \div 4 = 4(번)$$

$$(평균) = \underline{(자료 값을 모두 더한 수)} \div \underline{(자료의 수)}$$

제기차기 횟수의 합   사람 수

1 평균 (1)

● **평균 알아보기**

평균: 각 자료의 값을 모두 더해 자료의 수로 나눈 값

$$(평균) = \frac{(자료의 \ 값을 \ 모두 \ 더한 \ 수)}{(자료의 \ 수)}$$

⑩ 나연이네 모둠의 제기차기 기록의 평균

제기차기 기록

이름	나연	준수	성호	미래
제기차기 기록(개)	8	4	6	6

$$(평균) = \frac{8+4+6+6}{4} = \frac{24}{4} = 6(개)$$

⊕ 보충 개념

• 평균은 전체 자료를 대표하는 값으로, 각 자료의 값을 다듬어서 크고 작음의 차이가 나지 않도록 고르게 한 값이라고 할 수 있습니다.

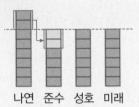

나연 준수 성호 미래

[1~2] 시우네 모둠이 투호에 넣은 화살 수를 나타낸 표입니다. 물음에 답하세요.

투호에 넣은 화살 수

이름	시우	예진	찬호	수아	준형
넣은 화살 수(개)	3	5	6	4	7

1 한 학생이 넣은 화살 수를 정하는 올바른 방법에 ○표 하세요.

방법	○표
⑴ 각 학생이 넣은 화살 수 3, 5, 6, 4, 7 중 가장 큰 수인 7로 정합니다.	
⑵ 각 학생이 넣은 화살 수 3, 5, 6, 4, 7 중 가장 작은 수인 3으로 정합니다.	
⑶ 각 학생이 넣은 화살 수 3, 5, 6, 4, 7을 고르게 하면 5, 5, 5, 5, 5가 되므로 5로 정합니다.	

2 한 학생이 넣은 화살 수의 평균을 구하는 방법입니다. ☐ 안에 알맞은 수를 써넣으세요.

$$(평균) = \frac{\boxed{}+\boxed{}+\boxed{}+\boxed{}+\boxed{}}{\boxed{}} = \frac{\boxed{}}{\boxed{}} = \boxed{}(개)$$

❓ 전체 자료를 대표하는 값은 평균뿐인가요?

전체 자료를 대표하여 그 자료 전체의 특징을 하나의 수로 나타낸 대푯값은 여러 가지가 있어요.
• 최빈값: 가장 많이 나타나는 값
• 중앙값: 순서대로 나열한 자료에서 중앙에 위치한 값
• 산술평균: 자료의 값을 모두 더해 자료의 수로 나눈 값
우리가 구하는 평균은 산술평균을 말해요.

2 평균 (2)

• 평균 구하기

예) 볼링 핀 쓰러뜨리기 기록의 평균 구하기

볼링 핀 쓰러뜨리기 기록

회	1회	2회	3회	4회
쓰러뜨린 볼링 핀 수(개)	3	4	5	4

방법 1 평균을 4개로 예상한 후 (3, 5), (4, 4)로 수를 짝 짓고 자료의 값을 고르게 하여 구한 볼링 핀 쓰러뜨리기 기록의 평균은 4개입니다.

방법 2 (평균) $= \dfrac{3+4+5+4}{4} = \dfrac{16}{4} = 4$(개)

+보충 개념

• 예상한 평균을 기준으로 ○표를 옮겨 평균을 구할 수도 있습니다.

1회	2회	3회	4회

➡ 볼링 핀 쓰러뜨리기 기록의 평균은 4개입니다.

[3~5] 민지네 학교의 지난주 결석생 수를 나타낸 표입니다. 물음에 답하세요.

요일별 결석생 수

요일	월	화	수	목	금
결석생 수(명)	3	6	9	7	5

3 오른쪽은 지난주 결석생 수를 나타낸 막대그래프입니다. 막대의 높이를 고르게 해 결석생 수의 평균을 구해 보세요.

(   )

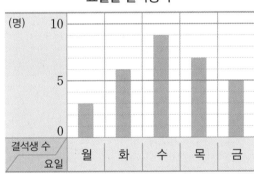

요일별 결석생 수

4 평균을 예상하여 결석생 수의 평균을 구해 보세요.

평균을 ☐명으로 예상한 후 6, (3, 9), (7, 5)로 수를 짝 짓고 자료의 값을 고르게 하여 구한 결석생 수의 평균은 ☐명입니다.

5 자료의 값을 모두 더하고 자료의 수로 나누어 결석생 수의 평균을 구해 보세요.

(평균) $= \dfrac{\boxed{}+\boxed{}+\boxed{}+\boxed{}+\boxed{}}{\boxed{}} = \dfrac{\boxed{}}{\boxed{}} = \boxed{}$(명)

▶ 평균을 예상한 후 각 자료의 값을 예상한 값으로 고르게 나타낼 수 없으면 다시 예상하고 확인하여 평균을 구합니다.

3 평균 (3)

● **평균 이용하기**

＋ 보충 개념

예 반별 학생 수의 평균이 23명일 때 5반 학생 수 구하기

반별 학생 수

반	1반	2반	3반	4반	5반
학생 수(명)	25	22	22	24	

(전체 학생 수) ＝ (평균 학생 수) × (반 수)
           ＝ 23 × 5 ＝ 115(명)
(5반 학생 수) ＝ (전체 학생 수) − (나머지 반의 학생 수)
           ＝ 115 − (25 + 22 + 22 + 24) ＝ 22(명)

• (평균)
   ＝ (자료값의 합) ÷ (자료의 수)
   ➡ (자료값의 합)
      ＝ (평균) × (자료의 수)

[6〜7] 인하와 연우의 공 던지기 기록을 나타낸 표입니다. 물음에 답하세요.

인하의 공 던지기 기록

회	1회	2회	3회	4회
기록(m)	15	15	20	18

연우의 공 던지기 기록

회	1회	2회	3회	4회	5회
기록(m)	13	16	19	22	20

▶ 평균을 이용하면 두 자료 사이의 통계적 사실을 한눈에 알기 쉽게 비교할 수 있습니다.

6 인하와 연우의 공 던지기 기록의 평균은 각각 몇 m일까요?

인하 (   ), 연우 (   )

7 공 던지기를 더 잘한 사람은 누구일까요?

(   )

8 은수네 모둠이 지난주에 읽은 책의 수를 나타낸 표입니다. 한 사람이 읽은 책이 평균 6권이라면 은수가 읽은 책은 몇 권일까요?

지난주에 읽은 책의 수

이름	은수	재석	문호	건희	바다
책의 수(권)		9	4	5	6

(   )

4 일이 일어날 가능성 (1)

● **일이 일어날 가능성을 말로 표현하기**

• **가능성**: 어떠한 상황에서 특정한 일이 일어나길 기대할 수 있는 정도

• **가능성의 정도는** 불가능하다, ~아닐 것 같다, 반반이다, ~일 것 같다, 확실하다 등으로 표현할 수 있습니다.

일	가능성
내일 아침에 서쪽에서 해가 뜰 것이다.	불가능하다
다음 주에는 일주일 내내 비가 올 것이다.	~아닐 것 같다.
내일은 오늘보다 기온이 높을 것이다.	반반이다
비가 오면 사람들이 우산을 쓸 것이다.	~일 것 같다
내일 아침에 동쪽에서 해가 뜰 것이다.	확실하다

연결 개념

• 확률 개념은 중학교에서 다루지만 확률 개념의 기초가 되는 '일이 일어날 가능성'은 초등학교에서 다룹니다. 확률은 동일한 원인에서 특정한 결과가 나타나는 비율을 뜻합니다.

예 야구 선수가 5번의 타석에서 2번 안타를 쳤다면 이 선수가 안타를 칠 확률은 $\frac{2}{5}$입니다.

9 일이 일어날 가능성을 생각해 보고, 알맞게 표현한 곳에 ○표 하세요.

가능성 \ 일	불가능 하다	~아닐 것 같다	반반 이다	~일 것 같다	확실 하다
주사위를 굴려서 나온 주사위 눈의 수는 홀수일 것입니다.					
12월 달력 뒤에는 13월 달력이 있을 것입니다.					
내일은 학교에 등교한 학생이 결석한 학생보다 많을 것입니다.					
1월 1일의 일주일 뒤는 1월 8일일 것입니다.					
동전을 10번 던지면 모두 숫자 면이 나올 것입니다.					

10 공이 들어 있는 주머니에서 공을 1개 꺼냈습니다. 물음에 답하세요.

(1) 검은색 공이 5개 들어 있는 주머니에서 꺼낸 공이 검은색일 가능성을 말로 표현해 보세요.

( )

(2) 흰색 공이 3개 들어 있는 주머니에서 꺼낸 공이 검은색일 가능성을 말로 표현해 보세요.

( )

(3) 검은색 공이 2개, 흰색 공이 2개 들어 있는 주머니에서 꺼낸 공이 검은색일 가능성을 말로 표현해 보세요.

( )

● 일이 일어날 가능성을 수로 표현하기

일이 일어날 가능성이 '불가능하다'이면 0, '반반이다'이면 $\frac{1}{2}$, '확실하다'이면 1로 표현할 수 있습니다.

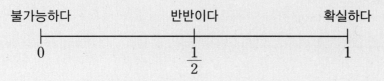

불가능하다　　　　반반이다　　　　확실하다

0　　　　　$\frac{1}{2}$　　　　　1

+ 보충 개념

• 일이 일어날 가능성을 수로 표현하면 모든 가능성은 0과 1 사이에 있습니다. 확실하게 일어날 사건의 가능성은 1이고, 불가능한 일이 일어날 가능성은 0입니다.

[11~14] 승훈이네 모둠이 회전판 돌리기를 하고 있습니다. 물음에 답하세요.

가　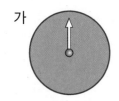　　나　　　다　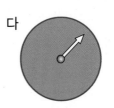

▶ 수직선에서 0은 아무것도 없음을 뜻하므로 일이 일어날 가능성이 불가능함을 나타내고, 1은 전체를 뜻하므로 일이 일어날 가능성이 확실함을 나타냅니다.

11 가 회전판을 돌릴 때 화살이 노란색에 멈출 가능성을 수직선에 ↓로 나타내어 보세요.

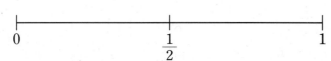

12 나 회전판을 돌릴 때 화살이 노란색에 멈출 가능성을 수직선에 ↓로 나타내어 보세요.

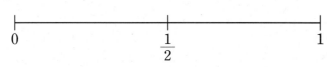

13 나 회전판을 돌릴 때 화살이 초록색에 멈출 가능성을 수로 표현해 보세요.

(　　　　　　　　　)

14 다 회전판을 돌릴 때 화살이 노란색에 멈출 가능성을 수로 표현해 보세요.

(　　　　　　　　　)

기본에서 응용으로

개념+문제 풀이

1 평균 알아보기

평균: 각 자료의 값을 모두 더해 자료의 수로 나눈 값

$$(평균) = \frac{(자료의\ 값을\ 모두\ 더한\ 수)}{(자료의\ 수)}$$

1 은영이네 모둠 학생들의 50 m 달리기 기록을 나타낸 표입니다. 50 m 달리기 기록의 평균은 몇 초일까요?

50 m 달리기 기록

이름	은영	나희	도영	미소	서윤
기록(초)	10	7	6	11	6

( )

[2~3] 지난주 월요일부터 일요일까지 최저 기온과 최고 기온을 나타낸 표입니다. 물음에 답하세요.

지난주 최저 기온과 최고 기온

요일	최저 기온(℃)	최고 기온(℃)
월	3	12
화	2	12
수	5	15
목	6	14
금	4	13
토	6	15
일	9	17

2 지난주 최저 기온의 평균은 몇 ℃일까요?

( )

3 지난주 최고 기온의 평균은 몇 ℃일까요?

( )

[4~6] 준희네 모둠과 시우네 모둠이 고리 던지기를 하여 기둥에 건 고리의 수를 나타낸 표입니다. 물음에 답하세요.

준희네 모둠의 고리 던지기 기록

이름	준희	경호	재석	유라
기록(개)	6	8	5	5

시우네 모둠의 고리 던지기 기록

이름	시우	나래	준영	수지	상철
기록(개)	3	6	4	9	3

4 준희네 모둠과 시우네 모둠의 고리 던지기 기록의 평균은 각각 몇 개일까요?

준희네 모둠 ( )

시우네 모둠 ( )

5 어느 모둠이 더 잘했다고 볼 수 있을까요?

( )

서술형

6 두 모둠의 고리 던지기 기록에 대해 잘못 말한 친구를 고르고, 그 이유를 써 보세요.

> 혜리: 두 모둠의 고리 던지기 기록의 평균을 구해 보면 어느 모둠이 더 잘했는지 비교할 수 있어.
>
> 연두: 준희네 모둠은 총 24개, 시우네 모둠은 총 25개의 고리를 걸었지만 이것만으로는 어느 모둠이 더 잘했는지 판단하기 어려워.
>
> 준호: 고리 던지기 최고 기록은 준희네 모둠이 8개, 시우네 모둠이 9개니까 시우네 모둠이 더 잘했어.

답 ....

이유 ....

6

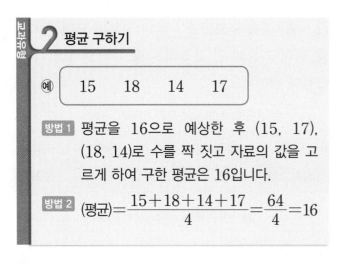

2 평균 구하기

예
| 15 | 18 | 14 | 17 |

방법1 평균을 16으로 예상한 후 (15, 17), (18, 14)로 수를 짝 짓고 자료의 값을 고르게 하여 구한 평균은 16입니다.

방법2 (평균)= $\dfrac{15+18+14+17}{4}=\dfrac{64}{4}=16$

서술형

7 다음 자료의 평균을 두 가지 방법으로 구해 보세요.

| 10 | 7 | 6 | 8 | 9 |

방법1 예상한 평균 (   )

방법2

8 진영이가 월요일부터 금요일까지 운동을 한 시간을 나타낸 표입니다. 운동을 한 시간의 평균은 몇 분일까요?

운동을 한 시간

요일	월	화	수	목	금
시간(분)	30	40	30	35	25

(   )

[9~10] A 모둠과 B 모둠 학생들의 몸무게를 나타낸 표입니다. 물음에 답하세요.

A 모둠 학생들의 몸무게

이름	정희	민주	지수
몸무게(kg)	39	31	38

B 모둠 학생들의 몸무게

이름	준석	은정	효린	창우
몸무게(kg)	37	34	29	37

09 A 모둠 학생들의 평균 몸무게는 몇 kg일까요?

(   )

10 두 모둠 학생들의 평균 몸무게는 몇 kg일까요?

(   )

[11~12] 지현이네 모둠 학생들의 키를 나타낸 표입니다. 물음에 답하세요.

학생들의 키

이름	지현	국진	인수	유경	정민
키(cm)	145	160	148	140	152

11 지현이네 모둠 학생들의 평균 키는 몇 cm일까요?

(   )

12 지현이네 모둠 학생 중 평균보다 키가 큰 학생을 모두 찾아 이름을 써 보세요.

(   )

13 어느 출판사의 종류별 책 판매량을 나타낸 표입니다. 다섯 종류의 책 중에서 판매량이 평균보다 적은 책은 판매하지 않기로 했습니다. 판매를 중지해야 할 책을 모두 찾아 기호를 써 보세요.

책 판매량

책	가	나	다	라	마
판매량(권)	200	150	185	195	210

(   )

[14~16] 경주의 줄넘기 기록을 나타낸 표입니다. 물음에 답하세요.

줄넘기 기록

회	1회	2회	3회	4회
기록(번)	45	50	62	59

14 경주의 줄넘기 기록의 평균은 몇 번일까요?

(   )

15 1회부터 5회까지 기록의 평균이 1회부터 4회까지 기록의 평균보다 높으려면 5회에는 줄넘기를 몇 번 해야 하는지 예상해 보세요.

16 1회부터 5회까지 기록의 평균이 1회부터 4회까지 기록의 평균보다 낮으려면 5회에는 줄넘기를 몇 번 해야 하는지 예상해 보세요.

개념확인 3 평균 이용하기

(평균)＝(자료 값의 합)÷(자료의 수)
➡ (자료 값의 합)＝(평균)×(자료의 수)

[17~19] 불우이웃을 돕기 위해 기정이네 학교 5학년 학생들은 빈 병을 500개 모으기로 했습니다. 기정이네 학교 5학년 반별 학생 수를 나타낸 표입니다. 물음에 답하세요.

반별 학생 수

반	1반	2반	3반	4반	5반
학생 수(명)	25	27	24	24	25

17 한 반이 빈 병을 평균 몇 개씩 모아야 할까요?

(   )

18 한 반의 학생 수는 평균 몇 명일까요?

(   )

19 학생 한 명이 빈 병을 평균 몇 개씩 모아야 할까요?

(   )

20 두 도서관의 4개월 동안 도서 대출 책 수를 나타낸 표입니다. 월별 평균 도서 대출 책 수가 더 많은 곳은 어느 도서관일까요?

월별 도서 대출 책 수 (단위: 권)

월	5월	6월	7월	8월
가 도서관	200	150	185	193
나 도서관	174	233	152	181

(   )

21 승호가 이번 주 월요일부터 금요일까지 잠을 잔 시간을 나타낸 표입니다. 하루 평균 8시간을 잤다면 금요일에는 몇 시간을 잤는지 구하려고 합니다. 풀이 과정을 쓰고 답을 구해 보세요.

승호가 잠을 잔 시간

요일	월	화	수	목	금
시간(시간)	9	6	7	10	

풀이 ....

....

....

답 ....

[22~23] 석호와 태현이의 제자리 멀리뛰기 기록을 나타낸 표입니다. 두 학생의 평균 기록이 같을 때, 물음에 답하세요.

석호의 기록

회	기록(cm)
1회	214
2회	220
3회	196
4회	210

태현이의 기록

회	기록(cm)
1회	226
2회	213
3회	189
4회	
5회	210

22 석호의 제자리 멀리뛰기 평균 기록은 몇 cm 일까요?

( )

23 태현이의 4회 제자리 멀리뛰기 기록은 몇 cm일까요?

( )

[24~25] 배드민턴 동아리 회원의 나이를 나타낸 표입니다. 물음에 답하세요.

배드민턴 동아리 회원의 나이

이름	수지	민기	호준	영지
나이(살)	16	12	11	13

24 배드민턴 동아리 회원의 평균 나이는 몇 살일까요?

( )

25 회원 한 명이 더 들어와서 평균 나이가 한 살 늘어났습니다. 새로운 회원의 나이는 몇 살일까요?

( )

26 재희네 모둠 남학생과 여학생의 100 m 달리기 기록의 평균을 나타낸 표입니다. 재희네 모둠 전체 학생의 100 m 달리기 기록은 평균 몇 초일까요?

남학생 5명	18.6초
여학생 4명	19.5초

( )

27 유미네 학교에서 단체 줄넘기 대회를 하였습니다. 기록이 평균 25번 이상이 되어야 본선에 올라갈 수 있을 때, 유미네 반이 본선에 올라가려면 마지막에 줄넘기를 적어도 몇 번 해야 할까요?

유미네 반의 줄넘기 기록

22, 25, 34, 29, 14, ☐

( )

4 일이 일어날 가능성을 말로 표현하기

- 가능성: 어떠한 상황에서 특정한 일이 일어나길 기대할 수 있는 정도
- 가능성의 정도는 불가능하다, ~아닐 것 같다, 반반이다, ~일 것 같다, 확실하다 등으로 표현할 수 있습니다.

[28~31] 선주와 친구들이 말한 일이 일어날 가능성을 비교해 보려고 합니다. 물음에 답하세요.

선주: 내일 학교에 제일 먼저 도착하는 친구는 여자일 거야.

미라: 다음 주에는 일주일 내내 눈이 올 거야.

다인: 지금이 오후 2시니까 1시간 후에는 3시가 될 거야.

창선: 주사위를 굴려서 나온 주사위 눈의 수는 5 이하일 거야.

승준: 계산기로 '1＋1＝'을 누르면 3이 나올 거야.

28 선주가 말한 일이 일어날 가능성을 말로 표현해 보세요.

(   )

29 일이 일어날 가능성이 '불가능하다'인 경우를 말한 친구는 누구일까요?

(   )

30 29와 같은 상황에서 일이 일어날 가능성이 '확실하다'가 되도록 친구의 말을 바꿔 보세요.

31 일이 일어날 가능성이 높은 친구부터 차례로 이름을 써 보세요.

(   )

32 회전판을 돌렸을 때 화살이 흰색에 멈출 가능성을 찾아 기호를 써 보세요.

⊙ 불가능하다   ⓒ ~아닐 것 같다
ⓒ 반반이다   ⓐ ~일 것 같다
ⓜ 확실하다

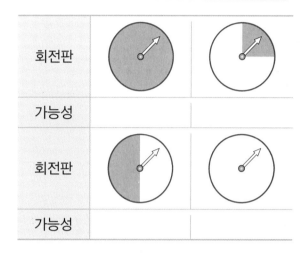

33 빨간색, 노란색, 파란색으로 이루어진 회전판과 회전판을 60번 돌려 화살이 멈춘 횟수를 나타낸 표입니다. 일이 일어날 가능성이 가장 비슷한 회전판의 기호를 써 보세요.

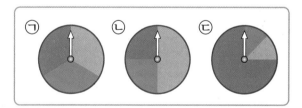

(1)

색깔	빨강	노랑	파랑	
횟수(회)	15	29	16	☐

(2)

색깔	빨강	노랑	파랑	
횟수(회)	19	18	23	☐

(3)

색깔	빨강	노랑	파랑	
횟수(회)	45	7	8	☐

6

34 조건에 알맞은 회전판이 되도록 색칠해 보세요.

> • 화살이 빨간색에 멈출 가능성이 가장 높습니다.
> • 화살이 노란색에 멈출 가능성은 파란색에 멈출 가능성의 2배입니다.

5 일이 일어날 가능성을 수로 표현하기

일이 일어날 가능성이 '불가능하다'이면 0, '반반이다'이면 $\frac{1}{2}$, '확실하다'이면 1로 표현할 수 있습니다.

불가능하다　　반반이다　　확실하다

0　　　　$\frac{1}{2}$　　　　1

35 문영이가 동전을 던졌습니다. 그림 면이 나올 가능성을 말과 수로 표현해 보세요.

말 (　　　　　)
수 (　　　　　)

36 찬호는 9시까지 학교에 도착해야 하는데 집에서 9시 10분에 나왔습니다. 찬호가 지각할 가능성을 말과 수로 표현해 보세요.

말 (　　　　　)
수 (　　　　　)

37 오렌지맛 사탕이 10개 들어 있는 봉지에서 사탕을 한 개 꺼냈습니다. 물음에 답하세요.

(1) 꺼낸 사탕이 오렌지맛일 가능성을 수로 표현해 보세요.

(　　　　　)

(2) 꺼낸 사탕이 포도맛일 가능성을 수로 표현해 보세요.

(　　　　　)

38 회전판을 돌릴 때 화살이 초록색에 멈출 가능성을 수로 표현해 보세요.

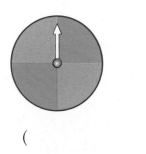

(　　　　　)

39 제비 8개 중 당첨 제비가 4개인 상자가 있습니다. 이 상자에서 제비 1개를 뽑았습니다. 물음에 답하세요.

(1) 뽑은 제비가 당첨 제비일 가능성을 말과 수로 표현해 보세요.

말 (　　　　　)
수 (　　　　　)

(2) 뽑은 제비가 당첨 제비일 가능성과 회전판을 돌릴 때 화살이 노란색에 멈출 가능성이 같도록 회전판을 색칠해 보세요.

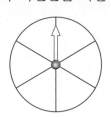

정답과 풀이 42쪽

심화유형 1 | 일이 일어날 가능성 비교하기

1부터 6까지의 눈이 그려진 주사위를 굴렸습니다. 일이 일어날 가능성이 작은 것부터 차례로 기호를 써 보세요.

> ㉠ 주사위 눈의 수가 홀수로 나올 가능성
>
> ㉡ 주사위 눈의 수가 3의 배수로 나올 가능성
>
> ㉢ 주사위 눈의 수가 6의 약수로 나올 가능성
>
> ㉣ 주사위 눈의 수가 6 이상인 수로 나올 가능성
>
> ㉤ 주사위 눈의 수가 6 초과인 수로 나올 가능성
>
> ㉥ 주사위 눈의 수가 6 이하인 수로 나올 가능성

(   )

● 핵심 NOTE   주사위 눈의 수 6가지 중 각각의 가능성에 속한 경우는 몇 가지인지 알아봅니다.

1-1 공이 5개씩 들어 있는 주머니에서 공을 한 개씩 꺼냈습니다. 일이 일어날 가능성이 큰 것부터 차례로 기호를 써 보세요.

> ㉠ 빨간색 공이 5개 들어 있는 주머니
>   ➡ 꺼낸 공이 노란색일 가능성
>
> ㉡ 파란색 공이 5개 들어 있는 주머니
>   ➡ 꺼낸 공이 파란색일 가능성
>
> ㉢ 노란색 공 3개와 초록색 공 2개가 들어 있는 주머니
>   ➡ 꺼낸 공이 초록색일 가능성
>
> ㉣ 빨간색 공 1개와 검은색 공 4개가 들어 있는 주머니
>   ➡ 꺼낸 공이 빨간색일 가능성
>
> ㉤ 파란색 공 2개와 흰색 공 3개가 들어 있는 주머니
>   ➡ 꺼낸 공이 흰색일 가능성
>
> ㉥ 검은색 공 4개와 노란색 공 1개가 들어 있는 주머니
>   ➡ 꺼낸 공이 검은색일 가능성

(   )

2 평균을 올리는 방법 찾기

종현이의 9월말 평가의 과목별 점수를 나타낸 표입니다. 10월말 평가에서 한 과목 점수만 올려서 평균 5점을 올리려면 어떤 과목의 점수를 몇 점 올려야 할까요?

(단, 만점은 100점입니다.)

9월말 평가 점수

과목	국어	수학	사회	과학
점수(점)	90	85	100	70

( ), ( )

● 핵심 NOTE   평균 5점을 올리려면 전체 점수가 몇 점 높아져야 하는지 알아봅니다.

2-1 지은이의 4회까지의 멀리뛰기 기록을 나타낸 표입니다. 지은이가 멀리뛰기에서 만점을 받으려면 평균 3 cm를 더 뛰어야 합니다. 한 번을 더 뛰어 가장 낮은 1회 기록과 바꿀 수 있는 기회를 주었다면 지은이는 몇 cm를 뛰어야 할까요?

멀리뛰기 기록

회	1회	2회	3회	4회
기록(cm)	120	126	130	132

( )

2-2 성훈이가 1월부터 4월까지 읽은 책의 수를 나타낸 표입니다. 1월부터 5월까지 읽은 책 수의 평균을 1월부터 4월까지 읽은 책 수의 평균보다 1권이라도 높이려고 합니다. 성훈이는 5월에 책을 적어도 몇 권 읽어야 할까요?

읽은 책의 수

월	1월	2월	3월	4월
책의 수(권)	15	19	16	18

( )

심화유형 3 평균을 이용하여 각 자료의 값 구하기

마을별 고구마 생산량을 나타낸 표입니다. 나 마을의 고구마 생산량이 라 마을의 고구마 생산량보다 95 kg 더 많다면 라 마을의 고구마 생산량은 몇 kg일까요?

마을별 고구마 생산량

마을	가	나	다	라	평균
생산량(kg)	385		492		390

(   )

● 핵심 NOTE   라 마을의 고구마 생산량을 ☐ kg이라 하고, 자료와 평균 사이의 관계를 이용하여 ☐를 구합니다.

3-1 소희의 100 m 달리기 기록을 나타낸 표입니다. 3회 기록이 4회 기록보다 3초 느리다면 3회 기록은 몇 초일까요?

100m 달리기 기록

회	1회	2회	3회	4회	평균
기록(초)	18	17			17.5

(   )

3-2 회사별 자동차 판매량을 나타낸 표입니다. 가 회사의 판매량이 라 회사의 판매량의 2배라면 가 회사의 판매량은 몇 대일까요?

회사별 자동차 판매량

회사	가	나	다	라	평균
판매량(대)		153	125		143

(   )

6

4 평균을 이용하여 수도 요금 계산하기

우리가 내는 수도 요금에는 상수도 요금(수도 계량기 구경별 기본 요금 포함), 하수도 요금, 물 이용 부담금이 포함되어 있고 이것은 수도 사용량에 따라 정해집니다.

(2011.04 서울시 기준)

수도 계량기 구경별 기본 요금		$1m^3$ 사용당 상수도 요금	$1m^3$ 사용당 하수도 요금	$1m^3$ 사용당 물 이용 부담금
구경(mm)	요금(원)			
15	1080	320원	160원	170원
20	3000			
25	5200	510원	380원	

주현이네 집은 15 mm 구경의 계량기를 사용하고 있고, 4월과 5월의 수도 사용량은 다음과 같았습니다. 4월부터 6월까지 평균 수도 요금이 14080원이라면 6월의 수도 사용량은 몇 m^3 인지 구해 보세요.

구분	수도 사용량 (m^3)	상수도 요금(원)	하수도 요금(원)	물 이용 부담금(원)	합계(원)
4월	22	$1080 + 320 \times 22$	160×22	170×22	15380
5월	18				

1단계 위 표의 빈칸에 알맞게 써넣고, 6월 수도 요금 구하기

....

....

....

2단계 6월의 수도 사용량 구하기

....

....

....

(   )

● 핵심 NOTE   **1단계** 5월의 수도 요금을 구한 후 평균을 이용하여 6월의 수도 요금을 구합니다.

             2단계 6월의 수도 사용량을 □ m^3라 하고 식을 세워 □를 구합니다.

기출 단원 평가 Level ❶

1 딸기맛 사탕이 5개 들어 있는 봉지에서 사탕을 한 개 꺼냈습니다. 꺼낸 사탕이 딸기맛일 가능성을 말로 표현해 보세요.

( )

2 구슬이 10개 들어 있는 주머니에서 1개 이상의 구슬을 꺼냈습니다. 꺼낸 구슬의 수가 짝수일 가능성을 수로 표현해 보세요.

( )

3 윤호네 모둠 4명이 가지고 있는 연필 수는 다음과 같습니다. 한 사람이 가지고 있는 연필은 평균 몇 자루일까요?

| 11 | 15 | 14 | 8 |

( )

4 ☐ 안에 알맞은 수를 써넣으세요.

수혁이가 9월 한 달 동안 팔굽혀펴기를 한 횟수를 조사한 결과 하루에 평균 18번을 했습니다. 수혁이가 30일 동안 한 팔굽혀펴기 횟수는 모두 ☐ 번입니다.

[5~6] 민주네 모둠 학생들의 오래 매달리기 기록을 나타낸 표입니다. 물음에 답하세요.

오래 매달리기 기록

이름	민주	세연	영인	동해	규리
기록(초)	15	12	18	19	16

5 민주네 모둠 학생들의 오래 매달리기 평균 기록은 몇 초일까요?

( )

6 민주네 모둠 학생 중 평균 기록보다 더 오래 매달린 학생을 모두 찾아 이름을 써 보세요.

( )

7 5장의 수 카드 중 한 장을 뽑을 때 8의 카드를 뽑을 가능성을 수로 표현해 보세요.

| 1 | 3 | 5 | 7 | 9 |

( )

8 일이 일어날 가능성이 '확실하다'인 것은 어느 것일까요? ( )

① 아침에 서쪽에서 해가 뜰 가능성
② 동전을 던져 숫자 면이 나올 가능성
③ 주사위를 굴려 눈의 수가 7이 나올 가능성
④ 빨간색 공이 5개 들어 있는 주머니에서 빨간색 공을 꺼낼 가능성
⑤ 1부터 9까지 쓰여진 9장의 카드 중에서 1장을 뽑을 때 2를 뽑을 가능성

[9~10] 수지네 모둠과 경호네 모둠의 수학 점수를 나타낸 것입니다. 물음에 답하세요.

수지네 모둠의 수학 점수

83점, 92점, 86점, 96점, 78점

경호네 모둠의 수학 점수

96점, 88점, 78점, 82점

9 수지네 모둠과 경호네 모둠의 수학 점수의 평균은 각각 몇 점일까요?

수지네 모둠 (   )

경호네 모둠 (   )

10 수학 시험을 더 잘 본 모둠은 어느 모둠일까요?

(   )

11 경은이네 모둠과 영서네 모둠 학생들이 밤을 주웠습니다. 한 사람이 주운 평균 밤의 수가 더 많은 모둠은 어느 모둠일까요?

	학생 수(명)	밤의 수(개)
경은이네 모둠	4	64
영서네 모둠	5	70

(   )

[12~14] 연우, 상현, 지혜는 파란색과 빨간색을 사용하여 회전판을 만들었습니다. 물음에 답하세요.

12 화살이 파란색에 멈출 가능성과 빨간색에 멈출 가능성이 같은 회전판은 누가 만든 회전판일까요?

(   )

13 상현이가 만든 회전판과 지혜가 만든 회전판 중 화살이 빨간색에 멈출 가능성이 더 높은 회전판은 누가 만든 회전판일까요?

(   )

14 화살이 파란색에 멈출 가능성이 높은 회전판을 만든 사람부터 차례로 이름을 써 보세요.

(   )

15 정민이가 월요일부터 금요일까지 운동을 한 시간을 나타낸 표입니다. 정민이가 5일 동안 하루에 평균 25분 운동을 했을 때 표를 완성하세요.

요일별 운동을 한 시간

요일	월	화	수	목	금
시간(분)	32	15	20	28	

16 일이 일어날 가능성이 가장 큰 것을 찾아 기호를 써 보세요.

> ㉠ 흰색 공 3개와 검은색 공 1개가 들어 있는 주머니에서 공 1개를 꺼낼 때, 꺼낸 공이 검은색일 가능성
>
> ㉡ 흰색 공 4개가 들어 있는 주머니에서 공 1개를 꺼낼 때, 꺼낸 공이 흰색일 가능성
>
> ㉢ 흰색 공 1개와 검은색 공 3개가 들어 있는 주머니에서 공 1개를 꺼낼 때, 꺼낸 공이 검은색일 가능성

(   )

17 규현이의 과목별 시험 점수를 나타낸 표입니다. 규현이가 다음 시험에서 평균 5점을 올리려면 시험 점수의 합이 몇 점이 되어야 할까요?

과목별 시험 점수

과목	국어	수학	사회	과학	영어
점수(점)	90	95	80	85	70

(   )

18 민수네 모둠 남학생과 여학생의 평균 앉은키를 나타낸 표입니다. 민수네 모둠 전체 학생의 평균 앉은키는 몇 cm일까요?

남학생 3명	72 cm
여학생 4명	70.25 cm

(   )

19 주사위를 굴려서 나온 주사위 눈의 수가 2의 배수일 가능성을 수로 표현하려고 합니다. 풀이 과정을 쓰고 답을 구해 보세요.

풀이 _____

_____

_____

답 _____

20 인하네 학교 5학년 학생들 중 반별로 안경을 쓴 학생 수를 나타낸 표입니다. 안경을 쓴 학생 수의 평균을 두 가지 방법으로 구해 보세요.

반별 안경을 쓴 학생 수

반	1반	2반	3반	4반
학생 수(명)	9	5	7	7

방법 1 _____

_____

방법 2 _____

_____

답 _____

6

기출 단원 평가 Level ❷

1 진경이는 친구와 오후 3시에 공원에서 만나기로 했는데 집에서 오후 3시 10분에 나왔습니다. 진경이가 친구와의 약속에 늦을 가능성을 말과 수로 표현해 보세요.

말 (   )

수 (   )

2 상자에 들어 있는 클립의 수는 다음과 같습니다. 한 상자에 들어 있는 클립은 평균 몇 개일까요?

| 20 18 21 20 21 |

(   )

[3~4] 파란색와 빨간색으로 이루어진 3가지 회전판을 돌리고 있습니다. 물음에 답하세요.

가   나   다

3 나 회전판을 돌릴 때 화살이 빨간색에 멈출 가능성을 말로 표현해 보세요.

(   )

4 화살이 파란색에 멈출 가능성이 0인 회전판의 기호를 써 보세요.

(   )

[5~7] 민주네 모둠 학생들의 과목별 시험 점수를 나타낸 표입니다. 물음에 답하세요.

과목별 점수

	국어	수학	영어
민주	95		92
정연	88	86	80
수호	90	92	90
기준	83	80	88

5 국어 점수의 평균은 몇 점일까요?

(   )

6 수학 점수의 평균은 87점입니다. 민주의 수학 점수는 몇 점일까요?

(   )

7 ☐ 안에 알맞은 수를 구해 보세요.

전학생 1명이 민주네 모둠이 되었습니다. 이 전학생의 영어 점수가 90점일 때, 전학생의 점수를 포함한 민주네 모둠의 영어 점수의 평균은 ☐점입니다.

(   )

8 카드 중 한 장을 뽑았을 때 ♥의 카드를 뽑을 가능성을 수로 표현해 보세요.

(   )

[9~10] 주사위를 굴렸을 때 일이 일어날 가능성을 구하려고 합니다. 물음에 답하세요.

9 주사위 눈의 수가 5 이하가 나올 가능성을 말로 표현해 보세요.

( )

10 주사위 눈의 수가 6 초과가 나올 가능성을 수로 표현해 보세요.

( )

11 수진이는 2주일 동안 하루에 평균 20문제씩 수학 문제를 풀었습니다. 수진이가 2주일 동안 푼 수학 문제는 모두 몇 문제일까요?

( )

12 찬희네 모둠과 연주네 모둠의 제기차기 기록을 나타낸 표입니다. 제기차기를 더 잘한 모둠은 어느 모둠일까요?

찬희네 모둠의 제기차기 기록

이름	찬희	석우	소연	미래
기록(개)	7	5	10	6

연주네 모둠의 제기차기 기록

이름	연주	재석	나래	승준	가연
기록(개)	3	11	5	6	5

( )

[13~14] 현정이와 수아의 줄넘기 기록을 나타낸 표입니다. 두 사람의 줄넘기 평균 기록이 같을 때, 물음에 답하세요.

현정이의 줄넘기 기록

회	1회	2회	3회	4회
기록(번)	42	40	46	44

수아의 줄넘기 기록

회	1회	2회	3회	4회
기록(번)	38	43		47

13 현정이의 줄넘기 기록은 평균 몇 번일까요?

( )

14 수아의 3회 줄넘기 기록은 몇 번일까요?

( )

15 일이 일어날 가능성이 큰 것부터 차례로 기호를 써 보세요.

> ㉠ 동전을 던질 때 그림 면이 나올 가능성
> ㉡ 흰색 공 4개가 들어 있는 주머니에서 공 1개를 꺼낼 때, 꺼낸 공이 흰색일 가능성
> ㉢ 딸기맛 사탕 3개와 레몬맛 사탕 1개가 들어 있는 봉지에서 사탕 1개를 꺼낼 때, 꺼낸 사탕이 레몬맛일 가능성
> ㉣ 검은색 공 4개가 들어 있는 주머니에서 공 1개를 꺼낼 때, 꺼낸 공이 흰색일 가능성

( )

6

16 회전판을 50번 돌려 화살이 멈춘 횟수를 나타낸 표입니다. 일이 일어날 가능성이 가장 비슷한 회전판의 기호를 써 보세요.

색깔	빨강	파랑	노랑
횟수(회)	12	11	27

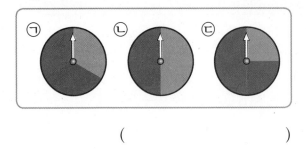

(   )

17 인서가 1월부터 4월까지 읽은 책의 수를 나타낸 표입니다. 1월부터 5월까지 읽은 책의 수의 평균이 1월부터 4월까지 읽은 책의 수의 평균보다 1권 더 많습니다. 인서가 5월에 읽은 책은 몇 권일까요?

월별 읽은 책의 수

월	1월	2월	3월	4월
책의 수(권)	15	11	8	10

(   )

18 경화의 10월말 평가의 과목별 점수를 나타낸 표입니다. 다음 평가에서 한 과목 점수만 올려서 평균 4점을 올리려면 어떤 과목의 점수를 몇 점 올려야 할까요? (단, 만점은 100점입니다.)

10월말 평가 점수

과목	국어	수학	사회	과학
점수(점)	80	96	92	88

(   ), (   )

19 일이 일어날 가능성이 더 큰 것을 찾아 기호를 쓰려고 합니다. 풀이 과정을 쓰고 답을 구해 보세요.

> ㉠ 은행에서 뽑은 번호표의 번호는 홀수일 것입니다.
> ㉡ 오늘이 12월 25일이므로 일주일 후는 12월 32일일 것입니다.

풀이 _____

_____

_____

답 _____

20 성훈이네 모둠 학생들의 수학 단원평가 점수를 나타낸 표입니다. 점수가 평균보다 높은 학생은 모두 몇 명인지 구하려고 합니다. 풀이 과정을 쓰고 답을 구해 보세요.

수학 단원평가 점수

이름	성훈	수아	시우	지영
점수(점)	80	90	94	88

풀이 _____

_____

_____

답 _____

계산이 아닌

개념을 깨우치는

수학을 품은 연산

디딤돌
연산
수학

1~6학년(학기용)

수학 공부의 새로운 패러다임

독해 원리부터 실전 훈련까지!
수능까지 연결되는

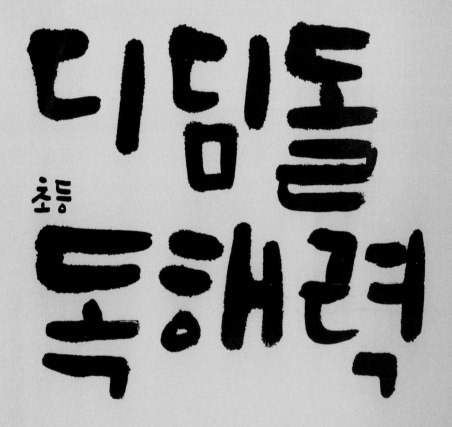

초등

디딤돌
독해력

❶~❻단계
초등 교과서별 학년별 성취 기준에 맞춰 구성

❶~Ⅳ단계(고학년용)
다양한 영역의 비문학 제재로만 구성

수학 좀 한다면

응용탄탄북

5
2

차례

수학 좀 한다면

딤돌

초등수학

응용탄탄북

5
2

- **서술형 문제** | 서술형 문제를 집중 연습해 보세요.

- **기출 단원 평가** | 시험에 잘 나오는 문제를 한번 더 풀어 단원을 확실하게 마무리해요.

서술형 문제

1 수직선에 나타낸 수의 범위에서 4로 나누어떨어지는 자연수는 모두 몇 개인지 풀이 과정을 쓰고 답을 구해 보세요.

```
   ○───┼──┼──┼──┼──┼──┼──┼──┼──┼──┼──┼──●──┼
   19 20 21 22 23 24 25 26 27 28 29 30 31 32 33
```

풀이

답

▶ 먼저 수직선에 나타낸 수의 범위를 알아봅니다.

2 ㉠와 ㉡의 차를 구하려고 합니다. 풀이 과정을 쓰고 답을 구해 보세요.

- 2568을 올림하여 백의 자리까지 나타낸 수는 ㉠입니다.
- 2568을 올림하여 천의 자리까지 나타낸 수는 ㉡입니다.

풀이

답

▶ 구하려는 자리 아래 수가 0이 아니면 구하려는 자리의 숫자를 1 크게 하고 그 아래 자리 숫자는 모두 0으로 나타냅니다.

3 6장의 수 카드를 한 번씩 모두 사용하여 만들 수 있는 가장 큰 여섯 자리 수를 반올림하여 백의 자리까지 나타내려고 합니다. 풀이 과정을 쓰고 답을 구해 보세요.

| 1 | 0 | 4 | 6 | 3 | 8 |

풀이 _____

_____

_____

_____

답 _____

▶ 가장 큰 수는 높은 자리에 큰 수부터 차례로 놓습니다.

1

4 은행에 저금을 하였더니 이자가 58734원 붙었습니다. 어머니께서는 수를 어림하여 이자가 59000원 붙었다고 말씀하셨습니다. 어떻게 어림하였는지 2가지 방법으로 설명해 보세요.

58734 ➡ 59000

방법 1 _____

_____

방법 2 _____

_____

_____

▶ 올림, 버림, 반올림 중 어느 방법을 사용하면 천의 자리까지 나타낸 수가 59000이 되는지 알아봅니다.

5 두 조건을 만족하는 자연수는 모두 몇 개인지 풀이 과정을 쓰고 답을 구해 보세요.

▶ 이상과 이하는 경곗값을 포함하고 초과와 미만은 경곗값을 포함하지 않습니다.

> • 200 초과 400 이하인 자연수
> • 190 이상 350 미만인 자연수

풀이 ....

....

....

....

....

답 ....

6 유미네 가족이 모두 미술관에 입장하려면 입장료를 얼마 내야 하는지 풀이 과정을 쓰고 답을 구해 보세요.

▶ 수의 범위를 수직선에 나타내 보고 그에 맞는 입장료를 구합니다.

유미네 가족의 나이

가족	아버지	어머니	오빠	유미	동생
나이(세)	44	43	15	12	7

미술관 입장료

구분	어린이	청소년	어른
입장료(원)	1000	3000	5000

*어린이: 8세 이상 13세 이하   *청소년: 13세 초과 20세 미만
*어른: 20세 이상 65세 미만   *8세 미만과 65세 이상은 무료

풀이 ....

....

....

답 ....

7

사탕 138개를 한 봉지에 10개씩 담아 500원에 팔려고 합니다. 사탕을 팔아 받을 수 있는 돈은 최대 얼마인지 풀이 과정을 쓰고 답을 구해 보세요.

풀이 ....

....

....

....

....

답 ....

▶ 봉지에 담고 남은 사탕은 팔 수 없으므로 올림, 버림, 반올림 중 어느 방법을 이용해야 하는지 살펴봅니다.

1

8

구슬 325개를 모두 봉지에 담으려고 합니다. 한 봉지에 10개까지 담을 수 있다면 봉지는 적어도 몇 개가 필요한지 풀이 과정을 쓰고 답을 구해 보세요.

풀이 ....

....

....

....

....

답 ....

▶ 구슬을 모두 봉지에 담아야 하므로 올림, 버림, 반올림 중 어느 방법을 이용해야 하는지 살펴봅니다.

점수 | 확인 |

1 40.1 이상 45.7 미만인 수는 모두 몇 개일까요?

| 40　33.5　41.5　52.9　44.3 |

(　　　　　　　)

2 수를 올림, 버림, 반올림하여 천의 자리까지 나타내어 보세요.

수	올림	버림	반올림
49576			

3 수를 버림하여 백의 자리까지 나타낸 수가 같은 두 수를 찾아 기호를 써 보세요.

| ㉠ 2963　　㉡ 2840
㉢ 2800　　㉣ 2799 |

(　　　　　　　)

4 35 이상 42 이하인 자연수는 모두 몇 개일까요?

(　　　　　　　)

5 어느 마을의 인구는 394750명입니다. 이 마을의 인구를 반올림하여 만의 자리까지 나타내면 몇 명일까요?

(　　　　　　　)

6 수직선에 나타낸 수의 범위에 속하는 자연수 중에서 가장 작은 수와 가장 큰 수를 구해 보세요.

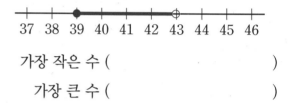

가장 작은 수 (　　　　　　　)
가장 큰 수 (　　　　　　　)

7 주어진 수의 범위가 같도록 ☐ 안에 알맞은 자연수를 써넣으세요.

| (83 이상 97 미만인 자연수)
= (☐ 초과 ☐ 이하인 자연수) |

8 키에 따라 탈 수 있는 놀이 기구의 이름과 기준입니다. 키가 130 cm인 수홍이가 탈 수 있는 놀이 기구를 모두 써 보세요.

키에 따라 탈 수 있는 놀이 기구

놀이 기구	키(cm)	놀이 기구	키(cm)
청룡열차	130 이하	회전목마	모두 가능
바이킹	135 이상	범퍼카	140 이상
비행기	130 초과	후룸라이드	125 이상

(　　　　　　　)

[9~11] 미세먼지는 우리 눈에 보이지 않는 아주 작은 물질로 자동차, 공장, 가정 등에서 사용하는 화석연료로 인해 발생하며 기관지를 거쳐 폐에 흡착되어 각종 폐질환을 유발하는 대기오염 물질입니다. 어느 날 각 도시의 미세먼지 농도를 나타낸 표입니다. 물음에 답하세요.

미세먼지 농도

도시	농도(μg/m^3)	도시	농도(μg/m^3)
서울	120	부산	91
인천	78	광주	27
대구	80	대전	67
울산	152	제주	59

미세먼지 예보 등급

구분	농도(μg/m^3)
좋음	30 이하
보통	30 초과 80 이하
나쁨	80 초과 150 이하
매우 나쁨	150 초과

9 서울의 미세먼지 예보 등급은 무엇일까요?

( )

10 미세먼지 예보 등급이 보통인 도시는 모두 몇 곳일까요?

( )

11 미세먼지 예보 등급이 나쁨인 농도의 범위를 수직선에 나타내어 보세요.

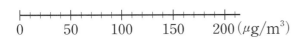

12 가장 큰 수를 찾아 기호를 써 보세요.

> ㉠ 4570을 버림하여 십의 자리까지 나타낸 수
> ㉡ 4553을 올림하여 백의 자리까지 나타낸 수
> ㉢ 4509를 반올림하여 천의 자리까지 나타낸 수

( )

13 높이가 4 m 미만인 자동차만 지나갈 수 있는 터널이 있습니다. 이 터널을 통과할 수 <u>없는</u> 자동차 높이의 범위를 수직선에 나타내어 보세요.

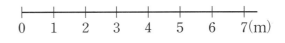

14 반올림하여 십의 자리까지 나타내면 50이 되는 수의 범위를 수직선에 나타내어 보세요.

44 45 46 47 48 49 50 51 52 53 54 55 56 57

15 네 자리 수 4□07을 반올림하여 천의 자리까지 나타내면 4000입니다. □ 안에 들어갈 수 있는 수를 모두 써 보세요.

( )

16 저금통에 100원짜리 동전이 258개, 1000원짜리 지폐가 67장 있습니다. 이 돈을 10000원짜리 지폐로 바꾼다면 얼마까지 바꿀 수 있을까요?

( )

17 두 조건을 만족하는 자연수는 모두 몇 개일까요?

- 20 이상 33 이하인 수
- 26 초과 36 미만인 수

( )

18 수직선에 나타낸 수의 범위에 속하는 자연수는 6개입니다. ㉠에 알맞은 자연수는 얼마일까요?

57 ㉠

( )

19 학생 337명에게 색종이를 2장씩 나누어 주려고 합니다. 문구점에서 색종이를 10장씩 묶음으로 판다면 적어도 몇 묶음을 사야 하는지 풀이 과정을 쓰고 답을 구해 보세요.

풀이

답

20 과수원에서 딴 귤을 한 상자에 25개씩 담으려면 상자가 적어도 7개 필요합니다. 귤은 몇 개 이상 몇 개 이하인지 풀이 과정을 쓰고 답을 구해 보세요.

풀이

답

점수 | 확인 |

1 40이 포함되는 수의 범위를 모두 찾아 기호를 써 보세요.

> ㉠ 39 이하인 수 ㉡ 40 초과인 수
> ㉢ 41 미만인 수 ㉣ 40 이상인 수

( )

2 수를 올림하여 십의 자리까지 나타냈습니다. 잘못 나타낸 사람은 누구일까요?

> 시연: 3007 ➡ 3000
> 보람: 5995 ➡ 6000
> 연우: 9320 ➡ 9320

( )

3 수를 반올림하여 일의 자리까지 나타낸 수가 다른 하나를 찾아 기호를 써 보세요.

> ㉠ 47.92   ㉡ 46.8   ㉢ 48.3

( )

4 12명이 정원인 자동차에 다음과 같이 사람이 탔습니다. 정원을 초과한 자동차는 모두 몇 대일까요?

가   나   다   라

11명   12명   13명   14명

( )

5 수직선에 나타낸 수의 범위에 속하는 자연수는 모두 몇 개일까요?

```
    ├─────────────────┤
   12                20
```

( )

6 수의 범위에 속하는 자연수 중에서 가장 큰 수와 가장 작은 수의 합을 구해 보세요.

> 22 초과 49 이하인 수

( )

7 키가 125 cm 이상 155 cm 미만인 사람만 탈 수 있는 놀이 기구가 있습니다. 이 놀이 기구를 탈 수 있는 학생의 이름을 모두 써 보세요.

학생들의 키

이름	키(cm)	이름	키(cm)
예성	120.4	현성	124.8
보연	125.8	지석	160.1
인주	137.4	혜수	149.1
은성	156.7	지민	155.4

( )

8 큰 수부터 차례대로 기호를 써 보세요.

> ㉠ 5705를 올림하여 백의 자리까지 나타낸 수
> ㉡ 5930을 버림하여 천의 자리까지 나타낸 수
> ㉢ 5739를 반올림하여 백의 자리까지 나타낸 수

( )

[9~10] 현호네 학교에서 학생건강체력평가를 실시하였습니다. 남학생들의 50 m 달리기 기록과 50 m 달리기 등급을 보고 물음에 답하세요.

50 m 달리기 기록

이름	기록(초)	이름	기록(초)	이름	기록(초)
현호	10.5	준범	9.2	민혁	10.55
선균	8.81	승민	8.75	효준	10.39
재민	12.48	도현	9.93	지명	9.7

50 m 달리기 등급

(초5, 남자)

등급	기록(초)
아주 높음(1등급)	8.8 이하
높음(2등급)	8.81 이상 9.7 이하
보통(3등급)	9.71 이상 10.5 이하
낮음(4등급)	10.51 이상 13.2 이하
아주 낮음(5등급)	13.21 이상 16.01 이하

9 2등급을 받은 학생은 모두 몇 명일까요?

( )

10 현호와 같은 등급을 받은 친구의 이름을 모두 써 보세요.

( )

11 공장에서 로봇을 37685개 만들었습니다. 이 로봇을 한 상자에 100개씩 넣어서 팔려고 합니다. 팔 수 있는 로봇은 모두 몇 개일까요?

( )

12 지구의 대기권은 높이에 따른 온도 분포에 따라 대류권, 성층권, 중간권, 열권으로 구분됩니다. 성층권은 공기층이 안정되어 있어 비행기의 항로로 쓰이며 오존층이 있어 자외선을 흡수·차단합니다. 성층권의 범위를 수직선에 나타내어 보세요.

대기권 구조

대기권	지상에서부터의 높이(km)
대류권	10 이하
성층권	10 초과 50 이하
중간권	50 초과 80 이하
열권	80 초과 1000 이하

```
├──┼──┼──┼──┼──┼──┼──┼──┼──┼──┤
0  10 20 30 40 50 60 70 80 90 100 (km)
```

13 박물관에 입장하는 데 할아버지만 입장료가 무료이고 다른 가족들은 모두 입장료를 냈다고 합니다. 이 박물관에 무료로 입장하려면 나이가 몇 세 초과이어야 할까요?

가족들의 나이

가족	나이(세)	가족	나이(세)
할아버지	66	할머니	65
아버지	40	어머니	38
오빠	13	소진	9

( )

14 수를 버림하여 백의 자리까지 나타내면 8200이 되는 자연수 중에서 가장 작은 수와 가장 큰 수를 각각 구해 보세요.

가장 작은 수 ( )
가장 큰 수 ( )

15 반올림하여 천의 자리까지 나타냈을 때 28000이 되는 수의 범위를 이상과 미만을 사용하여 나타내어 보세요.

(   )

16 네 자리 수 73□5를 올림하여 백의 자리까지 나타낸 수와 반올림하여 백의 자리까지 나타낸 수가 같습니다. □ 안에 들어갈 수 있는 수를 모두 써 보세요.

(   )

17 다음 조건을 모두 만족하는 수를 구해 보세요.

- 40000 초과 60000 이하인 수입니다.
- 만의 자리 숫자는 5 미만입니다.
- 천의 자리 숫자는 가장 큰 숫자입니다.
- 백의 자리 숫자는 만의 자리 숫자와 같습니다.
- 십의 자리 숫자와 일의 자리 숫자가 같고 두 숫자의 합은 10입니다.

(   )

18 제과점에서 오늘 만든 빵을 한 상자에 12개씩 담았습니다. 빵을 모두 담는 데 상자가 25개 필요하다면 오늘 만든 빵은 몇 개 이상 몇 개 이하일까요?

(   )

19 호연이는 수학 문제집을 하루에 10쪽씩 푼다고 합니다. 128쪽인 수학 문제집을 모두 풀려면 적어도 며칠이 걸리는지 풀이 과정을 쓰고 답을 구해 보세요.

풀이

답

20 자연수 부분이 5 이상 7 미만이고, 소수 첫째 자리 숫자가 2 초과 5 이하인 소수 한 자리 수를 만들려고 합니다. 만들 수 있는 소수 한 자리 수는 모두 몇 개인지 풀이 과정을 쓰고 답을 구해 보세요.

풀이

답

서술형 문제

1 계산이 <u>틀린</u> 이유를 쓰고, 바르게 계산해 보세요.

$$3\frac{1}{\cancel{3}_1} \times 1\frac{\cancel{3}^1}{5} = 3 \times 1\frac{1}{5} = 3 \times \frac{6}{5} = \frac{18}{5} = 3\frac{3}{5}$$

▶ (대분수)×(대분수)는 대분수를 가분수로 고친 후 약분합니다.

이유 ....

....

바른 계산 ....

....

....

2 가장 큰 분수와 가장 작은 분수의 곱을 구하려고 합니다. 풀이 과정을 쓰고 답을 구해 보세요.

$$\frac{2}{3} \qquad \frac{5}{6} \qquad \frac{7}{9}$$

▶ 먼저 세 분수를 통분하여 가장 큰 분수와 가장 작은 분수를 찾습니다.

풀이 ....

....

....

....

....

답 ....

3 직사각형의 넓이는 몇 cm²인지 구하는 풀이 과정을 쓰고 답을 구해 보세요.

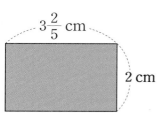

$3\frac{2}{5}$ cm

2 cm

▶ (직사각형의 넓이)
　＝(가로)×(세로)입니다.

풀이

답

4 신영이는 색종이를 20장 가지고 있습니다. 그중에서 $\frac{2}{5}$를 사용하여 종이접기를 하였습니다. 신영이가 종이접기를 하는 데 사용한 색종이는 몇 장인지 풀이 과정을 쓰고 답을 구해 보세요.

▶ 사용한 색종이의 수는 가지고 있던 색종이 수의 $\frac{2}{5}$배입니다.

풀이

답

5 색 테이프 $2\frac{2}{5}$ m의 $\frac{3}{4}$을 사용하여 선물을 포장했습니다. 선물을 포장하는 데 사용한 색 테이프는 몇 m인지 풀이 과정을 쓰고 답을 구해 보세요.

▶ 사용한 색 테이프의 길이는 전체 색 테이프의 길이의 $\frac{3}{4}$ 배입니다.

풀이

답

6 어떤 수에 $\frac{4}{5}$를 곱해야 할 것을 잘못하여 나누었더니 $\frac{7}{8}$이 되었습니다. 바르게 계산하면 얼마인지 풀이 과정을 쓰고 답을 구해 보세요.

▶ 어떤 수를 □라 하고 잘못 계산한 식을 세워 □를 구해 봅니다.

풀이

답

7

예전에는 주리네 동네의 $\dfrac{2}{3}$가 산림으로 덮여 있었습니다. 그런데 점점 산림이 줄어들어 산림의 $\dfrac{2}{5}$가 없어져 버렸습니다. 지금은 주리네 동네의 몇 분의 몇이 산림으로 덮여 있는지 풀이 과정을 쓰고 답을 구해 보세요.

▶ 산림이 남은 곳은 예전 산림의 $1-\dfrac{2}{5}$입니다.

풀이

답

8

수 카드를 한 번씩만 사용하여 대분수를 만들려고 합니다. 만들 수 있는 가장 큰 대분수와 가장 작은 대분수의 곱을 구하는 풀이 과정을 쓰고 답을 구해 보세요.

▶ 가장 큰 대분수는 자연수 부분에 가장 큰 수를 놓고 나머지 수로 진분수를 만듭니다.

$\boxed{1}$ $\boxed{3}$ $\boxed{4}$

풀이

답

2. 분수의 곱셈 **15**

점수   확인

1 □ 안에 알맞은 수를 써넣으세요.

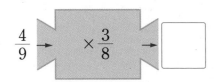

$\dfrac{4}{9} \rightarrow \times \dfrac{3}{8} \rightarrow$ □

2 빈 곳에 알맞은 수를 써넣으세요.

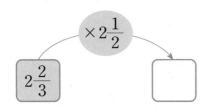

$2\dfrac{2}{3}$ $\times 2\dfrac{1}{2}$ →

3 관계있는 것끼리 선으로 이어 보세요.

(1) $6 \times 1\dfrac{2}{3}$ •   • ㉠ 10

(2) $4 \times 1\dfrac{5}{8}$ •   • ㉡ $9\dfrac{1}{3}$

(3) $8 \times 1\dfrac{1}{6}$ •   • ㉢ $6\dfrac{1}{2}$

4 계산 결과를 비교하여 ○ 안에 >, =, <를 알맞게 써넣으세요.

$$14 \times \dfrac{5}{8} \bigcirc \dfrac{7}{12} \times 16$$

5 ㉠과 ㉡의 계산 결과의 합을 구해 보세요.

㉠ $\dfrac{1}{3} \times \dfrac{1}{4}$ ㉡ $\dfrac{1}{2} \times \dfrac{1}{4}$

(   )

6 연우는 딱지를 40장 가지고 있습니다. 연우가 딱지치기를 하여 전체의 $\dfrac{3}{8}$을 잃었다면 잃은 딱지는 몇 장일까요?

(   )

7 냉장고 안에 우유가 $\dfrac{4}{5}$ L 있습니다. 연희가 그 중의 $\dfrac{3}{8}$을 마셨다면 마신 우유는 몇 L일까요?

(   )

8 빈 곳에 알맞은 수를 써넣으세요.

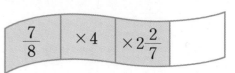

$\dfrac{7}{8}$ | $\times 4$ | $\times 2\dfrac{2}{7}$ |

9 ☐ 안에 알맞은 수를 써넣으세요.

$$\boxed{} \div \frac{6}{7} = 3\frac{1}{3}$$

10 정사각형의 둘레는 몇 cm일까요?

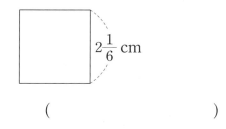

$2\frac{1}{6}$ cm

(   )

11 가로가 $3\frac{3}{4}$ cm, 세로가 $4\frac{2}{5}$ cm인 직사각형이 있습니다. 이 직사각형의 넓이는 몇 cm²일까요?

(   )

12 ☐ 안에 들어갈 수 있는 자연수는 모두 몇 개일까요?

$$1\frac{2}{5} \times \frac{6}{7} < \square < 1\frac{7}{9} \times 3\frac{3}{4}$$

(   )

13 도화지에 한 변의 길이가 $3\frac{1}{3}$ cm인 정사각형 모양의 색종이 12장을 겹치지 않게 붙였습니다. 색종이를 붙인 부분의 넓이는 몇 cm²일까요?

(   )

14 승환이는 자전거를 타고 한 시간에 $15\frac{3}{5}$ km를 갑니다. 승환이가 같은 빠르기로 1시간 40분 동안 달린다면 몇 km를 갈까요?

(   )

15 윤지는 이번 학기에 학교 도서실 관리 위원이 되었습니다. 윤지가 학교 도서를 정리해 보니 전체의 $\frac{4}{5}$가 아동 도서이고, 그중 $\frac{3}{8}$이 위인전이었으며 위인전의 $\frac{2}{3}$가 우리나라 위인전이었습니다. 우리나라 위인전은 학교 도서 전체의 몇 분의 몇일까요?

(   )

16 1부터 9까지의 자연수 중에서 ☐ 안에 들어갈 수 있는 수를 모두 구해 보세요.

$$\frac{1}{60} > \frac{1}{8} \times \frac{1}{\square}$$

(   )

17 찰흙 $\frac{1}{2}$ kg과 $\frac{3}{8}$ kg이 있습니다. 이 두 찰흙을 합친 후 전체의 $\frac{2}{3}$ 를 사용했습니다. 사용한 찰흙은 몇 kg일까요?

(   )

18 어떤 수에 $1\frac{1}{4}$ 을 곱해야 할 것을 잘못하여 나누었더니 $2\frac{2}{7}$ 가 되었습니다. 바르게 계산한 값을 구해 보세요.

(   )

술술 서술형

19 계산이 틀린 부분을 찾아 이유를 쓰고 바르게 계산해 보세요.

$$\frac{5}{6} \times \left(\frac{3}{4} - \frac{1}{8}\right) = \frac{5 \times \overset{1}{\cancel{3}}}{\underset{2}{\cancel{6}} \times 4} - \frac{1}{8}$$
$$= \frac{5}{8} - \frac{1}{8} = \frac{\overset{1}{\cancel{4}}}{\underset{2}{\cancel{8}}} = \frac{1}{2}$$

이유 _____

_____

바른 계산 _____

_____

_____

20 어떤 수는 56의 $\frac{5}{8}$ 입니다. 어떤 수의 $\frac{7}{15}$ 은 얼마인지 풀이 과정을 쓰고 답을 구해 보세요.

풀이 _____

_____

_____

_____

답 _____

점수│   확인│

1 빈 곳에 알맞은 수를 써넣으세요.

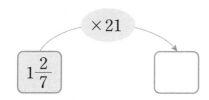

2 빈칸에 두 분수의 곱을 써넣으세요.

$\dfrac{9}{10}$	$\dfrac{5}{6}$

3 빈 곳에 알맞은 수를 써넣으세요.

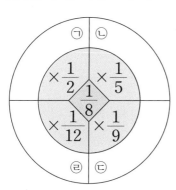

4 빈칸에 알맞은 수를 써넣으세요.

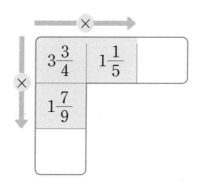

5 다음을 구해 보세요.

$1\dfrac{3}{4}$의 6배인 수

(   )

6 계산 결과를 비교하여 ○ 안에 >, =, <를 알맞게 써넣으세요.

$$10 \times 1\dfrac{3}{5} \bigcirc 2\dfrac{5}{6} \times 4$$

7 사과 한 상자의 무게는 $5\dfrac{1}{4}$ kg입니다. 사과 12상자의 무게는 몇 kg일까요?

(   )

2

8 꽃밭의 $\frac{1}{4}$에 국화를 심었는데 국화의 $\frac{1}{3}$이 노란 국화입니다. 노란 국화를 심은 부분은 꽃밭 전체의 몇 분의 몇일까요?

( )

9 길이가 $\frac{9}{10}$ m인 끈이 있습니다. 이 끈의 $\frac{5}{6}$를 사용하여 상자를 묶었습니다. 상자를 묶는 데 사용한 끈은 몇 m일까요?

( )

10 주선이네 밭에서 고구마를 $7\frac{1}{5}$ kg 캤습니다. 그중에서 $\frac{2}{9}$를 이모 댁에 드렸다면 이모 댁에 드린 고구마는 몇 kg일까요?

( )

11 빈 곳에 알맞은 수를 써넣으세요.

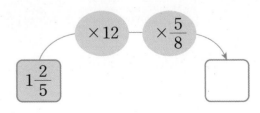

12 다음을 계산해 보세요.

$$1\frac{2}{5} \times (1\frac{1}{3} + 1\frac{1}{6})$$

( )

13 어떤 수는 48의 $\frac{5}{8}$입니다. 어떤 수의 $1\frac{4}{5}$는 얼마일까요?

( )

14 한 시간에 92 km를 달리는 기차가 있습니다. 이 기차가 1시간 15분 동안 같은 빠르기로 달린다면 몇 km를 달릴 수 있을까요?

( )

15 미소는 피자 한 판의 $\frac{3}{8}$을 먹고, 승현이는 미소가 먹고 난 나머지의 $\frac{2}{5}$를 먹었습니다. 승현이가 먹은 피자는 피자 한 판의 몇 분의 몇일까요?

( )

16 □ 안에 들어갈 수 있는 자연수를 모두 구해 보세요.

$$\frac{1}{16} < \frac{1}{5} \times \frac{1}{\square} < \frac{1}{8}$$

(   )

17 성주네 학교 5학년 학생의 $\frac{5}{9}$는 여학생입니다. 여학생 중에서 $\frac{4}{5}$는 꽃을 좋아하고, 그 중에서 $\frac{3}{8}$은 장미꽃을 좋아합니다. 장미꽃을 좋아하는 여학생은 5학년 학생의 몇 분의 몇일까요?

(   )

18 ㉠에 알맞은 분수 중에서 가장 작은 수를 구해 보세요.

$$㉠ \times \frac{5}{14} = (자연수), \quad ㉠ \times \frac{10}{21} = (자연수)$$

(   )

19 직사각형의 넓이는 몇 cm²인지 풀이 과정을 쓰고 답을 구해 보세요.

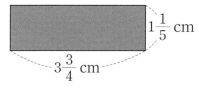
$1\frac{1}{5}$ cm
$3\frac{3}{4}$ cm

풀이 _____

_____

_____

_____

답 _____

20 어떤 수에 $2\frac{2}{5}$를 곱해야 할 것을 잘못하여 나누었더니 $1\frac{1}{9}$이 되었습니다. 바르게 계산한 값은 얼마인지 풀이 과정을 쓰고 답을 구해 보세요.

풀이 _____

_____

_____

_____

답 _____

2. 분수의 곱셈 **21**

서술형 문제

1 두 삼각형은 서로 합동입니다. 삼각형 ㄹㅁㅂ의 둘레는 몇 cm인지 풀이 과정을 쓰고 답을 구해 보세요.

▶ 변 ㄹㅂ의 대응변은 변 ㄱㄴ 입니다.

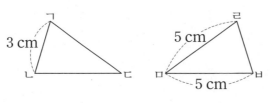

풀이

_____

_____

_____

_____

_____

답 _____

2 선분 ㄱㄴ을 대칭축으로 하는 선대칭도형입니다. 각 ㄷㄹㅂ은 몇 도 인지 풀이 과정을 쓰고 답을 구해 보세요.

▶ 선대칭도형에서 대응각의 크 기는 서로 같습니다.

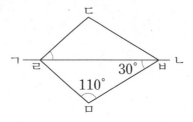

풀이

_____

_____

_____

_____

답 _____

3

두 직사각형은 서로 합동입니다. 직사각형 ㄱㄴㄷㄹ의 넓이는 몇 cm²인지 풀이 과정을 쓰고 답을 구해 보세요.

▶ 변 ㄴㄷ의 대응변은 변 ㅅㅇ 입니다.

ㄱ   ㄹ

5 cm

ㄴ

ㅁ   ㅇ

8 cm

ㅂ   ㅅ

풀이

답

4

점 ㅇ을 대칭의 중심으로 하는 점대칭도형입니다. 각 ㄱㅂㅁ과 각 ㄹㅁㅂ의 크기의 합은 몇 도인지 풀이 과정을 쓰고 답을 구해 보세요.

▶ 점대칭도형에서 대응각의 크기는 서로 같습니다.

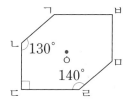

풀이

답

5 선분 ㅅㅇ을 대칭축으로 하는 선대칭도형입니다. 선대칭도형의 둘레는 몇 cm인지 풀이 과정을 쓰고 답을 구해 보세요.

▶ 선대칭도형에서 대응변의 길이는 서로 같습니다.

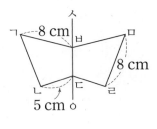

풀이 ....

....

....

....

....

답 ....

6 삼각형 ㄱㄴㄷ과 삼각형 ㄹㄷㅁ은 서로 합동입니다. 변 ㄴㄷ은 몇 cm 인지 풀이 과정을 쓰고 답을 구해 보세요.

▶ 서로 합동인 두 도형의 대응변의 길이는 같습니다.

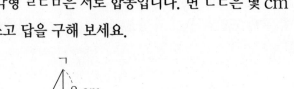

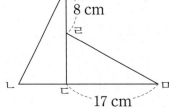

풀이 ....

....

....

....

답 ....

7 서로 합동인 두 삼각형을 한 직선 위에 한 점이 맞닿게 그렸습니다. 각 ㄱㄷㅁ의 크기는 몇 도인지 풀이 과정을 쓰고 답을 구해 보세요.

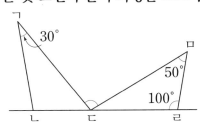

▶ 합동인 도형에서 대응각의 크기는 서로 같습니다.

풀이

_____

_____

_____

_____

답 _____

8 점 ㅇ을 대칭의 중심으로 하는 점대칭도형입니다. 선분 ㄴㅁ은 몇 cm인지 풀이 과정을 쓰고 답을 구해 보세요.

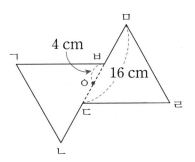

▶ 점대칭도형에서 대칭의 중심에서 대응점까지의 거리는 같습니다.

풀이

_____

_____

_____

_____

답 _____

3

다시 점검하는 기출 단원 평가 Level ①

점수 | 확인

1 서로 합동인 도형을 모두 찾아 기호를 써 보세요.

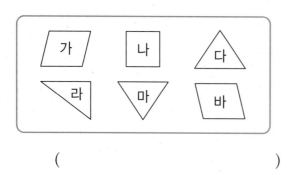

( )

2 주어진 도형과 서로 합동인 도형을 그려 보세요.

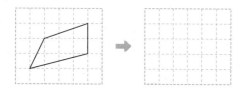

3 두 사각형은 서로 합동입니다. 빈칸에 알맞게 써넣으세요.

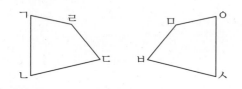

대응점	점 ㄷ	
대응변	변 ㄱㄴ	
대응각	각 ㄱㄹㄷ	

4 두 삼각형은 서로 합동입니다. ☐ 안에 알맞은 수를 써넣으세요.

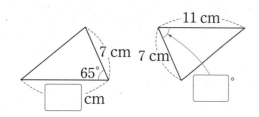

5 선대칭도형에서 대칭축은 각각 몇 개일까요?

(1) (2)

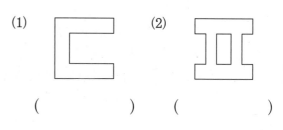

( ) ( )

6 점대칭도형이 <u>아닌</u> 것은 어느 것일까요?

( )

① S ② O ③ X
④ B ⑤ Z

7 점대칭도형에서 대칭의 중심을 찾아 표시하세요.

8 선대칭도형이면서 점대칭도형인 것은 모두 몇 개일까요?

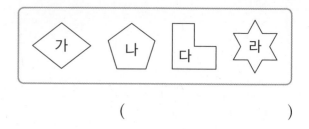

( )

9 선대칭도형이 되도록 그림을 완성해 보세요.

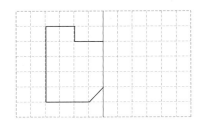

10 점대칭도형이 되도록 그림을 완성해 보세요.

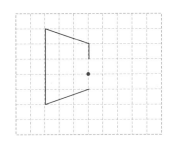

11 선분 ㅈㅊ을 대칭축으로 하는 선대칭도형입니다. 변 ㄱㄴ은 몇 cm일까요?

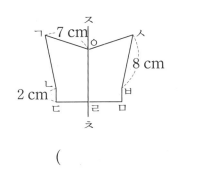

( )

12 두 삼각형은 서로 합동입니다. 삼각형 ㄱㄴㄷ의 둘레는 몇 cm일까요?

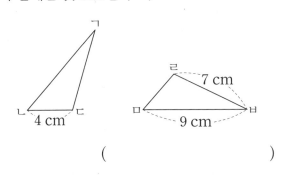

( )

13 두 삼각형은 서로 합동입니다. 각 ㄱㄴㄷ은 몇 도일까요?

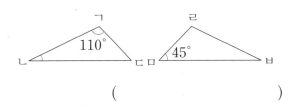

( )

14 점 ㅇ을 대칭의 중심으로 하는 점대칭도형입니다. 점대칭도형의 넓이는 몇 cm²일까요?

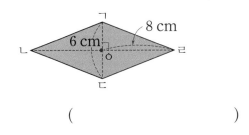

( )

15 선분 ㄱㄴ을 대칭축으로 하는 선대칭도형입니다. 각 ㄹㅁㅂ은 몇 도일까요?

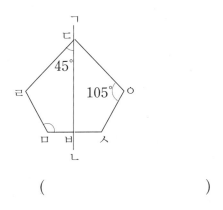

( )

16 서로 합동인 두 삼각형 ㄱㄴㄷ과 ㅁㄹㄷ을 직선 위에 맞닿게 놓은 것입니다. 각 ㄱㄷㅁ은 몇 도일까요?

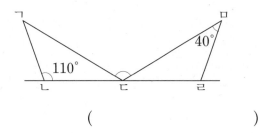

(   )

17 점 ㅇ을 대칭의 중심으로 하는 점대칭도형입니다. 선분 ㄴㅇ과 선분 ㄹㅇ의 길이가 같을 때 각 ㄱㅇㄴ는 몇 도일까요?

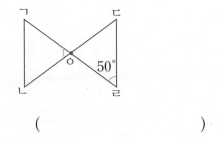

(   )

18 직사각형 모양의 종이를 그림과 같이 접었습니다. 종이 전체의 넓이는 몇 cm²일까요?

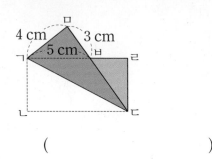

(   )

19 선분 ㄱㄴ을 대칭축으로 하는 선대칭도형입니다. 선대칭도형의 둘레는 몇 cm인지 풀이 과정을 쓰고 답을 구해 보세요.

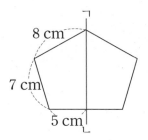

풀이

답

20 선분 ㄱㄴ을 대칭축으로 하는 선대칭도형의 일부분입니다. 완성한 선대칭도형의 넓이는 몇 cm²인지 풀이 과정을 쓰고 답을 구해 보세요.

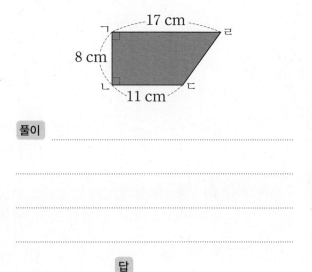

풀이

답

점수 | 확인

1 서로 합동인 두 도형을 찾아 기호를 써 보세요.

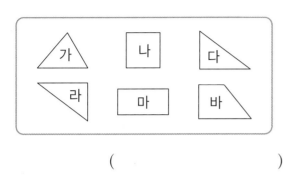

( )

[2~3] 삼각형 ㄱㄴㄷ과 삼각형 ㄹㄴㄷ은 서로 합동입니다. 물음에 답하세요.

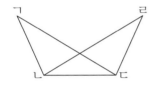

2 변 ㄱㄷ의 대응변은 어느 것일까요?

( )

3 각 ㄹㄴㄷ의 대응각은 어느 것일까요?

( )

4 두 사각형은 서로 합동입니다. □ 안에 알맞은 수를 써넣으세요.

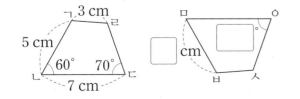

5 평행사변형에서 찾을 수 있는 크고 작은 삼각형 중에서 서로 합동인 삼각형은 모두 몇 쌍일까요?

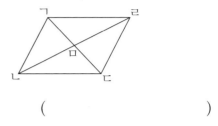

( )

6 점대칭도형을 모두 찾아 ○표 하세요.

ㄱ ㄹ ㅍ ㅅ ㄷ

[7~8] 도형을 보고 물음에 답하세요.

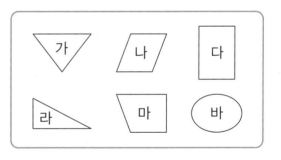

7 선대칭도형을 모두 찾아 기호를 써 보세요.

( )

8 대칭축이 2개인 선대칭도형을 모두 찾아 기호를 써 보세요.

( )

9 선대칭도형이 되도록 그림을 완성해 보세요.

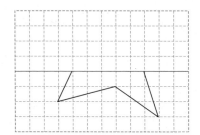

10 도형은 선대칭도형이면서 점대칭도형입니다. 대응점, 대응변, 대응각을 찾아 써 보세요.

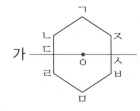

대응하는 것	대칭축: 직선 가	대칭의 중심: 점 ㅇ
점 ㄴ		
변 ㄱㅈ		
각 ㄱㄴㄷ		

11 선분 ㄱㄹ을 대칭축으로 하는 선대칭도형입니다. 각 ㄷㄱㄹ은 몇 도일까요?

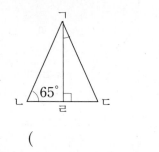

(   )

12 점 ㅇ을 대칭의 중심으로 하는 점대칭도형입니다. 선분 ㄷㅇ은 몇 cm일까요?

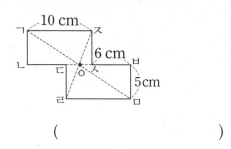

(   )

13 두 사각형은 서로 합동입니다. 사각형 ㄱㄴㄷㄹ의 둘레가 31 cm일 때 변 ㅁㅂ은 몇 cm일까요?

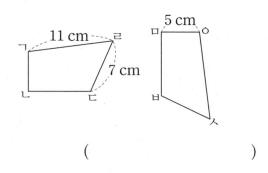

(   )

14 점 ㅇ을 대칭의 중심으로 하는 점대칭도형입니다. 두 대각선의 길이의 합이 60 cm일 때 선분 ㅇㄴ은 몇 cm일까요?

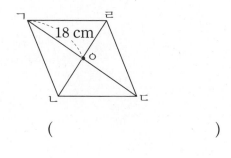

(   )

15 점 ㅇ을 대칭의 중심으로 하는 점대칭도형입니다. 각 ㅇㄹㄷ은 몇 도일까요?

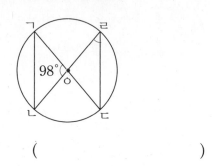

(   )

16 선분 ㄹㄷ을 대칭축으로 하는 선대칭도형의 일부분입니다. 완성한 선대칭도형의 넓이는 몇 cm²일까요?

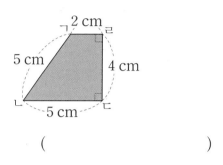

( )

17 삼각형 ㄱㄴㄷ과 삼각형 ㄹㄷㄴ은 서로 합동입니다. 각 ㄹㅁㄷ은 몇 도일까요?

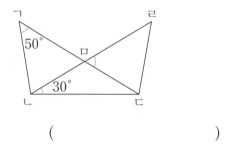

( )

18 그림과 같이 삼각형 모양의 색종이를 접었습니다. 각 ㄱㅂㄹ은 몇 도일까요?

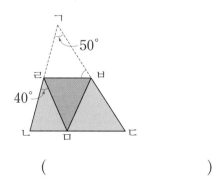

( )

19 두 삼각형은 서로 합동입니다. 삼각형 ㄹㅁㅂ의 둘레는 몇 cm인지 풀이 과정을 쓰고 답을 구해 보세요.

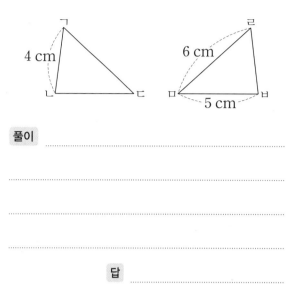

풀이 _____

_____

_____

답 _____

20 직사각형 모양의 종이를 그림과 같이 접었습니다. 종이 전체의 넓이는 몇 cm²인지 풀이 과정을 쓰고 답을 구해 보세요.

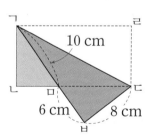

풀이 _____

_____

_____

답 _____

서술형 문제

1 $3.4 \times 4 = 13.6$입니다. 왜 13.6인지 2가지 방법으로 설명해 보세요.

방법 1 ....

....

....

방법 2 ....

....

....

▶ 소수의 덧셈으로 계산하기, 분수의 곱셈으로 고쳐서 계산하기, 자연수의 곱과 비교하여 계산하기 등이 있습니다.

2 정민이네 욕실 바닥은 가로가 1.7 m이고, 세로가 2 m인 직사각형 모양입니다. 정민이네 욕실 바닥의 넓이는 몇 m^2인지 풀이 과정을 쓰고 답을 구해 보세요.

풀이 ....

....

....

....

....

답 ....

▶ (직사각형의 넓이) $=$ (가로) $\times$ (세로)

3 오른쪽은 훈이네 쌀 가게에서 판 쌀의 양을 정리한 것입니다. 오늘 쌀 가게에서 판 쌀은 모두 몇 kg인지 풀이 과정을 쓰고 답을 구해 보세요.

> 오늘 판 쌀의 양
> 3.85 kg짜리
> 100봉지

▶ 소수에 10, 100, 1000을 곱하면 곱하는 수의 0의 개수만큼 소수점이 오른쪽으로 옮겨집니다.

풀이

답

4 어느 도로의 한쪽에 처음부터 끝까지 일정한 간격으로 나무를 모두 18그루 심었습니다. 도로의 길이는 몇 m인지 풀이 과정을 쓰고 답을 구해 보세요. (단, 나무의 굵기는 생각하지 않습니다.)

▶ 간격이 18−1 = 17(군데) 있습니다.

2.3 m ...

풀이

답

5 다현이는 어린이 달리기 대회에 참가하였습니다. 1분에 0.3 km씩 달렸더니 12분 30초만에 결승점에 도착했습니다. 이 대회의 코스는 몇 km인지 풀이 과정을 쓰고 답을 구해 보세요.

▶ 12분 30초 $= 12\frac{30}{60}$분
$= 12.5$분

풀이 _____

_____

_____

_____

_____

_____

답 _____

6 현정이는 길이가 1.54 m인 색 테이프를 가지고 있습니다. 이 중에서 선물을 포장하는 데 전체 길이의 0.55만큼을 사용했다면 사용하고 남은 색 테이프는 몇 m인지 풀이 과정을 쓰고 답을 구해 보세요.

▶ 전체 색 테이프의 길이에서 사용한 색 테이프의 길이를 빼서 구합니다.

풀이 _____

_____

_____

_____

답 _____

7 색 테이프 10개를 0.1 m씩 겹치게 이어 붙였습니다. 색 테이프 한 개의 길이가 1.5 m일 때 이어 붙인 색 테이프의 길이는 몇 m인지 풀이 과정을 쓰고 답을 구해 보세요.

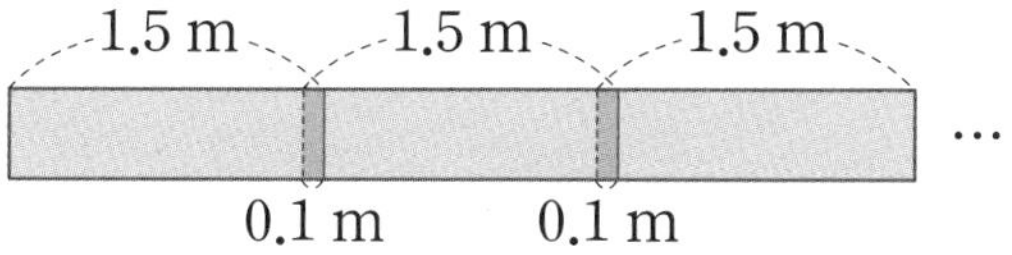

풀이

답

▶ 10−1 = 9(번) 겹치게 이어 붙여야 합니다.

4

8 152 × 6 = 912일 때 ☐ 안에 들어갈 수 있는 소수 한 자리 수는 모두 몇 개인지 구하려고 합니다. 풀이 과정을 쓰고 답을 구해 보세요.

$$15.2 \times \square < 9.12$$

풀이

답

▶ 먼저 15.2 × ▲ = 9.12가 되는 ▲를 구합니다.

점수 | 확인 |

1 □ 안에 알맞은 수를 써넣으세요.

(1) 0.32×6

$= \dfrac{\boxed{}}{100} \times 6 = \dfrac{\boxed{}}{100} = \boxed{}$

(2) 1.6×4

$= \dfrac{\boxed{}}{10} \times 4 = \dfrac{\boxed{}}{10} = \boxed{}$

2 빈 곳에 알맞은 수를 써넣으세요.

(1)

(2)
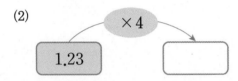

3 두 수의 곱을 구해 보세요.

| 4.2 | 1.9 |

( )

4 보기 를 보고 □ 안에 알맞은 수를 써넣으세요.

보기
$38 \times 17 = 646$

(1) $0.38 \times 17 = \boxed{}$

(2) $0.038 \times 17 = \boxed{}$

(3) $38 \times 1.7 = \boxed{}$

5 계산 결과를 비교하여 ○ 안에 >, =, <를 알맞게 써넣으세요.

$$5 \times 0.17 \bigcirc 9 \times 0.12$$

6 ㉮와 ㉯의 계산 결과의 차를 구해 보세요.

| ㉮ 41×1.8 | ㉯ 6×5.9 |

( )

7 $23 \times 16 = 368$을 이용하여 다음을 계산해 보세요.

$$2.3 \times 16 + 23 \times 0.16$$

( )

8 직사각형의 넓이는 몇 m^2일까요?

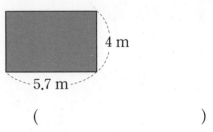

4 m

5.7 m

( )

9 은수는 매일 아침 0.9 km씩 달리기를 합니다. 은수가 일주일 동안 달리기를 한 거리는 모두 몇 km일까요?

( )

10 민준이가 한 달 동안 마신 물은 41.6 L이고 아버지가 한 달 동안 마신 물은 민준이가 마신 물의 양의 1.8배입니다. 아버지가 마신 물은 몇 L일까요?

( )

11 □ 안에 알맞은 수를 구해 보세요.

$$27 \times 4.3 = 0.27 \times \square$$

( )

12 □ 안에 알맞은 수가 다른 하나를 찾아 기호를 써 보세요.

㉠ $260 \times \square = 0.26$
㉡ $54 \times \square = 0.054$
㉢ $168 \times \square = 1.68$
㉣ $70 \times \square = 0.07$

( )

13 □ 안에 알맞은 수를 써넣으세요.

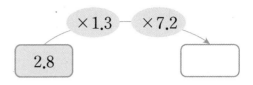

14 계산 결과가 다른 하나를 찾아 기호를 써 보세요.

㉠ $0.48 \times 2.9 \times 355$
㉡ $48 \times 2.9 \times 0.355$
㉢ $0.48 \times 29 \times 3.55$

( )

15 은아의 키는 130.4 cm입니다. 은아의 표준 몸무게는 몇 kg일까요?

표준 몸무게(kg)
= (키(cm) − 100) × 0.9

( )

16 사각형 ㄱㄴㄷㄹ은 직사각형입니다. 색칠한 부분의 넓이는 몇 cm²일까요?

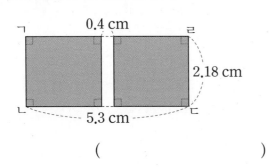

0.4 cm

2.18 cm

5.3 cm

(   )

17 4장의 카드 중에서 3장을 골라 소수 한 자리 수를 만들려고 합니다. 만들 수 있는 가장 큰 수와 가장 작은 수의 곱을 구해 보세요.

2 . 5 7

(   )

18 어떤 수에 5를 곱해야 할 것을 잘못하여 나누었더니 6.45가 되었습니다. 바르게 계산한 값을 구해 보세요.

(   )

19 굵기가 일정한 통나무 1 m의 무게는 4.43 kg 입니다. 이 통나무 3.6 m의 무게는 몇 kg인지 풀이 과정을 쓰고 답을 구해 보세요.

풀이

답

20 아버지의 몸무게는 74.5 kg입니다. 승호의 몸무게는 아버지 몸무게의 0.6배이고, 동생의 몸무게는 승호 몸무게의 0.72배입니다. 동생의 몸무게는 몇 kg인지 풀이 과정을 쓰고 답을 구해 보세요.

풀이

답

점수 | 확인 |

1 계산해 보세요.

(1) 5×0.43

(2) 8×2.14

5 다음을 구해 보세요.

2.7의 5배인 수

(   )

2 ☐ 안에 알맞은 수를 써넣으세요.

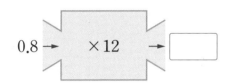

$0.8 \rightarrow \boxed{\times 12} \rightarrow \boxed{}$

6 계산 결과를 비교하여 ○ 안에 $>$, $=$, $<$를 알맞게 써넣으세요.

4.78×3.5 ○ 2.8×6.43

3 빈칸에 알맞은 수를 써넣으세요.

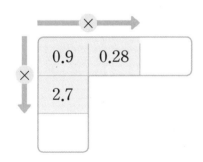

7 빈 곳에 알맞은 수를 써넣으세요.

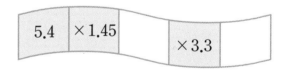

$5.4 \boxed{\times 1.45} \boxed{\times 3.3}$

4 관계있는 것끼리 선으로 이어 보세요.

(1) 2.008×10 ・   ・ ㉠ 20.08

(2) 2.008×100 ・   ・ ㉡ 2008

(3) 2.008×1000 ・   ・ ㉢ 200.8

8 ☐ 안에 알맞은 수를 써넣으세요.

(1) $0.42 \times 100 = \boxed{}$

(2) $3.17 \times \boxed{} = 0.317$

(3) $\boxed{} \times 1000 = 184$

(4) $\boxed{} \times 0.001 = 85$

9 마름모의 둘레는 몇 cm일까요?

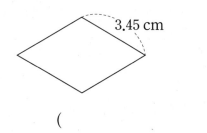

3.45 cm

(   )

10 민수는 어린이 철인 3종 경기에 출전하려고 합니다. 수영, 사이클, 마라톤의 거리가 각각 1.25 km씩일 때 민수가 출전한 철인 3종 경기의 거리는 모두 몇 km일까요?

(   )

11 평행사변형의 넓이는 몇 cm²일까요?

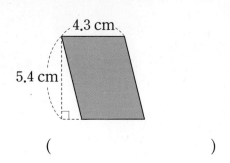

4.3 cm

5.4 cm

(   )

12 세 수의 곱을 구해 보세요.

| 0.8 | 1.55 | 13 |

(   )

13 ☐ 안에 알맞은 수가 더 큰 것의 기호를 써 보세요.

㉠ 43×☐=4.3   ㉡ ☐×0.1=0.43

(   )

14 곱의 소수점 아래 자리 수가 가장 적은 것은 어느 것일까요? (   )

① 60.2 × 4.7   ② 6.02 × 4.7
③ 60.2 × 0.047   ④ 60.2 × 0.47
⑤ 6.02 × 0.47

15 자전거를 타고 한 시간에 5.8 km를 달릴 수 있습니다. 이와 같은 빠르기로 75분 동안 달린 거리는 몇 km일까요?

(   )

16 □ 안에 들어갈 수 있는 자연수는 모두 몇 개일까요?

$$3.8 \times 6.4 < \square < 4.2 \times 7.8$$

( )

17 수 카드 4, 5, 7, 8 을 한 번씩 모두 사용하여 다음 곱셈식의 곱이 가장 크게 되도록 만들려고 합니다. 곱이 가장 큰 곱셈식의 곱은 얼마일까요?

□.□
× □.□
‾‾‾‾

( )

18 1분에 0.92 km를 가는 기차가 있습니다. 이 기차가 어느 터널을 완전히 통과하는 데 2분 30초가 걸렸습니다. 기차의 길이가 350 m일 때 터널의 길이는 몇 km일까요?

( )

19 귤 한 개는 23 g이고 사과 한 개의 무게는 귤 한 개의 무게의 2.3배입니다. 귤 한 개와 사과 한 개의 무게의 합은 몇 g인지 풀이 과정을 쓰고 답을 구해 보세요.

풀이

답

20 어느 공장에서 기계 1대를 1시간 동안 움직이는 데 연료 0.6 L가 필요합니다. 이 기계 5대를 3시간 24분 동안 움직이는 데 필요한 연료는 모두 몇 L인지 풀이 과정을 쓰고 답을 구해 보세요.

풀이

답

서술형 문제

1 정육면체에서 면의 수, 모서리의 수, 꼭짓점의 수의 합은 얼마인지 풀이 과정을 쓰고 답을 구해 보세요.

▶ 정육면체의 면, 모서리, 꼭짓점의 수를 알아봅니다.

풀이

답

2 직육면체의 모든 모서리의 길이의 합은 몇 cm인지 풀이 과정을 쓰고 답을 구해 보세요.

▶ 직육면체에는 길이가 같은 모서리가 4개씩 3쌍 있습니다.

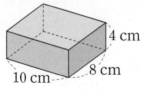

4 cm
10 cm   8 cm

풀이

답

3 직육면체에서 색칠한 면과 평행한 면의 모서리 길이의 합은 몇 cm 인지 풀이 과정을 쓰고 답을 구해 보세요.

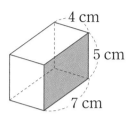

▶ 색칠한 면과 평행한 면은 색칠한 면과 모양과 크기가 같습니다.

풀이

답

---

4 직육면체의 전개도가 <u>아닌</u> 이유를 설명해 보세요.

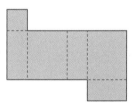

▶ 직육면체의 전개도에서 마주 보는 면은 서로 모양과 크기가 같습니다.

이유

5 직육면체의 겨냥도에서 보이는 모서리 길이의 합은 몇 cm인지 풀이 과정을 쓰고 답을 구해 보세요.

4 cm

9 cm 7 cm

▶ 직육면체의 겨냥도에서 보이는 모서리는 실선으로, 보이지 않는 모서리는 점선으로 나타냅니다.

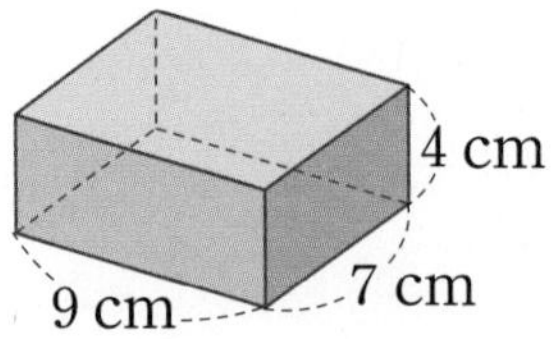

풀이

답

6 정육면체의 전개도를 접었을 때 면 ㄹ과 수직인 면을 모두 찾아 쓰려고 합니다. 풀이 과정을 쓰고 답을 구해 보세요.

ㄱ ㄴ
ㄷ ㄹ ㅁ
ㅂ

▶ 전개도를 접었을 때 한 면과 수직인 면은 그 면과 평행한 면을 제외한 나머지 면입니다.

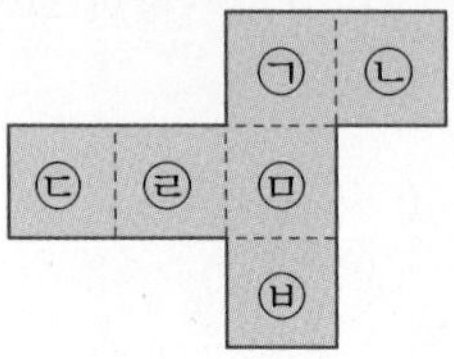

풀이

답

7 다음과 같이 직육면체 모양의 선물 상자를 끈으로 묶었습니다. 매듭을 묶는 데 30 cm를 사용했다면 사용한 끈의 길이는 모두 몇 cm인지 풀이 과정을 쓰고 답을 구해 보세요.

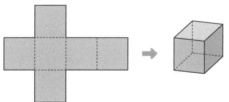

> ▶ 상자를 묶는 데 사용한 끈 중 길이가 같은 부분을 찾아봅니다.

풀이 ....

....

....

....

....

답 ....

8 둘레가 70 cm인 정육면체의 전개도를 접어서 정육면체를 만들었습니다. 만든 정육면체의 한 모서리는 몇 cm인지 풀이 과정을 쓰고 답을 구해 보세요.

> ▶ 정육면체의 전개도의 둘레는 정육면체의 한 모서리의 길이의 14배입니다.

5

풀이 ....

....

....

....

답 ....

점수 | 확인

1 직육면체를 모두 고르세요. (   )

①   ②   ③

④   ⑤

[2~3] 직육면체를 보고 물음에 답하세요.

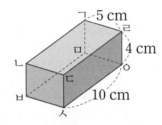

2 모서리 ㅂㅅ은 몇 cm일까요?
(   )

3 면 ㄴㅂㅁㄱ과 수직인 면은 모두 몇 개일까요?
(   )

4 오른쪽 직육면체를 보고 다음을 구해 보세요.

(면의 수)＋(모서리의 수)－(꼭짓점의 수)

(   )

[5~6] 직육면체를 보고 물음에 답하세요.

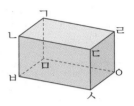

5 면 ㄴㅂㅅㄷ과 평행한 면을 찾아 써 보세요.
(   )

6 면 ㄴㅂㅁㄱ과 수직인 면이 <u>아닌</u> 것은 어느 것일까요? (   )

① 면 ㄱㄴㄷㄹ   ② 면 ㄴㅂㅅㄷ
③ 면 ㄷㅅㅇㄹ   ④ 면 ㄱㅁㅇㄹ
⑤ 면 ㅂㅅㅇㅁ

7 한 모서리가 8 cm인 정육면체가 있습니다. 이 정육면체의 모든 모서리 길이의 합은 몇 cm일까요?
(   )

8 직육면체의 겨냥도를 바르게 그린 것에 ○표 하세요.

 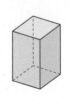 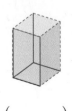

(   ) (   ) (   )

[9~10] 직육면체의 겨냥도를 보고 물음에 답하세요.

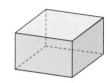

9 보이는 면은 몇 개일까요?

(   )

10 보이지 않는 모서리는 몇 개일까요?

(   )

11 주사위를 보고 보이지 않는 면에 있는 눈의 수의 합을 구해 보세요. (단, 주사위에서 서로 평행한 두 면의 눈의 수의 합은 7입니다.)

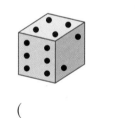

(   )

12 직육면체의 전개도가 <u>아닌</u> 것은 어느 것일까요? (   )

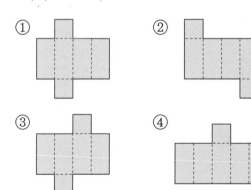

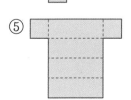

13 정육면체의 전개도를 접었을 때 선분 ㄱㄴ과 겹치는 선분을 찾아 써 보세요.

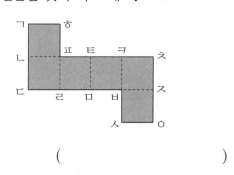

(   )

14 직육면체의 전개도를 접었을 때 면 다와 수직인 면을 모두 찾아 써 보세요.

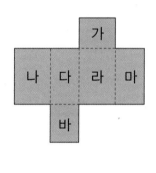

(   )

15 혁준이가 친구의 생일 선물을 담을 상자를 만들려고 합니다. 한 모서리가 30 cm인 정육면체의 전개도를 그려 보세요.

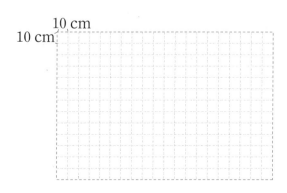

16 직육면체와 정육면체의 모든 모서리 길이의 합이 같습니다. 정육면체의 한 모서리는 몇 cm일까요?

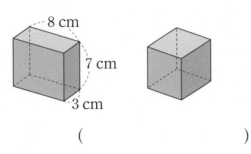

( )

17 직육면체 모양의 상자를 그림과 같이 끈으로 묶었습니다. 매듭의 길이가 15 cm일 때 사용한 끈의 길이는 몇 cm일까요?

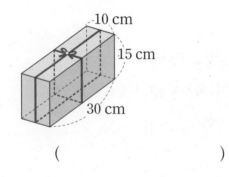

( )

18 직육면체의 면에 선을 그었습니다. 이 직육면체의 전개도가 오른쪽과 같을 때 전개도에 나타나는 선을 바르게 그려 넣어 보세요.

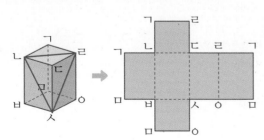

19 직육면체의 겨냥도에서 잘못 그린 모서리를 찾아 쓰고, 그 이유를 설명해 보세요.

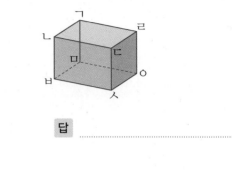

답 _____

이유 _____

_____

_____

20 다음 직육면체를 잘라 정육면체를 만들려고 합니다. 만들 수 있는 가장 큰 정육면체의 모든 모서리 길이의 합은 몇 cm인지 풀이 과정을 쓰고 답을 구해 보세요.

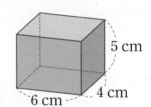

풀이 _____

_____

_____

_____

답 _____

다시 점검하는 기출 단원 평가 Level ❷

점수 | 확인

1 직육면체에서 길이가 8 cm인 모서리는 모두 몇 개일까요?

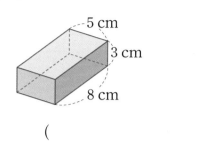

( )

2 그림에서 빠진 부분을 그려 넣어 직육면체의 겨냥도를 완성해 보세요.

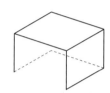

3 직육면체에서 색칠한 면과 평행한 면을 찾아 써 보세요.

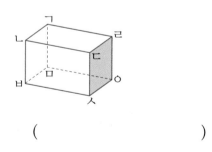

( )

4 정육면체의 모든 모서리 길이의 합은 몇 cm 일까요?

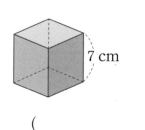

( )

5 오른쪽 직육면체의 겨냥도에서 보이지 않는 모서리 길이의 합은 몇 cm 일까요?

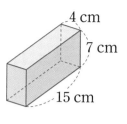

( )

6 정육면체의 전개도가 아닌 것을 찾아 기호를 써 보세요.

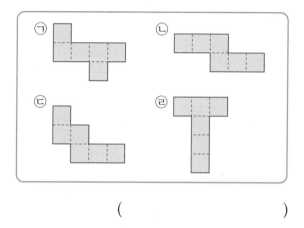

( )

7 직육면체의 전개도를 접었을 때 선분 ㄹㅁ과 겹치는 선분을 찾아 써 보세요.

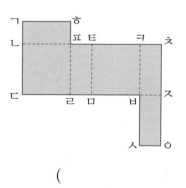

( )

8 오른쪽 정육면체의 전개도를 접었을 때 면 ㉣과 수직인 면을 모두 찾아 써 보세요.

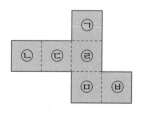

( )

9 직육면체에서 색칠한 면과 평행한 면의 모서리의 길이의 합은 몇 cm일까요?

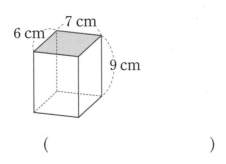

( )

10 직육면체의 모든 모서리 길이의 합은 52 cm입니다. ☐ 안에 알맞은 수를 구해 보세요.

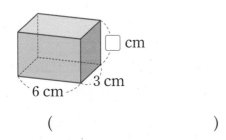

( )

11 나무 판자를 사용하여 뚜껑이 없는 직육면체 모양의 상자를 만들려고 합니다. 이 상자를 만들기 위해 나무 판자를 준비했습니다. 더 필요한 나무 판자의 모양을 그리고 개수를 써 보세요. (단, 나무 판자의 두께는 생각하지 않습니다.)

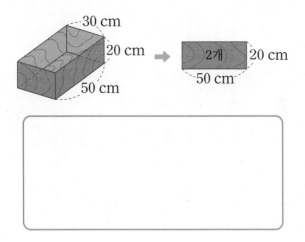

[12~14] 전개도를 접어서 직육면체를 만들었습니다. 물음에 답하세요.

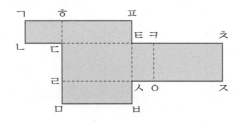

12 점 ㄱ과 만나는 점을 모두 찾아 써 보세요.

( )

13 면 ㅎㄷㅌㅍ과 평행한 면을 찾아 써 보세요.

( )

14 면 ㅌㅅㅇㅋ과 수직인 면을 모두 찾아 써 보세요.

( )

15 민주는 친구들과 게임을 하는 데 필요한 주사위를 만들려고 오른쪽과 같은 정육면체의 전개도를 그렸습니다. 민주가 만든 주사위를 찾아 기호를 써 보세요.

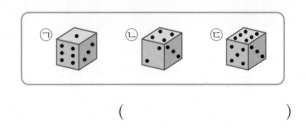

( )

16 직육면체를 앞과 옆에서 본 모양입니다. 이 직육면체의 모든 모서리 길이의 합은 몇 cm 일까요?

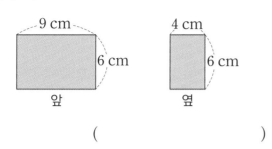

( )

17 직육면체의 면에 선을 그었습니다. 이 직육면체의 전개도가 오른쪽과 같을 때 전개도에 꼭짓점의 기호를 표시하고 나타나는 선을 바르게 그려 넣어 보세요.

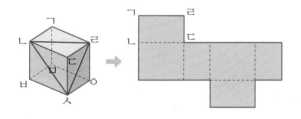

18 각 면에 서로 다른 숫자가 쓰여진 정육면체를 세 방향에서 본 것입니다. 2가 쓰여진 면과 평행한 면에는 어떤 숫자가 쓰여져 있을까요? (단, 숫자의 방향은 생각하지 않습니다.)

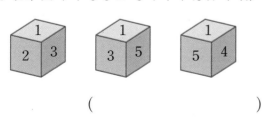

( )

19 직육면체에서 모양과 크기가 같은 면에는 같은 색을, 모양과 크기가 다른 면에는 다른 색을 칠하려고 합니다. 몇 가지 색이 필요한지 풀이 과정을 쓰고 답을 구해 보세요.

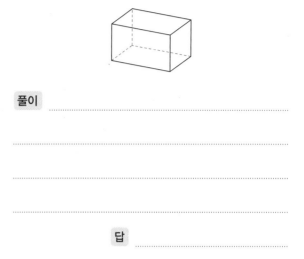

풀이

답

20 주사위는 서로 평행한 면의 눈의 수의 합이 7입니다. 전개도에서 면 가와 면 나의 눈의 수의 합은 얼마인지 풀이 과정을 쓰고 답을 구해 보세요.

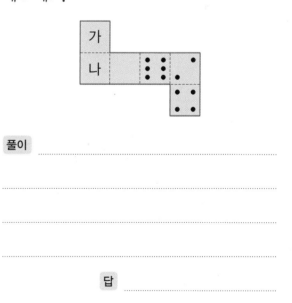

풀이

답

5

서술형 문제

1 지수가 월요일부터 금요일까지 공부한 시간을 나타낸 표입니다. 공부한 시간의 평균은 몇 분인지 풀이 과정을 쓰고 답을 구해 보세요.

▶ 평균은 각 자료의 값을 모두 더해 자료의 수로 나눈 값입니다.

공부한 시간

요일	월	화	수	목	금
공부한 시간(분)	40	45	35	30	25

풀이 ....

....

....

....

....

답 ....

2 지호네 학교 5학년 학생들의 학급별 안경을 쓴 학생 수를 나타낸 표입니다. 학급별 안경을 쓴 학생 수의 평균이 8명일 때 4반에 안경을 쓴 학생은 몇 명인지 풀이 과정을 쓰고 답을 구해 보세요.

▶ (평균)
 ＝(자료값의 합)÷(자료의 수)
➡ (자료값의 합)
 ＝(평균)×(자료의 수)

학급별 안경을 쓴 학생 수

학급(반)	1	2	3	4	5
학생 수(명)	10	9	8		6

풀이 ....

....

....

....

답 ....

3 민아와 주승이의 공 던지기 기록을 나타낸 표입니다. 누가 공 던지기를 더 잘하는지 풀이 과정을 쓰고 답을 구해 보세요.

▶ 공 던지기 기록의 평균이 더 높은 사람이 더 잘했다고 할 수 있습니다.

민아의 공 던지기 기록

회	1회	2회	3회	4회
기록(m)	17	20	19	16

주승이의 공 던지기 기록

회	1회	2회	3회	4회
기록(m)	15	21	18	22

풀이

답

4 **3**의 두 사람의 공 던지기 기록에 대해 <u>잘못</u> 말한 친구를 찾아 쓰고, 그 이유를 써 보세요.

▶ 최고 기록과 최저 기록은 한 사람만의 기록입니다.

6

보검: 공 던지기 기록의 평균을 구하면 누가 더 잘했는지 알 수 있어.

재석: 공 던지기 최저 기록을 비교해 보면 민아는 16 m, 주승이는 15 m이므로 주승이가 더 못했어.

세호: 민아의 공 던지기 기록의 총합은 72 m이고, 주승이의 공 던지기 기록의 총합은 76 m야.

답

이유

5

주머니 속에 1부터 10까지 수가 쓰여진 구슬 10개가 들어 있습니다. 주머니에서 구슬 1개를 꺼낼 때 꺼낸 구슬에 쓰여진 수가 홀수일 가능성을 수로 표현하면 얼마인지 풀이 과정을 쓰고 답을 구해 보세요.

▶ 꺼낸 구슬에 쓰여진 수가 홀수일 가능성을 알아봅니다.

풀이

답

6

일이 일어날 가능성이 더 큰 것을 찾아 기호를 쓰려고 합니다. 풀이 과정을 쓰고 답을 구해 보세요.

▶ 가능성의 정도는 불가능하다, ~아닐 것 같다, 반반이다, ~일 것 같다, 확실하다 등으로 표현할 수 있습니다.

㉠ 동전을 던졌을 때 숫자 면이 나올 것입니다.
㉡ 1부터 4까지의 수가 각각 적힌 수 카드 4장 중에서 5보다 큰 수를 고를 것입니다.

풀이

답

7

은희의 과목별 시험 점수를 나타낸 표입니다. 은희가 다음 시험에서 평균 3점을 올리려면 시험 점수의 합이 몇 점이 되어야 하는지 풀이 과정을 쓰고 답을 구해 보세요.

▶ 먼저 평균 3점을 올리려면 시험 점수의 합이 몇 점 높아져야 하는지 구합니다.

과목별 시험 점수

과목	국어	수학	사회	과학	영어
점수(점)	80	75	85	70	90

풀이

답

8

시언이네 모둠 남학생과 여학생의 100 m 달리기 기록의 평균을 나타낸 표입니다. 시언이네 모둠 전체 학생의 100 m 달리기 기록은 평균 몇 초인지 풀이 과정을 쓰고 답을 구해 보세요.

▶ 모둠 전체 학생의 달리기 기록의 합은 남학생의 기록의 합과 여학생의 기록의 합입니다.

남학생 6명	17.2초
여학생 4명	19.2초

풀이

답

점수 | 확인

1 검은색 구슬만 들어 있는 주머니에서 구슬 1개를 꺼냈습니다. 꺼낸 구슬이 검은색일 가능성을 말로 표현해 보세요.

( )

[2~3] 규현이의 윗몸일으키기 기록을 나타낸 표입니다. 물음에 답하세요.

윗몸일으키기 기록

회	1회	2회	3회	4회	5회
기록(번)	32	11	50	45	22

2 규현이는 윗몸일으키기를 모두 몇 번 했을까요?

( )

3 규현이의 윗몸일으키기 기록은 평균 몇 번일까요?

( )

4 수들의 평균을 구해 보세요.

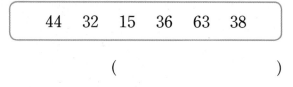

44	32	15	36	63	38

( )

[5~6] 소희네 모둠과 준영이네 모둠의 단체 줄넘기 기록입니다. 물음에 답하세요.

소희네 모둠 (단위: 번)

27	18	38	21

준영이네 모둠 (단위: 번)

30	28	36	14

5 두 모둠의 단체 줄넘기 평균 기록은 각각 몇 번일까요?

소희네 모둠 ( )

준영이네 모둠 ( )

6 어느 모둠의 단체 줄넘기 평균 기록이 몇 번 더 많을까요?

( ), ( )

7 오른쪽 회전판을 돌릴 때 화살이 파란색에 멈출 가능성을 수직선에 ↓로 나타내어 보세요.

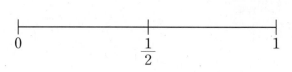

$$0 \qquad \frac{1}{2} \qquad 1$$

[8~9] 나현이네 모둠 학생들의 몸무게를 나타낸 표입니다. 물음에 답하세요.

학생들의 몸무게

이름	나현	은규	정진	민우	미라
몸무게(kg)	39	42	48	46	45

8 나현이네 모둠 학생들의 평균 몸무게는 몇 kg일까요?

( )

9 평균 몸무게보다 몸무게가 가벼운 학생을 모두 찾아 이름을 써 보세요.

( )

10 회전판을 50번 돌려 화살이 멈춘 횟수를 나타낸 표입니다. 일이 일어날 가능성이 가장 비슷한 회전판의 기호를 써 보세요.

색깔	빨강	파랑	노랑
횟수(회)	12	11	27

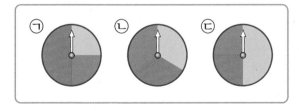

( )

11 주사위를 굴렸을 때 나온 주사위의 눈의 수가 2의 배수일 가능성을 수로 표현해 보세요.

( )

12 은정이네 모둠의 평균 수학 점수가 88점일 때 은정이의 수학 점수는 몇 점일까요?

은정이네 모둠의 수학 점수

이름	은정	영규	수민	민아
점수(점)		73	98	90

( )

13 사건이 일어날 가능성이 더 큰 것의 기호를 써 보세요.

> ㉠ 흰색 공 4개가 들어 있는 주머니에서 흰색 공을 꺼낼 가능성
> ㉡ 흰색 공 2개와 검은색 공 2개가 들어 있는 주머니에서 흰색 공을 꺼낼 가능성

( )

[14~15] 3월부터 6월까지 두 과수원의 월별 감 수확량을 나타낸 표입니다. 물음에 답하세요.

가 과수원

월	감 수확량(kg)
3월	220
4월	188
5월	204
6월	256

나 과수원

월	감 수확량(kg)
3월	210
4월	
5월	245
6월	193

14 두 과수원의 평균 수확량이 같을 때 나 과수원의 4월 수확량은 몇 kg일까요?

( )

15 가 과수원의 2월부터 6월까지의 평균 수확량은 210 kg입니다. 가 과수원의 2월 수확량은 몇 kg일까요?

( )

16 성희네 모둠의 국어 점수를 나타낸 표입니다. 채림이가 8점을 더 받았다면 평균은 지금보다 몇 점 높아질까요?

국어 점수

이름	성희	향란	채림	희숙
점수(점)	86	87	73	90

( )

17 모둠별 평균 줄넘기 횟수를 조사하여 나타낸 표입니다. 세 모둠 학생들의 줄넘기 횟수의 평균을 구해 보세요.

모둠별 평균 줄넘기 횟수

모둠	1	2	3
학생 수(명)	5	6	7
평균 횟수(번)	81	87	99

( )

18 영미네 반 남학생과 여학생의 키의 평균을 나타낸 표입니다. 영미네 반 전체 학생들의 평균 키는 몇 cm일까요?

남학생 16명	155.5 cm
여학생 14명	148 cm

( )

19 주머니 속에 흰색 공이 2개, 검은색 공이 2개 있습니다. 그중에서 1개를 꺼낼 때 꺼낸 공이 흰색일 가능성을 수로 표현하고, 그 이유를 설명해 보세요.

답 _____

이유 _____

20 은성이의 제기차기 횟수를 나타낸 표입니다. 평균 제기차기 횟수가 16번일 때, 3회의 제기차기 횟수는 몇 번인지 풀이 과정을 쓰고 답을 구해 보세요.

제기차기 횟수

회	1회	2회	3회	4회
횟수(번)	5	22		18

풀이 _____

답 _____

점수| 확인|

1 1부터 4까지 쓰여진 4장의 카드가 있습니다. 카드를 1장 뽑을 때, 4 이하인 수가 나올 가능성을 말로 표현해 보세요.

(   )

2 민선이의 5일 동안 독서량을 나타낸 표입니다. 하루 평균 몇 쪽을 읽었을까요?

5일 동안 독서량

요일	월	화	수	목	금
독서량(쪽)	55	43	30	34	23

(   )

3 주머니 속에 흰색 바둑돌이 5개 있습니다. 그 중에서 바둑돌을 1개 꺼낼 때, 꺼낸 바둑돌이 검은색일 가능성을 수로 표현해 보세요.

(   )

4 오른쪽 그림과 같은 과녁에 화살을 쏘아 맞혔을 때, 파란색을 맞힐 가능성을 수로 표현해 보세요.

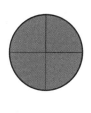

(   )

5 수들의 평균을 구해 보세요.

| 39 | 48 | 46 | 30 | 32 |

(   )

6 두 가게의 4개월 동안의 인형 판매량을 나타낸 표입니다. 가와 나 가게 중 어느 가게의 월별 평균 인형 판매량이 더 많은지 구해 보세요.

월별 인형 판매량   (단위: 개)

월	3	4	5	6
가 가게	198	204	193	209
나 가게	206	200	196	190

(   )

[7~8] 가 모둠과 나 모둠 학생들이 가지고 있는 붙임딱지 수를 나타낸 표입니다. 물음에 답하세요.

가 모둠의 붙임딱지 수

이름	종석	선우	소율
붙임딱지 수(개)	9	7	8

나 모둠의 붙임딱지 수

이름	미주	준헌	동석	창희
붙임딱지 수(개)	16	18	14	12

7 가 모둠 학생들의 평균 붙임딱지는 몇 개일까요?

(   )

8 가와 나 모둠 학생들의 평균 붙임딱지는 몇 개일까요?

(   )

9 어느 자전거 공장에서 하루에 평균 480대의 자전거를 만든다고 합니다. 일주일 동안에는 모두 몇 대의 자전거를 만들 수 있을까요?

(   )

10 정우와 소라의 1분간 타자 속도를 나타낸 표입니다. 누구의 평균 타자 속도가 더 빠를까요?

정우의 타자 속도

회	타자 속도(타)
1	186
2	188
3	182
4	204

소라의 타자 속도

회	타자 속도(타)
1	184
2	204
3	190
4	186

(   )

11 빈우의 멀리뛰기 기록을 나타낸 표입니다. 4회 까지 멀리뛰기 평균 기록이 115 cm라면 4회 기록은 몇 cm일까요?

멀리뛰기 기록

회	1	2	3	4
기록(cm)	118	112	116	

(   )

12 버스는 5시간 동안 435 km를 달렸고 트럭 은 4시간 동안 340 km를 달렸습니다. 버스 와 트럭 중에서 어느 것이 더 빨리 달린 셈인 지 구해 보세요.

(   )

13 가능성이 큰 것부터 차례로 기호를 써 보세요.

┌─────────────────────────────────────┐
│ ㉠ 동전을 던져 숫자 면이 나올 가능성 │
│ ㉡ 주사위를 던져 8이 나올 가능성 │
│ ㉢ 검은색 공 4개가 들어 있는 주머니에서 │
│   공 1개를 꺼낼 때, 검은색 공을 꺼낼 가 │
│   능성 │
└─────────────────────────────────────┘

(   )

14 시후네 모둠 학생들이 읽은 책의 수를 나타낸 표입니다. 읽은 책의 수가 평균보다 많은 학 생은 모두 몇 명일까요?

읽은 책의 수

이름	시후	동원	미라	소원
책의 수(권)	13	17	18	20

(   )

15 흰색 공 몇 개와 파란색 공 6개가 들어 있는 주 머니에서 흰색 공을 꺼낼 가능성을 수로 표현 하면 $\frac{1}{2}$입니다. 흰색 공은 몇 개일까요?

(   )

16 조건에 알맞은 회전판이 되도록 색칠해 보세요.

> **조건**
> • 화살이 노란색에 멈출 가능성이 가장 높습니다.
> • 화살이 파란색에 멈출 가능성은 빨간색에 멈출 가능성의 2배입니다.

17 민재의 9월말 평가의 과목별 점수입니다. 10월말 평가에서 한 과목 점수만 올려서 평균 3점을 올리려고 한다면 어떤 과목의 점수를 몇 점 올려야 할까요? (단, 만점은 100점입니다.)

9월말 평가 점수

과목	국어	수학	사회	과학
점수(점)	89	87	94	90

(   ), (   )

18 가람이네 모둠 학생들의 몸무게를 조사하여 나타낸 표입니다. 평균 몸무게는 42 kg이고, 해교의 몸무게가 수찬이의 몸무게보다 3 kg 더 무겁다면 수찬이의 몸무게는 몇 kg일까요?

이름	가람	해교	소윤	수찬	경규
몸무게(kg)	43		44		46

(   )

19 일이 일어날 가능성이 더 작은 것의 기호를 쓰려고 합니다. 풀이 과정을 쓰고 답을 구해 보세요.

> ㉠ 은행에서 뽑은 번호표의 번호는 홀수일 것입니다.
> ㉡ 오늘이 12월 5일이면 일주일 후는 12월 12일일 것입니다.

풀이

답

20 두 모둠 학생들의 평균 키를 나타낸 표입니다. 두 모둠의 전체 학생들의 평균 키는 몇 cm인지 풀이 과정을 쓰고 답을 구해 보세요.

해 모둠 13명	142.4 cm
달 모둠 12명	137.4 cm

풀이

답

국어, 사회, 과학을
한 권으로 끝내는 교재가 있다?

이 한 권에 다 있다! 국·사·과 교과개념 통합본

디딤돌
통합본

국어·사회·과학

3~6학년(학기용)

"그건 바로 디딤돌만이 가능한 3 in 1"

한걸음 한걸음 디딤돌을 걷다 보면
수학이 완성됩니다.

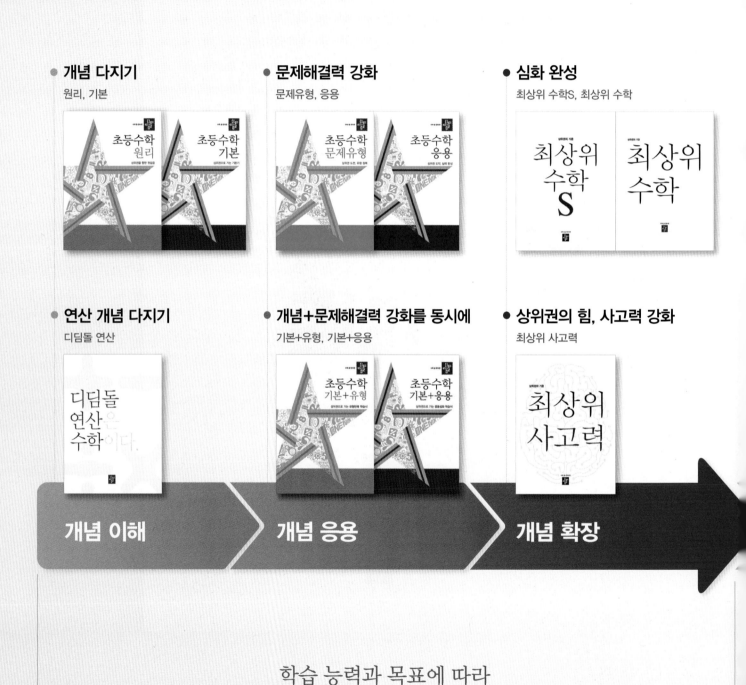

- **개념 다지기**
  원리, 기본

- **문제해결력 강화**
  문제유형, 응용

- **심화 완성**
  최상위 수학S, 최상위 수학

- **연산 개념 다지기**
  디딤돌 연산

- **개념+문제해결력 강화를 동시에**
  기본+유형, 기본+응용

- **상위권의 힘, 사고력 강화**
  최상위 사고력

개념 이해 > **개념 응용** > **개념 확장**

학습 능력과 목표에 따라
맞춤형이 가능한 디딤돌 초등 수학

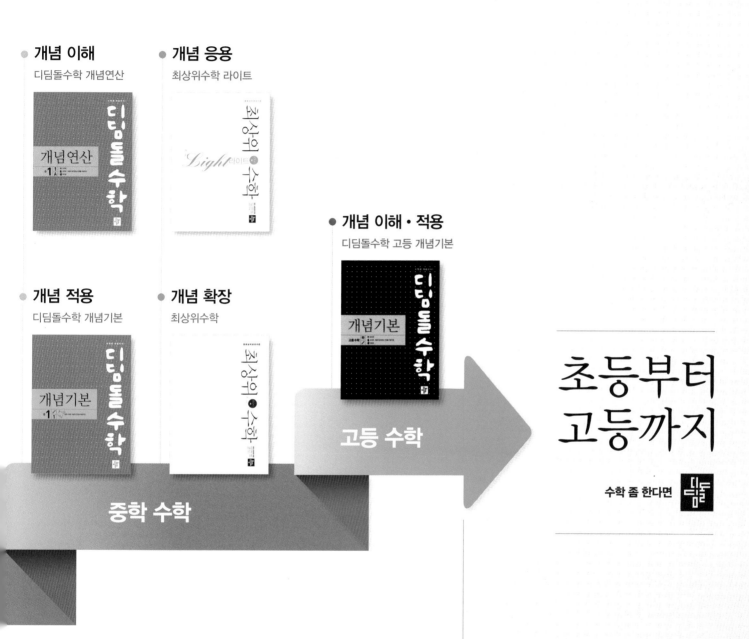

● **개념 이해**
디딤돌수학 개념연산

● **개념 응용**
최상위수학 라이트

● **개념 이해 · 적용**
디딤돌수학 고등 개념기본

● **개념 적용**
디딤돌수학 개념기본

● **개념 확장**
최상위수학

중학 수학

고등 수학

초등부터
고등까지

수학 좀 한다면

개념을 이해하고, 깨우치고, 꺼내 쓰는
올바른 중고등 개념 학습서

상위권의 기준

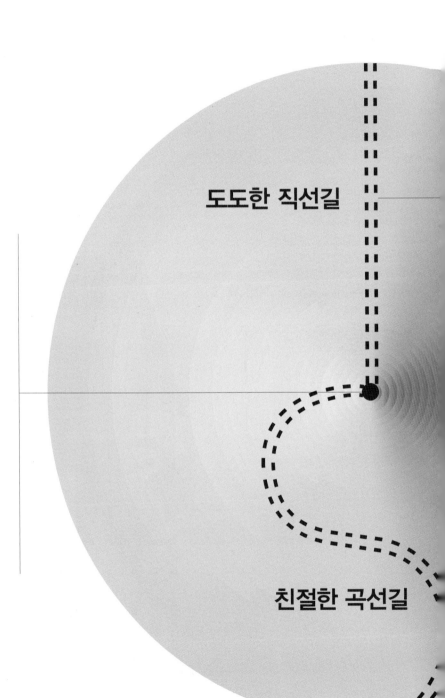

상위권의 기준

최상위
사고력

수학 좀 한다면

디딤돌

도도한 직선길

친절한 곡선길

응용 | 정답과 풀이

5-2

수학 좀 한다면

디딤돌

1 수의 범위와 어림하기

수의 범위는 수를 몇 개의 범위로 구분하여 나눌 때 사용하고, 어림하기는 정확한 값이 아니지만 대략적이면서도 합리적인 값을 산출할 때 이용합니다. 특히 올림, 버림, 반올림은 일상생활에서 정확한 값을 구하기보다는 대략적인 값만으로도 충분한 상황에 유용합니다. 이에 이 단원은 학생들에게 친숙한 일상생활의 여러 상황을 통해서 수의 범위를 나누어 보고 여러 가지 어림을 해 보는 활동으로 구성하였습니다. 수의 범위에서는 경곗값이 포함되는지를 구분하여 지도하는 것이 중요합니다. 또 어림하기는 중학교 과정의 근삿값과 관련되므로 정확한 개념의 이해에 초점을 두어 지도하고, 기계적으로 올림, 버림, 반올림을 하기보다 그 의미를 알고 실생활에 활용하는 데 초점을 두어야 합니다.

1 이상과 이하
8쪽

1 37, 38, 39, 40에 △표, 43, 44, 45에 ○표

2 (1) 민재, 연우, 지혁, 준수, 근영 (2) 4명

3 (1) 35 이상인 수 (2) 27 이하인 수

2 (1) 키가 142 cm와 같거나 큰 학생을 찾으면 민재, 연우, 지혁, 준수, 근영입니다.
(2) 키가 142 cm와 같거나 작은 학생을 찾으면 민재, 희연, 경민, 수진으로 모두 4명입니다.

3 (1) 35에 ●으로 표시되어 있고 오른쪽으로 선이 그어져 있으므로 나타낸 수의 범위는 35 이상인 수입니다.
(2) 27에 ●으로 표시되어 있고 왼쪽으로 선이 그어져 있으므로 나타낸 수의 범위는 27 이하인 수입니다.

2 초과와 미만
9쪽

4 45, 46, 47에 △표, 51, 52, 53에 ○표

5 (1) 영훈, 현진, 현수, 동주 (2) 3명

6 (1)

(2)

5 (1) 몸무게가 30 kg보다 무거운 학생은 영훈, 현진, 현수, 동주입니다.
(2) 몸무게가 30 kg보다 가벼운 학생은 진호, 광현, 성훈으로 모두 3명입니다.

6 (1) 29 초과인 수는 29에 ○으로 표시하고 오른쪽으로 선을 그어 나타냅니다.
(2) 42 미만인 수는 42에 ○으로 표시하고 왼쪽으로 선을 그어 나타냅니다.

3 수의 범위
10쪽

7 (1) 15, 16, 17, 18 (2) 14, 15, 16, 17

8 (1) 페더급
(2)

7 (1) 15 이상 19 미만인 수는 15와 같거나 크고 19보다 작은 수입니다.
(2) 13 초과 17 이하인 수는 13보다 크고 17과 같거나 작은 수입니다.

8 (1) 38 kg은 36 kg 초과 39 kg 이하에 속하므로 페더급입니다.
(2) 페더급은 36 kg 초과 39 kg 이하이므로 36 초과인 수는 ○을 사용하여 나타내고 39 이하인 수는 ●을 사용하여 나타냅니다.

4 올림
11쪽

9 (위에서부터) 3620, 3700, 4000 / 58040, 58100, 59000

10 (1) 9600에 ○표 (2) 2900에 ○표

11 (1) 256장 (2) 260장 (3) 300장

9 361$\underline{2}$ ➡ 3620, 36$\underline{12}$ ➡ 3700, 3$\underline{612}$ ➡ 4000
5803$\underline{7}$ ➡ 58040, 580$\underline{37}$ ➡ 58100,
58$\underline{037}$ ➡ 59000

10 (1) 9532의 백의 자리 아래 수 32를 100으로 보고 올림하면 9600이 됩니다.

(2) 2805의 백의 자리 아래 수 5를 100으로 보고 올림하면 2900이 됩니다.

11 (1) 도화지를 낱장으로 살 수 있으므로 최소 256장을 사야 합니다.

(2) 도화지를 10장씩 묶음으로 살 수 있고 256을 올림하여 십의 자리까지 나타내면 260이므로 최소 260장을 사야 합니다.

(3) 도화지를 100장씩 묶음으로 살 수 있고 256을 올림하여 백의 자리까지 나타내면 300이므로 최소 300장을 사야 합니다.

---

5 버림   12쪽

12 (위에서부터) 5010, 5000, 5000 / 49890, 49800, 49000

13 (1) 3500에 ○표   (2) 7200에 ○표

14 (1) 47000원   (2) 40000원

---

12 $5016 \Rightarrow 5010$, $5016 \Rightarrow 5000$, $5016 \Rightarrow 5000$
$49897 \Rightarrow 49890$, $49897 \Rightarrow 49800$,
$49897 \Rightarrow 49000$

13 (1) 3592의 백의 자리 아래 수 92를 0으로 보고 버림하면 3500이 됩니다.

(2) 7218의 백의 자리 아래 수 18을 0으로 보고 버림하면 7200이 됩니다.

14 (1) 47520을 버림하여 천의 자리까지 나타내면 47000이므로 최대 47000원까지 바꿀 수 있습니다.

(2) 47520을 버림하여 만의 자리까지 나타내면 40000이므로 최대 40000원까지 바꿀 수 있습니다.

---

6 반올림   13쪽

15 (위에서부터) 2750, 2800, 3000 / 6020, 6000, 6000

16 (1) 7.1   (2) 7.05

17 (1) 330명   (2) 300명

---

15 $2753 \Rightarrow 2750$, $2753 \Rightarrow 2800$, $2753 \Rightarrow 3000$
   버립니다   올립니다   올립니다
$6019 \Rightarrow 6020$, $6019 \Rightarrow 6000$, $6019 \Rightarrow 6000$
   올립니다   버립니다   버립니다

16 (1) 7.054를 반올림하여 소수 첫째 자리까지 나타내면 소수 둘째 자리 숫자가 5이므로 올림하여 7.1입니다.

(2) 7.054를 반올림하여 소수 둘째 자리까지 나타내면 소수 셋째 자리 숫자가 4이므로 버림하여 7.05입니다.

17 (1) 329를 반올림하여 십의 자리까지 나타내면 일의 자리 숫자가 9이므로 올림하여 330입니다.

(2) 329를 반올림하여 백의 자리까지 나타내면 십의 자리 숫자가 2이므로 버림하여 300입니다.

기본에서 응용으로   14~20쪽

1 9.8, 10.7

2 12.31, 12, 14, 14.7, 15   **3** ㉡

4   34 35 36 37 38 39 40 41 42

5 9개   **6** 수진, 재준   **7** 8개

8 3개   **9** 23 초과 28 미만인 수

10 ㉡, ㉢, ㉣

11   40 45 50 55 60 65 70 75 80 85

12 16   **13** ㉠, ㉣   **14** 8

15 44   **16** 33, 34, 35, 36, 37에 ○표

17 ㉠, ㉣   **18** 89   **19** 상호

20 4000원   **21** 24, 25, 26, 27, 28

22 혜선   **23** ④   **24** 75001

25 400, 500   **26** 8   **27** 30

28 ③   **29** 우혁   **30** ㉡

31 ㉢   **32** 2600, 2699

33 10개   **34** 4   **35** 7 cm

36 ②   **37** ㉢   **38** 0, 1, 2, 3, 4

39 95, 96, 97, 98, 99   **40** 8800

41 650, 749   **42** 125, 135   **43** 14번

44 7300개 　　**45** 약 104000명

46 나래

47 (1) 버림, 올림, 반올림

(2) ⑩ 물건값을 모두 더하면 12100원이므로 승준이의
방법인 올림이 가장 적절합니다.

48 ⓒ 　　**49** ⓒ, ⊙, ⓛ

50 방법 1 ⑩ 버림하여 천의 자리까지 나타내었습니다.

방법 2 ⑩ 반올림하여 천의 자리까지 나타내었습니다.

---

3 가장 작은 수는 501, 가장 큰 수는 572이므로 501과
572를 포함하는 수의 범위를 찾으면 ⓛ입니다.

4 36과 41에 각각 ●으로 나타내고 그 사이를 선으로 이
어 줍니다.

서술형
5 ⑩ 24 이상 32 이하인 자연수는 24와 같거나 크고 32
와 같거나 작은 수입니다. 따라서 24, 25, 26, 27,
28, 29, 30, 31, 32이므로 모두 9개입니다.

단계	문제 해결 과정
①	24 이상 32 이하인 자연수를 모두 찾았나요?
②	24 이상 32 이하인 자연수의 개수를 구했나요?

6 18초 이하인 기록은 17.5초(수진), 18.0초(재준)입니다.

7 자연수 부분이 될 수 있는 수는 4, 5, 6, 7이고,
소수 첫째 자리 숫자가 될 수 있는 수는 2, 3입니다.
따라서 만들 수 있는 소수 한 자리 수는 4.2, 4.3, 5.2,
5.3, 6.2, 6.3, 7.2, 7.3으로 모두 8개입니다.

8 52보다 크고 56보다 작은 수는 53.5, 53, 54.3으로
모두 3개입니다.

9 23과 28에 각각 ○으로 표시되어 있고 그 사이가 선으
로 이어져 있으므로 23 초과 28 미만인 수입니다.

10 ⊙ 49 이하인 수
ⓛ 50 이상인 수
ⓒ 51 미만인 수
ⓔ 48 초과인 수
　⇒ 50이 포함되는 수의 범위는 ⓛ, ⓒ, ⓔ입니다.

11 70점 미만이므로 70에 ○으로 나타내고 왼쪽으로 선
을 긋습니다.

---

12 주어진 수는 17과 같거나 큰 수이므로 16 초과인 수입
니다. 따라서 ▲에 알맞은 자연수는 16입니다.

13 높이가 4 m=400 cm보다 낮은 자동차는
⊙ 390 cm, ⓔ 295 cm입니다.

14 7살 은정이와 5살 효준이는 무료이고 8살 지우는 입장
료를 냈으므로 8살 미만이면 입장료가 무료입니다.
따라서 ■에 알맞은 수는 8입니다.

15 수직선에 나타낸 수의 범위는 36 초과 ⊙ 미만인 수이
고, 이 범위에 속하는 자연수는 7개이므로 37, 38,
39, 40, 41, 42, 43입니다.
따라서 ⊙에 알맞은 자연수는 44입니다.

16 33과 같거나 크고 38보다 작은 수에 모두 ○표 합니다.

17 ▲ 이상인 수와 ▲ 이하인 수는 ▲를 포함하고,
▲ 초과인 수와 ▲ 미만인 수는 ▲를 포함하지 않습니다.

서술형
18 ⑩ 수직선에 나타낸 수의 범위는 41 초과 47 이하인
수이므로 이 범위에 속하는 자연수는 42, 43, 44, 45,
46, 47입니다. 따라서 가장 작은 수와 가장 큰 수의 합
은 42+47=89입니다.

단계	문제 해결 과정
①	수의 범위에 속하는 자연수를 모두 찾았나요?
②	가장 작은 수와 가장 큰 수의 합을 구했나요?

19 현빈이는 51.2 kg이므로 용장급에 속합니다. 몸무게
가 50 kg 초과 55 kg 이하인 학생은 54 kg인 상호
입니다.

20 (택배의 무게)=4.5+0.5=5 (kg)
5 kg은 2 kg 초과 5 kg 이하에 속하므로 요금으로
4000원을 내야 합니다.

21 첫 번째 수직선은 19 초과 28 이하인 수를 나타내고,
두 번째 수직선은 24 이상 31 미만인 수를 나타내므로
공통 범위는 24 이상 28 이하인 수입니다. 따라서 공통
범위에 속하는 자연수는 24, 25, 26, 27, 28입니다.

22 십의 자리 아래 수를 올려서 나타냅니다.
1942 ⇒ 1950, 5093 ⇒ 5100, 3740 ⇒ 3740
따라서 잘못 나타낸 사람은 혜선입니다.

23 백의 자리 아래 수를 올려서 나타냅니다.
① 2538 ⇒ 2600 　　② 2703 ⇒ 2800
③ 2600 ⇒ 2600 　　④ 2601 ⇒ 2700
⑤ 2756 ⇒ 2800

24 천의 자리 아래 수를 올림하여 76000이 되는 자연수는 75001부터 76000까지의 수이므로 가장 작은 수는 75001입니다.

25 백의 자리 아래 수를 올림하여 500이 되는 수는 400 보다 크고 500과 같거나 작아야 합니다. 따라서 어떤 수가 될 수 있는 수는 400 초과 500 이하인 수입니다.

26 2□15에서 백의 자리 아래 수인 15를 100으로 보고 올림하면 2900이 되므로 올림하기 전의 수는 2815입니다. 따라서 □ 안에 알맞은 수는 8입니다.

서술형
27 ⑩ 7266의 백의 자리 아래 수를 올림하면 7300이고, 십의 자리 아래 수를 올림하면 7270입니다.
따라서 두 어림수의 차는 7300−7270=30입니다.

단계	문제 해결 과정
①	두 어림수를 구했나요?
②	두 어림수의 차를 구했나요?

28 백의 자리 아래 수를 버려서 나타내면 ①, ②, ④, ⑤는 6200이고, ③은 6300입니다.

29 천의 자리 아래 수를 버려서 나타냅니다.
30700 ➡ 30000, 14809 ➡ 14000, 53008 ➡ 53000
따라서 바르게 나타낸 사람은 우혁입니다.

30 ㉠ 395의 백의 자리 아래 수 95를 0으로 보고 버림하면 300이 됩니다.
㉡ 337의 십의 자리 아래 수 7을 0으로 보고 버림하면 330이 됩니다.

31 3741의 십의 자리 아래 수를 버림하면 ㉠ 3740, 백의 자리 아래 수를 버림하면 ㉣ 3700, 천의 자리 아래 수를 버림하면 ㉡ 3000입니다. 따라서 3741을 버림하여 나타낼 수 있는 수가 아닌 것은 ㉢입니다.

32 백의 자리 아래 수를 버림하여 2600이 되는 자연수는 2600, 2601, 2602, …, 2699입니다. 따라서 가장 작은 수는 2600, 가장 큰 수는 2699입니다.

33 백의 자리 아래 수를 버림하여 4700이 되는 자연수는 4700, 4701, 4702, …, 4799입니다.
따라서 47□3에서 □ 안에 들어갈 수 있는 수는 0, 1, 2, …, 9로 모두 10개입니다.

34 십의 자리 아래 수를 버림하여 30이 되는 자연수는 30부터 39까지의 수 중 하나입니다. 이 수는 처음 자연수에 9를 곱해서 나온 수이므로 9의 배수인 36입니다.
따라서 처음 자연수는 36÷9=4입니다.

35 풀의 실제 길이는 7.3 cm입니다. 7.3을 반올림하여 일의 자리까지 나타내면 소수 첫째 자리 숫자가 3이므로 버림하여 7이 됩니다.

36 십의 자리에서 반올림하여 나타냅니다.
① 2354 ➡ 2400   ② 2149 ➡ 2100
③ 2306 ➡ 2300   ④ 2276 ➡ 2300
⑤ 2160 ➡ 2200

37 ㉠ 7753 ➡ 7750, 7753 ➡ 7800
㉡ 5164 ➡ 5160, 5164 ➡ 5200
㉢ 1999 ➡ 2000, 1999 ➡ 2000

38 573□의 일의 자리에서 반올림하여 5730이 되었으므로 일의 자리에서 버림한 것을 알 수 있습니다. 따라서 □ 안에 들어갈 수 있는 수는 0, 1, 2, 3, 4입니다.

39 일의 자리에서 반올림하여 100이 되는 자연수는 95, 96, …, 103, 104이고, 이 중 두 자리 수는 95, 96, 97, 98, 99입니다.

40 수 카드 4장으로 만들 수 있는 가장 큰 네 자리 수는 8752입니다. 8752를 반올림하여 백의 자리까지 나타내면 십의 자리 숫자가 5이므로 올림하여 8800입니다.

41 십의 자리에서 반올림하여 700이 되는 자연수는 650, 651, …, 748, 749입니다. 따라서 가장 작은 수는 650이고, 가장 큰 수는 749입니다.

42 일의 자리에서 반올림하여 130이 되는 수는 125와 같거나 크고 135보다 작아야 합니다. 따라서 어떤 수가 될 수 있는 수는 125 이상 135 미만인 수입니다.

43 10명씩 13번 운행하고 남은 5명도 승강기에 타야 하므로 135명을 올림하여 140명으로 생각해야 합니다. 따라서 승강기는 최소 14번 운행해야 합니다.

44 100개씩 73봉지에 담고 남은 사탕 28개는 팔 수 없으므로 7328개를 버림하여 7300개로 생각해야 합니다. 따라서 팔 수 있는 사탕은 최대 7300개입니다.

45 103684를 반올림하여 천의 자리까지 나타내면 백의 자리 숫자가 6이므로 올림하여 104000입니다.

46 지하와 성훈은 올림의 방법으로 어림해야 하고, 나래는 버림의 방법으로 어림해야 합니다.

47 마트에서 물건을 사면서 물건값을 반올림으로 어림하여 계산해 보는 일이 많은데 경우에 따라서는 실제 물건값이 반올림하여 예상한 값보다 더 많이 나오기도 합니다.

48 ㉠ 올림: 3900, 버림: 3800, 반올림: 3900
㉡ 올림: 7500, 버림: 7400, 반올림: 7400
㉢ 올림: 5200, 버림: 5200, 반올림: 5200

49 ㉠ 4815 ➡ 4900   ㉡ 4996 ➡ 4000
㉢ 4723 ➡ 5000
➡ ㉢ > ㉠ > ㉡

서술형
50

단계	문제 해결 과정
①	한 가지 방법으로 설명했나요?
②	다른 한 가지 방법으로 설명했나요?

응용에서 최상위로
21~24쪽

1 53084	**1-1** 49862
1-2 69204, 69208	**2** 0, 1, 2, 3, 4
2-1 5, 6, 7, 8, 9	**2-2** 5, 6, 7, 8, 9

3 201명 이상 240명 이하

3-1 180명 초과 225명 이하

3-2 169명 이상 193명 미만

3-3 120명 초과 136명 미만

4 1단계 ⓔ 누나는 형진이의 나이보다 많으므로 13세 이상이고, 18세 관람가인 영화를 볼 수 없으므로 18세 미만입니다. 따라서 누나의 나이의 범위는 13세 이상 18세 미만입니다.

2단계

10 11 12 13 14 15 16 17 18 19 20 21

1 • ㉠, ㉡에서 만의 자리 숫자는 4, 5, 6 중에서 5로 나누어떨어지는 수인 5입니다.
• ㉢에서 천의 자리 숫자는 2, 3, 4 중에서 3으로 나누어떨어지는 수인 3입니다.
• ㉣에서 백의 자리 숫자는 0입니다.
• ㉤에서 십의 자리 숫자는 8입니다.
• ㉤에서 일의 자리 숫자는 8÷2=4입니다.
➡ 53084

1-1 • ㉠에서 만의 자리 숫자는 2, 3, 4 중에서 4 이상에 속하는 수인 4입니다.
• ㉡에서 천의 자리 숫자는 9입니다.
• ㉢에서 백의 자리 숫자는 5, 6, 7, 8 중에서 4로 나누어떨어지는 수인 8입니다.
• ㉤에서 일의 자리 숫자는 2입니다.
• ㉣에서 십의 자리 숫자는 2×3=6입니다.
➡ 49862

1-2 • ㉠에서 만의 자리 숫자는 6, 7, 8 중에서 7 미만에 속하는 수인 6입니다.
• ㉡에서 천의 자리 숫자는 9입니다.
• ㉢에서 백의 자리 숫자는 2, 3 중에서 2로 나누어떨어지는 수인 2입니다.
• ㉣에서 십의 자리 숫자는 0입니다.
• ㉤에서 일의 자리 숫자는 4 또는 8입니다.
➡ 69204, 69208

2 35□1의 백의 자리 아래 수를 버림하면 3500입니다. 35□1을 반올림하여 백의 자리까지 나타낸 수가 3500이 되려면 십의 자리 숫자가 5보다 작아야 합니다. 따라서 □ 안에 들어갈 수 있는 수는 0, 1, 2, 3, 4입니다.

2-1 16□8의 백의 자리 아래 수를 올림하면 1700입니다. 16□8을 반올림하여 백의 자리까지 나타낸 수가 1700이 되려면 십의 자리 숫자가 5와 같거나 커야 합니다. 따라서 □ 안에 들어갈 수 있는 수는 5, 6, 7, 8, 9입니다.

2-2 29□4를 백의 자리에서 반올림하면 3000입니다. 29□4를 십의 자리에서 반올림하여 3000이 되려면 십의 자리 숫자가 5와 같거나 커야 합니다. 따라서 □ 안에 들어갈 수 있는 수는 5, 6, 7, 8, 9입니다.

3 버스 5대에 40명씩 타고 1명이 남는다면 40×5+1=201(명)이므로 201명 이상이고, 버스 6대에 40명씩 타면 40×6=240(명)이므로 240명 이하입니다. 따라서 수민이네 학교 5학년 학생은 201명 이상 240명 이하입니다.

3-1 버스 4대에 45명씩 타면 45×4=180(명)이므로 180명 초과이고, 버스 5대에 45명씩 타면 45×5=225(명)이므로 225명 이하입니다. 따라서 민혁이네 학교 5학년 학생은 180명 초과 225명 이하입니다.

3-2 24명씩 탄 놀이 기구가 7번 운행하고 1명이 남는다면 $24 \times 7 + 1 = 169$(명)이므로 169명 이상이고, 24명씩 탄 놀이 기구가 8번 운행하면 $24 \times 8 = 192$(명)이므로 193명 미만입니다. 따라서 정우네 학교 5학년 스카우트 대원은 169명 이상 193명 미만입니다.

3-3 15명씩 탄 케이블카가 8번 운행하면 $15 \times 8 = 120$(명)이므로 120명 초과이고, 15명씩 탄 케이블카가 9번 운행하면 $15 \times 9 = 135$(명)이므로 136명 미만입니다. 따라서 윤지네 학교 5학년 학생은 120명 초과 136명 미만입니다.

4 누나의 나이의 범위는 13세 이상 18세 미만이므로 13에 ●으로, 18에 ○으로 표시하고 그 사이를 선으로 이어 줍니다.

기출 단원 평가 Level ❶ 25~27쪽

1 15, 12.4, 10.5, 17   **2** 29.7, 25

3 20, 19, 21.9, 22   **4** ④

5 4.5   **6** ②

7 이상   **8** 30000, 29000, 29000

9 소희, 기준   **10** 45

11 약 12000명   **12** 13개

13 31, 35

14 450 이상 550 미만인 수

15
```
├──┼──●──┼──┼──┼──⊕──┼──┼──┼──
  10 20 30 40 50 60 70 80 90
```

16 1170원   **17** 1590000원

18 231, 232, 233, 234

19 방법 1 예 올림하여 백의 자리까지 나타내었습니다.
방법 2 예 반올림하여 백의 자리까지 나타내었습니다.

20 27

4 ① 45<u>45</u> ➡ 4600   ② 4<u>2</u>38 ➡ 4300
③ 45<u>0</u>9 ➡ 4600   ④ 44<u>6</u>1 ➡ 4500
⑤ 45<u>2</u>0 ➡ 4600

5 4.597의 소수 첫째 자리 아래 수를 0으로 보고 버림하면 4.5가 됩니다.

6 ① 45<u>4</u>5 ➡ 4500   ② 44<u>3</u>9 ➡ 4400
③ 45<u>0</u>9 ➡ 4500   ④ 44<u>6</u>1 ➡ 4500
⑤ 45<u>2</u>0 ➡ 4500

7 155와 같거나 큰 수이므로 155 이상인 수입니다.

8 올림: 29<u>0</u>70 ➡ 30000
버림: 29<u>0</u>70 ➡ 29000
반올림: 29<u>0</u>70 ➡ 29000

10 5 이상 11 미만인 자연수는 5, 6, 7, 8, 9, 10이고, 합은 $5 + 6 + 7 + 8 + 9 + 10 = 45$입니다.

11 (관람객 수)$= 5724 + 6074 = 11798$(명)
11798을 반올림하여 천의 자리까지 나타내면 백의 자리 숫자가 7이므로 올림하여 12000입니다.

12 100개씩 12상자에 담고 남은 귤 77개도 상자에 담아야 하므로 1277개를 올림하여 1300개로 생각해야 합니다. 따라서 상자는 최소 13개 필요합니다.

13 수직선에 나타낸 수의 범위는 30 초과 35 이하인 수이므로 이 범위에 속하는 자연수는 31, 32, 33, 34, 35입니다. 따라서 가장 작은 수는 31, 가장 큰 수는 35입니다.

14 십의 자리에서 반올림하여 500이 되는 수는 450과 같거나 크고 550보다 작아야 합니다. 따라서 어떤 수가 될 수 있는 수는 450 이상 550 미만인 수입니다.

15 20세 미만과 60세 이상은 입장료를 내지 않으므로 입장료를 내야 하는 나이의 범위는 20세 이상 60세 미만입니다.

16 5 g인 편지는 5 g 이하에 속하므로 270원, 10 g인 편지와 25 g인 편지는 5 g 초과 25 g 이하에 속하므로 각각 300원입니다.
➡ $270 + 300 \times 3 = 270 + 900 = 1170$(원)

17 538 kg을 버림하여 십의 자리까지 나타내면 530 kg이므로 팔 수 있는 쌀은 53포대입니다.
따라서 쌀을 팔아 받을 수 있는 돈은 최대 $53 \times 30000 = 1590000$(원)입니다.

18 올림하여 십의 자리까지 나타내면 240이 되는 자연수는 231부터 240까지이고, 반올림하여 십의 자리까지 나타내면 230이 되는 자연수는 225부터 234까지입니다. 따라서 어떤 자연수가 될 수 있는 수는 231부터 234까지입니다.

서술형

19

평가 기준	배점(5점)
한 가지 방법으로 설명했나요?	3점
다른 한 가지 방법으로 설명했나요?	2점

서술형

20 예 수직선에 나타낸 수의 범위는 22 초과 ㉠ 이하인 수이고, 이 범위에 속하는 자연수는 5개이므로 23, 24, 25, 26, 27입니다. 따라서 ㉠에 알맞은 자연수는 27입니다.

평가 기준	배점(5점)
수직선에 나타낸 수의 범위에 속하는 자연수를 모두 찾았나요?	3점
㉠에 알맞은 자연수를 구했나요?	2점

기출 단원 평가 Level ❷   28~30쪽

1 19, 20, 17에 ○표 / 7, 9에 △표

2 (1) 3800   (2) 26600

3

41	42	43	44	45	46	47	48	49

4 ⑤   **5** ㉠, ㉣

6 준수, 병호, 재희   **7** 기수, 시연

8 10개   **9** ㉢

10 ㉠, ㉢, ㉡   **11** 27, 34

12 약 35 kg   **13** 9000원

14 6   **15** 10개

16 25 이상 35 미만인 수 **17** 4793

18 625명 이상 636명 이하

19 4개   **20** 0, 1, 2, 3, 4

2 (1) 3829의 십의 자리 숫자는 2이므로 버림하여 3800입니다.
(2) 26574의 십의 자리 숫자는 7이므로 올림하여 26600입니다.

3 44 kg 초과 47 kg 이하이므로 44는 ○으로, 47은 ●으로 나타냅니다.

4 ① 5273 ➡ 5270   ② 5300 ➡ 5300
③ 5268 ➡ 5260   ④ 5311 ➡ 5310
⑤ 5259 ➡ 5250

5 ▲ 이상인 수와 ▲ 이하인 수는 ▲를 포함하고,
▲ 초과인 수와 ▲ 미만인 수는 ▲를 포함하지 않습니다.

6 기록이 16초와 같거나 빠른 학생은 준수(14.7초), 병호(16.0초), 재희(13.6초)입니다.

7 기록이 16초보다 느리고 22초보다 빠른 학생은 기수(18.1초), 시연(19.3초)입니다.

8 25 이상 35 미만인 자연수는 25, 26, 27, 28, 29, 30, 31, 32, 33, 34로 모두 10개입니다.

9 4285의 십의 자리 아래 수를 올림하면 ㉠ 4290, 백의 자리 아래 수를 올림하면 ㉡ 4300, 천의 자리 아래 수를 올림하면 ㉢ 5000입니다. 따라서 4285를 올림하여 나타낼 수 있는 수가 아닌 것은 ㉡ 4200입니다.

10 ㉠ 7024 ➡ 8000
㉡ 7503 ➡ 7500
㉢ 7865 ➡ 7870
➡ ㉠＞㉢＞㉡

11 주어진 수는 27과 같거나 크고 34보다 작은 수입니다. 따라서 27 이상 34 미만인 수입니다.

12 34.5를 반올림하여 일의 자리까지 나타내면 소수 첫째 자리 숫자가 5이므로 올림하여 35입니다.

13 (공책과 필통값)＝2500＋6200＝8700(원)
8000원을 내면 700원이 부족하므로 8700원을 올림하여 9000원으로 생각해야 합니다. 따라서 1000원짜리 지폐로 9000원을 내야 합니다.

14 92□5의 일의 자리 숫자가 5이므로 올림하여 9270이 되었습니다. 따라서 반올림하기 전의 수는 9265이고 □ 안에 알맞은 수는 6입니다.

15 십의 자리 아래 수를 버림하여 450이 되는 자연수는 450부터 459까지이므로 모두 10개입니다.

16 66을 반올림하여 십의 자리까지 나타내면 70이므로 어떤 수를 반올림하여 십의 자리까지 나타낸 수는 $100-70=30$입니다. 어떤 수는 일의 자리에서 반올림하여 30이 되는 수이므로 25 이상 35 미만인 수입니다.

17 · ㉠, ㉡에서 천의 자리 숫자는 3, 4 중에서 4로 나누어 떨어지는 수인 4입니다.
· ㉢에서 백의 자리 숫자는 7입니다.
· ㉣에서 십의 자리 숫자는 9이고, 일의 자리 숫자는 $9÷3=3$입니다.
➡ 4793

18 52타를 모두 나누어 주고 1자루를 더 나누어 준다고 하면 $12×52+1=625$(명)이므로 625명 이상이고, 53타를 모두 나누어 주면 $12×53=636$(명)이므로 636명 이하입니다.
따라서 서연이네 학교 학생은 625명 이상 636명 이하입니다.

서술형
19 ㉸ 첫 번째 수직선은 15 이상 25 미만인 수를 나타내고, 두 번째 수직선은 20 초과 32 이하인 수를 나타내므로 공통 범위는 20 초과 25 미만인 수입니다. 따라서 공통 범위에 속하는 자연수는 21, 22, 23, 24로 모두 4개입니다.

평가 기준	배점(5점)
공통 범위를 구했나요?	2점
공통 범위에 속하는 자연수의 개수를 구했나요?	3점

서술형
20 ㉸ 2□46의 천의 자리 아래 수를 버림하면 2000입니다. 2□46을 반올림하여 천의 자리까지 나타낸 수가 2000이 되려면 백의 자리 숫자가 5보다 작아야 합니다. 따라서 □ 안에 들어갈 수 있는 수는 0, 1, 2, 3, 4입니다.

평가 기준	배점(5점)
버림하여 천의 자리까지 나타낸 수를 구했나요?	2점
□ 안에 들어갈 수 있는 수를 모두 구했나요?	3점

💡 **사고력이 반짝**   **31쪽**

③

2 분수의 곱셈

분수의 곱셈은 소수의 곱셈이 사용되기 이전에 사용되기 시작하였으며, 문명의 발달과 함께 자연스럽게 활용되어 왔습니다. 분수의 곱셈은 소수의 곱셈에 비해 보다 정확한 계산 결과를 얻을 수 있으며, 학생들의 논리적인 사고력을 향상시킬 수 있는 중요한 주제입니다. 이에 본 단원은 학생들에게 분수의 곱셈을 통해 수학의 논리적인 체계를 탐구하고 수학의 유용성을 느낄 수 있도록 구성하였습니다. 전 차시 활동을 통해 분수 곱셈의 계산 원리를 탐구하고, 분모는 분모끼리, 분자는 분자끼리 곱한다는 계산 원리가 (자연수)×(분수), (분수)×(자연수), (분수)×(분수)에 모두 적용될 수 있음을 지도합니다. 또 자연수의 곱셈에서는 항상 그 결과가 커지지만 분수의 곱셈에서는 그 결과가 작아질 수도 있다는 것을 명확히 인식하도록 합니다.

1 (분수) × (자연수) (1)   34쪽

1 3, $\dfrac{3}{2}$, $1\dfrac{1}{2}$

2 방법1 5, 3, $\dfrac{5}{3}$, $1\dfrac{2}{3}$ 방법2 1, 3, $\dfrac{5}{3}$, $1\dfrac{2}{3}$

    방법3 1, 3, $\dfrac{5}{3}$, $1\dfrac{2}{3}$

3 (1) $6\dfrac{2}{3}$ (2) $3\dfrac{8}{9}$

1 $\dfrac{1}{2}×3$은 $\dfrac{1}{2}$을 3번 더한 것과 같으므로 분수의 분자와 자연수를 곱하여 계산할 수 있습니다.

3 (1) $\dfrac{5}{\cancel{6}_{3}}×\cancel{8}^{4}=\dfrac{20}{3}=6\dfrac{2}{3}$

   (2) $\dfrac{7}{\cancel{18}_{9}}×\cancel{10}^{5}=\dfrac{35}{9}=3\dfrac{8}{9}$

2 (분수) × (자연수) (2)   35쪽

4 방법1 15, 60, $8\dfrac{4}{7}$ 방법2 $\dfrac{1}{7}$, $\dfrac{4}{7}$, $8\dfrac{4}{7}$

5 (1) $20\dfrac{5}{6}$ (2) $21\dfrac{3}{4}$

6 (1) ㉢   (2) ㉡   (3) ㉠

4 방법1 은 대분수를 가분수로 고쳐서 계산한 것입니다. 방법2 는 대분수를 자연수와 진분수로 나누어 계산한 것입니다.

5 (1) $4\frac{1}{6} \times 5 = \frac{25}{6} \times 5 = \frac{125}{6} = 20\frac{5}{6}$

(2) $3\frac{5}{8} \times 6 = \frac{29}{\overset{}{\underset{4}{8}}} \times \overset{3}{6} = \frac{87}{4} = 21\frac{3}{4}$

6 (1) $\frac{5}{18} \times 7 = \frac{5 \times 7}{18} = \frac{7 \times 5}{18} = \frac{7}{18} \times 5$

(2) $2\frac{3}{4} \times 5 = \frac{11}{4} \times 5$

(3) $1\frac{3}{8} \times 6 = \frac{11}{\overset{}{\underset{4}{8}}} \times \overset{3}{6} = \frac{11}{4} \times 3$

3 (자연수)×(분수) (1)
36쪽

7 3, 30, 6

8 방법1 14, 3, $\frac{14}{3}$, $4\frac{2}{3}$ 방법2 2, 3, $\frac{14}{3}$, $4\frac{2}{3}$

방법3 2, 3, $\frac{14}{3}$, $4\frac{2}{3}$

9 (1) 6 (2) $7\frac{1}{2}$

9 (1) $\overset{3}{15} \times \frac{2}{\overset{}{\underset{1}{3}}} = 6$

(2) $\overset{3}{9} \times \frac{5}{\overset{}{\underset{2}{6}}} = \frac{15}{2} = 7\frac{1}{2}$

4 (자연수)×(분수) (2)
37쪽

10 방법1 9, 27, $6\frac{3}{4}$ 방법2 $\frac{1}{4}$, $\frac{3}{4}$, $6\frac{3}{4}$

11 (1) $9\frac{1}{7}$ (2) $8\frac{1}{4}$

12 (1) $3 \times \frac{2}{3}$

| | | | | | | |
|0|1|2|3|4|5|6|

$3 \times 1\frac{2}{3}$

| | | | | | | |
|0|1|2|3|4|5|6|

(2) >, <

10 방법1 은 대분수를 가분수로 고쳐서 계산한 것입니다. 방법2 는 대분수를 자연수와 진분수로 나누어 계산한 것입니다.

11 (1) $4 \times 2\frac{2}{7} = 4 \times \frac{16}{7} = \frac{64}{7} = 9\frac{1}{7}$

(2) $6 \times 1\frac{3}{8} = \overset{3}{6} \times \frac{11}{\overset{}{\underset{4}{8}}} = \frac{33}{4} = 8\frac{1}{4}$

12 어떤 수에 1보다 작은 진분수를 곱하면 계산 결과는 작아지고, 1보다 큰 대분수를 곱하면 계산 결과는 커집니다.

5 진분수의 곱셈
38쪽

13 2, 3, $\frac{1}{6}$

14 방법1 10, 21, $\frac{10}{21}$ 방법2 2, 3, $\frac{10}{21}$

방법3 2, 3, $\frac{10}{21}$

15 (1) $\frac{4}{21}$ (2) $\frac{7}{20}$

13 $\frac{1}{2} \times \frac{1}{3}$은 전체를 2등분하고 그중 한 조각을 다시 3등분한 것입니다.

15 (1) $\frac{\overset{2}{6}}{7} \times \frac{2}{\overset{}{\underset{3}{9}}} = \frac{4}{21}$

(2) $\frac{\overset{1}{3}}{5} \times \frac{2}{\overset{}{\underset{1}{3}}} \times \frac{7}{\overset{}{\underset{4}{8}}} = \frac{7}{20}$

6 여러 가지 분수의 곱셈
39쪽

16 7, 4, 7, $2\frac{1}{3}$

17 (왼쪽에서부터) (1) 4, 4, 5, $\frac{8}{5}$, $1\frac{3}{5}$

(2) 5, 4, 5, $\frac{15}{4}$, $3\frac{3}{4}$ (3) 5, 11, $\frac{55}{12}$, $4\frac{7}{12}$

18 (1) $5\frac{3}{5}$ (2) 36

16 (대분수)×(대분수)는 대분수를 가분수로 고쳐서 계산할 수 있습니다.

18 (1) $2\frac{2}{3} \times 2\frac{1}{10} = \overset{4}{\cancel{\frac{8}{3}}} \times \overset{7}{\cancel{\frac{21}{10}}} = \frac{28}{5} = 5\frac{3}{5}$

(2) $10\frac{1}{8} \times 3\frac{5}{9} = \overset{9}{\cancel{\frac{81}{8}}} \times \overset{4}{\cancel{\frac{32}{9}}} = 36$

기본에서 응용으로

40~45쪽

1 수지 / ⓐ (진분수)×(자연수)는 분수의 분자에 자연수를 곱하여 계산합니다.

2 (　　　)(　○　)

3 $1\frac{1}{4}, 2\frac{1}{2}$

4 $\frac{5}{8} \times 4 = 2\frac{1}{2}$ / $2\frac{1}{2}$ kg

5 9 L

6 ③

7 방법 1 ⓐ 대분수를 가분수로 고쳐서 계산하면

$2\frac{5}{6} \times 4 = \frac{17}{\cancel{6}} \times \overset{2}{\cancel{4}} = \frac{34}{3} = 11\frac{1}{3}$

방법 2 ⓐ 대분수를 자연수와 진분수로 나누어 계산하면

$2\frac{5}{6} \times 4 = (2 \times 4) + \left(\frac{5}{\cancel{6}} \times \overset{2}{\cancel{4}}\right)$

$\qquad = 8 + \frac{10}{3} = 8 + 3\frac{1}{3} = 11\frac{1}{3}$

8 6, $\frac{2}{3}$, $6\frac{2}{3}$

9 $20\frac{2}{5}$

10 $1\frac{2}{5} \times 7 = 9\frac{4}{5}$ / $9\frac{4}{5}$ km

11 13 cm

12 상훈

13 $4\frac{1}{2}, 7\frac{1}{2}$

14 >, > / ⓐ 어떤 수에 진분수를 곱하면 계산 결과는 어떤 수보다 작아집니다.

15 $2 \times \frac{8}{9} = 1\frac{7}{9}$ / $1\frac{7}{9}$ m²

16 5개

17 상화

18 (1) ⓒ (2) ⊙ (3) ⓛ

19 10, $\frac{2}{3}$, $10\frac{2}{3}$

20 $15\frac{1}{3}$

21 $7 \times 1\frac{1}{2}$, $7 \times 3\frac{2}{7}$에 ○표

22 $15 \times 2\frac{3}{10} = 34\frac{1}{2}$ / $34\frac{1}{2}$ kg

23 64

24 ⓐ 고양이의 무게는 4 kg이고, 강아지의 무게는 고양이의 무게의 $2\frac{1}{2}$배입니다. 강아지의 무게는 몇 kg입니까?

$4 \times 2\frac{1}{2} = \overset{2}{\cancel{4}} \times \frac{5}{\cancel{2}} = 10$ (kg) / 10 kg

25 $\frac{1}{12} \cdot \frac{1}{12}$

26 $\frac{7}{24}$

27 ⊙

28 (1) > (2) <

29 7, 8(또는 8, 7) / $\frac{1}{56}$

30 $\frac{1}{6} \times \frac{4}{9} \times \frac{1}{3} = \frac{2}{81}$ / $\frac{2}{81}$

31 $\frac{1}{12}$

32 1, 2, 3

33 ⓐ 대분수를 가분수로 고치지 않고 약분하여 계산했습니다.

$1\frac{2}{5} \times 1\frac{1}{14} = \overset{1}{\cancel{\frac{7}{5}}} \times \overset{3}{\cancel{\frac{15}{14}}} = \frac{3}{2} = 1\frac{1}{2}$

34 $4\frac{1}{5}$

35 $1\frac{7}{8}$

36 $7\frac{7}{10}$

37 1, 2, 3, 4, 5

38 $3\frac{1}{2} \times 2\frac{2}{3} = 9\frac{1}{3}$ / $9\frac{1}{3}$ km

39 $31\frac{1}{2}$ kg

40 (1) $\frac{3}{8}$ (2) $\frac{1}{9}$

41 $7\frac{3}{5}$ cm²

42 $\frac{5}{6}$ m

서술형

1

단계	문제 해결 과정
①	바르게 계산한 학생의 이름을 썼나요?
②	(진분수)×(자연수)의 계산 방법을 설명했나요?

2 (진분수)×(자연수)에서 자연수는 분수의 분자에 곱해야 하므로 분모와 자연수를 약분할 수 있습니다.

3 $\underset{4}{\cancel{\frac{5}{12}}} \times \overset{1}{\cancel{3}} = \frac{5}{4} = 1\frac{1}{4}$

$\underset{2}{\cancel{\frac{5}{12}}} \times \overset{1}{\cancel{6}} = \frac{5}{2} = 2\frac{1}{2}$

4 (찰흙의 무게)=(찰흙 한 덩어리의 무게)×(덩어리 수)

$$=\frac{5}{\overset{}{\underset{2}{8}}}\times\overset{1}{\cancel{4}}=\frac{5}{2}=2\frac{1}{2}\ (\text{kg})$$

5 (필요한 음료수의 양)

=(한 사람에게 나누어 줄 음료수의 양)×(학생 수)

$$=\frac{3}{\underset{1}{5}}\times\overset{3}{\cancel{15}}=9\ (\text{L})$$

6 ③ $1\frac{3}{5}\times 3=(1\times 3)+\left(\frac{3}{5}\times 3\right)=3+\frac{3\times 3}{5}$

서술형
7

단계	문제 해결 과정
①	한 가지 방법으로 계산했나요?
②	다른 방법으로 계산했나요?

8 $2\frac{2}{9}\times 3=(2\times 3)+\left(\frac{2}{\underset{3}{\cancel{9}}}\times\overset{1}{\cancel{3}}\right)=6+\frac{2}{3}=6\frac{2}{3}$

9 $2\frac{4}{15}\times 9=\frac{34}{\underset{5}{\cancel{15}}}\times\overset{3}{\cancel{9}}=\frac{102}{5}=20\frac{2}{5}$

10 (7분 동안에 갈 수 있는 거리)

$$=1\frac{2}{5}\times 7=\frac{7}{5}\times 7=\frac{49}{5}=9\frac{4}{5}\ (\text{km})$$

11 (정사각형의 둘레)=(한 변의 길이)×4

$$=3\frac{1}{4}\times 4=\frac{13}{\underset{1}{\cancel{4}}}\times\overset{1}{\cancel{4}}=13\ (\text{cm})$$

12 상훈: 어떤 수에 진분수를 곱하면 계산 결과는 어떤 수

보다 작아지므로 $10\times\frac{2}{5}$는 10보다 작습니다.

13 $\overset{3}{\cancel{12}}\times\frac{3}{\underset{2}{\cancel{8}}}=\frac{9}{2}=4\frac{1}{2}$

$\overset{3}{\cancel{12}}\times\frac{5}{\underset{2}{\cancel{8}}}=\frac{15}{2}=7\frac{1}{2}$

서술형
14

단계	문제 해결 과정
①	○ 안에 >, =, <를 알맞게 써넣었나요?
②	알 수 있는 점을 썼나요?

15 (직사각형의 넓이)=(가로)×(세로)

$$=2\times\frac{8}{9}=\frac{16}{9}=1\frac{7}{9}\ (\text{m}^2)$$

16 $\overset{3}{\cancel{6}}\times\frac{3}{\underset{2}{\cancel{4}}}=\frac{9}{2}=4\frac{1}{2}$, $\overset{2}{\cancel{14}}\times\frac{5}{\underset{1}{\cancel{7}}}=10$이므로

$4\frac{1}{2}<\square<10$입니다. 따라서 $\square$ 안에 들어갈 수 있는

자연수는 5, 6, 7, 8, 9로 모두 5개입니다.

17 1 m는 100 cm이므로 1 m의 $\frac{1}{2}$은 50 cm입니다.

1시간은 60분이므로 1시간의 $\frac{1}{3}$은 20분입니다.

18 (1) $6\times\frac{5}{7}=\frac{6\times 5}{7}=\frac{6}{7}\times 5$

(2) $4\times 2\frac{2}{3}=4\times\frac{8}{3}=\frac{4\times 8}{3}=\frac{8}{3}\times 4=2\frac{2}{3}\times 4$

(3) $3\times 1\frac{3}{5}=3\times\frac{8}{5}=\frac{3\times 8}{5}=\frac{8}{5}\times 3$

19 $5\times 2\frac{2}{15}=(5\times 2)+\left(\overset{1}{\cancel{5}}\times\frac{2}{\underset{3}{\cancel{15}}}\right)=10+\frac{2}{3}=10\frac{2}{3}$

20 $4\times 3\frac{5}{6}=\overset{2}{\cancel{4}}\times\frac{23}{\underset{3}{\cancel{6}}}=\frac{46}{3}=15\frac{1}{3}$

21 7에 1보다 작은 진분수를 곱하면 계산 결과는 작아지고, 1보다 큰 대분수를 곱하면 계산 결과는 커집니다.

22 (철근의 무게)=(철근 1 m의 무게)×(철근의 길이)

$$=15\times 2\frac{3}{10}=\overset{3}{\cancel{15}}\times\frac{23}{\underset{2}{\cancel{10}}}$$

$$=\frac{69}{2}=34\frac{1}{2}\ (\text{kg})$$

23 어떤 수는 $28\times 1\frac{3}{7}=\overset{4}{\cancel{28}}\times\frac{10}{\underset{1}{\cancel{7}}}=40$이므로

어떤 수의 $1\frac{3}{5}$배는 $40\times 1\frac{3}{5}=\overset{8}{\cancel{40}}\times\frac{8}{\underset{1}{\cancel{5}}}=64$입니다.

서술형
24

단계	문제 해결 과정
①	분수의 곱셈식에 알맞은 문제를 만들었나요?
②	풀이 과정을 쓰고 답을 구했나요?

25 $\frac{1}{4}\times\frac{1}{3}=\frac{1}{4\times 3}=\frac{1}{12}$

$\frac{1}{2}\times\frac{1}{6}=\frac{1}{2\times 6}=\frac{1}{12}$

26 $\dfrac{\overset{1}{\cancel{5}}}{\underset{3}{\cancel{9}}} \times \dfrac{\overset{1}{\cancel{3}}}{4} \times \dfrac{7}{\underset{2}{\cancel{10}}} = \dfrac{7}{24}$

27 ㉠ $\dfrac{\overset{1}{\cancel{5}}}{\underset{3}{\cancel{9}}} \times \dfrac{\overset{1}{\cancel{3}}}{\underset{2}{\cancel{10}}} = \dfrac{1}{6}$ ㉡ $\dfrac{1}{\underset{2}{\cancel{4}}} \times \dfrac{\overset{1}{\cancel{2}}}{5} = \dfrac{1}{10}$

➡ $\dfrac{1}{6} > \dfrac{1}{10}$ 이므로 계산 결과가 더 큰 것은 ㉠입니다.

28 (1) 어떤 수에 진분수를 곱하면 계산 결과는 어떤 수보다 작아집니다.

(2) 어떤 수에 더 큰 수를 곱할수록 계산 결과가 커집니다.

$\dfrac{1}{9} < \dfrac{1}{7}$ ➡ $\dfrac{3}{4} \times \dfrac{1}{9} < \dfrac{3}{4} \times \dfrac{1}{7}$

29 $\dfrac{1}{\square} \times \dfrac{1}{\square}$ 에서 분모에 큰 수가 들어갈수록 계산 결과가 작아지므로 계산 결과가 가장 작은 식은

$\dfrac{1}{7} \times \dfrac{1}{8} = \dfrac{1}{56}$ 또는 $\dfrac{1}{8} \times \dfrac{1}{7} = \dfrac{1}{56}$ 입니다.

30 $\dfrac{1}{\underset{3}{\cancel{6}}} \times \dfrac{\overset{2}{\cancel{4}}}{9} \times \dfrac{1}{3} = \dfrac{2}{81}$

31 어제까지 읽고 난 나머지는 전체의 $1 - \dfrac{2}{3} = \dfrac{1}{3}$ 입니다.

따라서 오늘 읽은 양은 동화책 전체의 $\dfrac{1}{3} \times \dfrac{1}{4} = \dfrac{1}{12}$ 입니다.

32 $\dfrac{1}{8} \times \dfrac{1}{\square} = \dfrac{1}{8 \times \square}$ ➡ $\dfrac{1}{30} < \dfrac{1}{8 \times \square}$ 에서 분자가 1이므로 분모를 비교하면 $30 > 8 \times \square$ 입니다.

따라서 □ 안에 들어갈 수 있는 자연수는 1, 2, 3입니다.

33
서술형

단계	문제 해결 과정
①	잘못된 부분을 찾아 이유를 썼나요?
②	바르게 계산했나요?

34 가장 큰 수는 $2\dfrac{2}{5}$, 가장 작은 수는 $1\dfrac{3}{4}$ 입니다.

➡ $2\dfrac{2}{5} \times 1\dfrac{3}{4} = \dfrac{\overset{3}{\cancel{12}}}{5} \times \dfrac{7}{\underset{1}{\cancel{4}}} = \dfrac{21}{5} = 4\dfrac{1}{5}$

35 $\square \div \dfrac{5}{6} = 2\dfrac{1}{4}$

➡ $\square = 2\dfrac{1}{4} \times \dfrac{5}{6} = \dfrac{\overset{3}{\cancel{9}}}{4} \times \dfrac{5}{\underset{2}{\cancel{6}}} = \dfrac{15}{8} = 1\dfrac{7}{8}$

36 가장 큰 대분수: $5\dfrac{1}{2}$, 가장 작은 대분수: $1\dfrac{2}{5}$

➡ $5\dfrac{1}{2} \times 1\dfrac{2}{5} = \dfrac{11}{2} \times \dfrac{7}{5} = \dfrac{77}{10} = 7\dfrac{7}{10}$

37 $3\dfrac{3}{4} \times 1\dfrac{2}{3} = \dfrac{\overset{5}{\cancel{15}}}{4} \times \dfrac{5}{\underset{1}{\cancel{3}}} = \dfrac{25}{4} = 6\dfrac{1}{4}$

$6\dfrac{1}{4} > \square \dfrac{3}{4}$ 이므로 □ 안에 들어갈 수 있는 자연수는 6보다 작은 1, 2, 3, 4, 5입니다.

38 (지혜가 걸은 거리)

= (한 시간에 걷는 거리) × (걸은 시간)

$= 3\dfrac{1}{2} \times 2\dfrac{2}{3} = \dfrac{7}{\underset{1}{\cancel{2}}} \times \dfrac{\overset{4}{\cancel{8}}}{3} = \dfrac{28}{3} = 9\dfrac{1}{3}$ (km)

39 수호의 몸무게:

$36 \times 1\dfrac{1}{8} = \overset{9}{\cancel{36}} \times \dfrac{9}{\underset{2}{\cancel{8}}} = \dfrac{81}{2} = 40\dfrac{1}{2}$ (kg)

승훈이의 몸무게:

$40\dfrac{1}{2} \times \dfrac{7}{9} = \dfrac{\overset{9}{\cancel{81}}}{2} \times \dfrac{7}{\underset{1}{\cancel{9}}} = \dfrac{63}{2} = 31\dfrac{1}{2}$ (kg)

40 (1) $\dfrac{3}{5} \times \left(\dfrac{3}{8} + \dfrac{1}{4}\right) = \dfrac{3}{\underset{1}{\cancel{5}}} \times \dfrac{\overset{1}{\cancel{5}}}{8} = \dfrac{3}{8}$

(2) $\left(\dfrac{5}{6} - \dfrac{2}{3}\right) \times \dfrac{2}{3} = \dfrac{1}{\underset{3}{\cancel{6}}} \times \dfrac{\overset{1}{\cancel{2}}}{3} = \dfrac{1}{9}$

41
서술형
예 색칠한 부분은 가로가 $\left(4\dfrac{1}{2} - 1\dfrac{1}{3}\right)$ cm이고 세로가 $2\dfrac{2}{5}$ cm인 직사각형입니다.

(넓이) $= \left(4\dfrac{1}{2} - 1\dfrac{1}{3}\right) \times 2\dfrac{2}{5} = 3\dfrac{1}{6} \times 2\dfrac{2}{5}$

$= \dfrac{19}{\underset{1}{\cancel{6}}} \times \dfrac{\overset{2}{\cancel{12}}}{5} = \dfrac{38}{5} = 7\dfrac{3}{5}$ (cm²)

단계	문제 해결 과정
①	색칠한 부분의 넓이를 구하는 식을 세웠나요?
②	색칠한 부분의 넓이를 구했나요?

42 (사용한 끈의 길이)

$= \left(\dfrac{7}{9} + \dfrac{1}{3}\right) \times \dfrac{3}{4} = \dfrac{\overset{5}{\cancel{10}}}{\underset{3}{\cancel{9}}} \times \dfrac{\overset{1}{\cancel{3}}}{\underset{2}{\cancel{4}}} = \dfrac{5}{6}$ (m)

1 $4\dfrac{8}{9}$ **1-1** $14\dfrac{2}{5}$ **1-2** $67\dfrac{1}{2}$

1-3 $6\dfrac{1}{4}$ **2** 12권 **2-1** 12명

2-2 25쪽 **3** $9\dfrac{1}{3}$ **3-1** $4\dfrac{2}{7}$

3-2 $9\dfrac{3}{5}$

4 **1단계** 예 3시간 40분을 분수로 나타내면
$3\dfrac{40}{60}$ 시간 $=3\dfrac{2}{3}$ 시간입니다.

2단계 예 한 시간에 $4\dfrac{2}{11}$ km를 가는 빠르기로 걸었으므로 3시간 40분 동안 걸은 거리는
$$4\dfrac{2}{11} \times 3\dfrac{2}{3} = \dfrac{46}{\overset{}{\underset{1}{11}}} \times \dfrac{\overset{1}{11}}{3} = \dfrac{46}{3} = 15\dfrac{1}{3}$$
(km)입니다.
/ $15\dfrac{1}{3}$ km

4-1 36 km

---

1 어떤 수를 □라 하면 □÷4$=1\dfrac{2}{9}$이므로
$$□=1\dfrac{2}{9} \times 4 = \dfrac{11}{9} \times 4 = \dfrac{44}{9} = 4\dfrac{8}{9}$$ 입니다.

1-1 어떤 수를 □라 하면 □÷8$=1\dfrac{4}{5}$이므로
$$□=1\dfrac{4}{5} \times 8 = \dfrac{9}{5} \times 8 = \dfrac{72}{5} = 14\dfrac{2}{5}$$ 입니다.

1-2 어떤 수를 □라 하면 잘못 계산한 식은 □÷9$=\dfrac{5}{6}$이므로 $□=\dfrac{5}{\overset{}{\underset{2}{6}}} \times \overset{3}{9} = \dfrac{15}{2} = 7\dfrac{1}{2}$입니다.

따라서 바르게 계산하면
$$7\dfrac{1}{2} \times 9 = \dfrac{15}{2} \times 9 = \dfrac{135}{2} = 67\dfrac{1}{2}$$ 입니다.

1-3 어떤 수를 □라 하면 잘못 계산한 식은
$4\dfrac{1}{6}+□=5\dfrac{2}{3}$이므로
$$□=5\dfrac{2}{3}-4\dfrac{1}{6}=5\dfrac{4}{6}-4\dfrac{1}{6}=1\dfrac{3}{6}=1\dfrac{1}{2}$$ 입니다.

따라서 바르게 계산하면
$$4\dfrac{1}{6} \times 1\dfrac{1}{2} = \dfrac{25}{\overset{}{\underset{2}{6}}} \times \dfrac{\overset{1}{3}}{2} = \dfrac{25}{4} = 6\dfrac{1}{4}$$ 입니다.

2 (아동 도서)$=$(전체)$\times \dfrac{3}{4}$이므로
(동화책)$=$(아동 도서)$\times \dfrac{1}{4} =$(전체)$\times \dfrac{3}{4} \times \dfrac{1}{4}$이고,
(전래동화)$=$(동화책)$\times \dfrac{2}{3} =$(전체)$\times \dfrac{\overset{1}{3}}{4} \times \dfrac{1}{\overset{}{\underset{2}{4}}} \times \dfrac{\overset{1}{2}}{3}$
$=$(전체)$\times \dfrac{1}{8}$입니다.
따라서 전래동화는 $\overset{12}{96} \times \dfrac{1}{\overset{}{\underset{1}{8}}} = 12$(권)입니다.

2-1 (여학생 수)$=$(전체 학생 수)$\times \dfrac{1}{2}$이므로
(문학을 좋아하는 여학생 수)
$=$(여학생 수)$\times \dfrac{3}{7} =$(전체 학생 수)$\times \dfrac{1}{2} \times \dfrac{3}{7}$이고,
(시를 좋아하는 여학생 수)
$=$(문학을 좋아하는 여학생 수)$\times \dfrac{2}{5}$
$=$(전체 학생 수)$\times \dfrac{1}{\overset{}{\underset{1}{2}}} \times \dfrac{3}{7} \times \dfrac{\overset{1}{2}}{5}$
$=$(전체 학생 수)$\times \dfrac{3}{35}$입니다.
따라서 시를 좋아하는 여학생은 $\overset{4}{140} \times \dfrac{3}{\overset{}{\underset{1}{35}}} = 12$(명)
입니다.

2-2 어제 읽은 쪽수는 전체의 $\dfrac{1}{4}$이므로 오늘 읽은 쪽수는
전체의 $\left(1-\dfrac{1}{4}\right) \times \dfrac{4}{9} = \dfrac{\overset{1}{3}}{\overset{}{\underset{1}{4}}} \times \dfrac{\overset{1}{4}}{\overset{}{\underset{3}{9}}} = \dfrac{1}{3}$입니다.
어제와 오늘 읽은 쪽수는 전체의 $\dfrac{1}{4}+\dfrac{1}{3}=\dfrac{7}{12}$이므로 어제와 오늘 읽고 난 나머지는
전체의 $1-\dfrac{7}{12}=\dfrac{5}{12}$입니다.
따라서 어제와 오늘 읽고 난 나머지는
$\overset{5}{60} \times \dfrac{5}{\overset{}{\underset{1}{12}}} = 25$(쪽)입니다.

3 ㉮의 분모가 될 수 있는 수는 $\dfrac{3}{14}$과 $\dfrac{9}{28}$에서 3과 9의 공약수이므로 1과 3입니다.

㉮의 분자가 될 수 있는 수는 $\dfrac{3}{14}$과 $\dfrac{9}{28}$에서 14와 28의 공배수이므로 28, 56, 84, ...입니다.

㉮가 가장 작은 분수가 되려면 분모는 3과 9의 최대공약수이고 분자는 14와 28의 최소공배수이어야 하므로 ㉮에 알맞은 가장 작은 분수는 $\dfrac{28}{3}=9\dfrac{1}{3}$입니다.

3-1 ㉮의 분모가 될 수 있는 수는 $\dfrac{7}{30}$과 $\dfrac{14}{15}$에서 7과 14의 공약수이므로 1과 7입니다.

㉮의 분자가 될 수 있는 수는 $\dfrac{7}{30}$과 $\dfrac{14}{15}$에서 30과 15의 공배수이므로 30, 60, 90, ...입니다.

㉮가 가장 작은 분수가 되려면 분모는 7과 14의 최대 공약수이고 분자는 30과 15의 최소공배수이어야 하므로 ㉮에 알맞은 가장 작은 분수는 $\dfrac{30}{7}=4\dfrac{2}{7}$입니다.

3-2 어떤 분수의 분모가 될 수 있는 수는 $\dfrac{5}{12}$와 $\dfrac{15}{16}$에서 5와 15의 공약수이므로 1과 5입니다.

어떤 분수의 분자가 될 수 있는 수는 $\dfrac{5}{12}$와 $\dfrac{15}{16}$에서 12와 16의 공배수이므로 48, 96, 144, ...입니다.

어떤 분수가 가장 작은 분수가 되려면 분모는 5와 15의 최대공약수이고 분자는 12와 16의 최소공배수이어야 하므로 어떤 분수 중에서 가장 작은 분수는 $\dfrac{48}{5}=9\dfrac{3}{5}$입니다.

4-1 5시간 15분 $=5\dfrac{15}{60}$시간 $=5\dfrac{1}{4}$시간

따라서 한 시간에 $6\dfrac{6}{7}$ km를 가는 빠르기로 5시간 15분 동안 달린 거리는

$6\dfrac{6}{7}\times5\dfrac{1}{4}=\dfrac{\overset{12}{\cancel{48}}}{\underset{1}{\cancel{7}}}\times\dfrac{\overset{3}{\cancel{21}}}{\underset{1}{\cancel{4}}}=36$ (km)입니다.

기출 단원 평가 Level ❶
50~52쪽

1 4, $\dfrac{1}{24}$　　**2** ④　　**3** 선웅

4 (1) $8\dfrac{1}{3}$　(2) $5\dfrac{3}{4}$　　**5** $\dfrac{10}{21}$

6 (1) $<$　(2) $>$　　**7** 21, $22\dfrac{1}{2}$

8 1, 2, 3, 4　　**9** ㉠　　**10** ㉢

11 $9\dfrac{1}{3}$　　**12** 8장　　**13** $\dfrac{1}{12}$

14 $27\dfrac{1}{3}$ L　　**15** $166\dfrac{2}{3}$ cm²

16 $5\dfrac{5}{6}$　　**17** $\dfrac{1}{36}$　　**18** 4시간

19 $20\dfrac{1}{2}$ kg　　**20** 154 km

1 전체를 2등분한 것 중의 하나를 4등분하고, 다시 그중 하나를 3등분하였으므로 $\dfrac{1}{2}\times\dfrac{1}{4}\times\dfrac{1}{3}=\dfrac{1}{24}$입니다.

2 $\dfrac{5}{7}\times3=\dfrac{5}{7}+\dfrac{5}{7}+\dfrac{5}{7}=\dfrac{5\times3}{7}=\dfrac{15}{7}=2\dfrac{1}{7}$

④ $\dfrac{3}{7}\times6=\dfrac{18}{7}=2\dfrac{4}{7}$

3 주혜: $\overset{1}{\cancel{4}}\times\dfrac{3}{\underset{2}{\cancel{8}}}=\dfrac{3}{2}=1\dfrac{1}{2}$

선웅: $\overset{1}{\cancel{5}}\times\dfrac{4}{\underset{3}{\cancel{15}}}=\dfrac{4}{3}=1\dfrac{1}{3}$

지호: $6\times\dfrac{4}{7}=\dfrac{24}{7}=3\dfrac{3}{7}$

5 $\dfrac{\overset{2}{\cancel{4}}}{7}\times\dfrac{5}{\underset{3}{\cancel{6}}}=\dfrac{10}{21}$

6 (1) 어떤 수에 대분수를 곱하면 계산 결과는 어떤 수보다 커집니다.

➡ $9<9\times1\dfrac{1}{3}$

(2) 어떤 수에 진분수를 곱하면 계산 결과는 어떤 수보다 작아집니다.

➡ $\dfrac{5}{9}>\dfrac{5}{9}\times\dfrac{3}{4}$

7 $12 \times 1\frac{3}{4} = \overset{3}{\cancel{12}} \times \frac{7}{\cancel{4}} = 21$

$21 \times 1\frac{1}{14} = \overset{3}{\cancel{21}} \times \frac{15}{\cancel{14}} = \frac{45}{2} = 22\frac{1}{2}$

8 $\overset{1}{\cancel{7}} \times \frac{9}{\cancel{14}} = \frac{9}{2} = 4\frac{1}{2}$ 이므로 $4\frac{1}{2}$ 보다 작은 자연수는

1, 2, 3, 4입니다.

9 ㉠ $3\frac{3}{4} \times 6 = \frac{15}{\cancel{4}} \times \overset{3}{\cancel{6}} = \frac{45}{2} = 22\frac{1}{2}$

㉡ $4\frac{2}{5} \times 3 = \frac{22}{5} \times 3 = \frac{66}{5} = 13\frac{1}{5}$

➡ $22\frac{1}{2} > 13\frac{1}{5}$

10 어떤 수에 1을 곱하면 어떤 수와 같고,
1보다 작은 수를 곱하면 어떤 수보다 작아지고,
1보다 큰 수를 곱하면 어떤 수보다 커집니다.
따라서 가장 큰 수는 $1\frac{1}{3}$ 을 곱한 ㉢입니다.

11 $\square \div 16 = \frac{7}{12}$

➡ $\square = \frac{7}{\cancel{12}} \times \overset{4}{\cancel{16}} = \frac{28}{3} = 9\frac{1}{3}$

12 (빨간 색종이의 수) = (전체 색종이의 수) $\times \frac{2}{5}$

$= \overset{4}{\cancel{20}} \times \frac{2}{\cancel{5}} = 8$(장)

13 어제는 전체의 $\frac{1}{4}$ 만큼 읽었으므로

오늘은 전체의 $\frac{1}{4} \times \frac{1}{3} = \frac{1}{12}$ 만큼 읽었습니다.

14 (6분 동안 받을 수 있는 물의 양)

$= 4\frac{5}{9} \times 6 = \frac{41}{\cancel{9}} \times \overset{2}{\cancel{6}} = \frac{82}{3} = 27\frac{1}{3}$ (L)

15 (타일을 붙인 벽의 넓이)
= (타일 한 장의 넓이) $\times$ (타일 수)

$= 3\frac{1}{3} \times 3\frac{1}{3} \times 15 = \frac{10}{\cancel{3}} \times \frac{10}{3} \times \overset{5}{\cancel{15}}$

$= \frac{500}{3} = 166\frac{2}{3}$ (cm²)

16 어떤 수는 $\overset{5}{\cancel{15}} \times \frac{5}{\cancel{9}} = \frac{25}{3} = 8\frac{1}{3}$ 이므로

어떤 수의 $\frac{7}{10}$ 배는

$8\frac{1}{3} \times \frac{7}{10} = \frac{\overset{5}{\cancel{25}}}{3} \times \frac{7}{\cancel{10}} = \frac{35}{6} = 5\frac{5}{6}$ 입니다.

17 가장 작은 곱을 만들려면 분모는 되도록 크게, 분자는 되도록 작게 해야 합니다.

➡ $\dfrac{1 \times \overset{1}{\cancel{3}} \times \overset{1}{\cancel{4}}}{\underset{3}{\cancel{9}} \times \underset{2}{\cancel{8}} \times 6} = \dfrac{1}{36}$

18 학교에서 생활하는 시간은 하루의 $\frac{1}{4}$ 이므로 학교에서

공부를 하는 시간은 하루의 $\frac{1}{\cancel{4}} \times \frac{\overset{1}{\cancel{2}}}{3} = \frac{1}{6}$ 입니다.

하루는 24시간이므로 하루에 학교에서 공부하는 시간은

$\overset{4}{\cancel{24}} \times \frac{1}{\cancel{6}} = 4$(시간)입니다.

서술형
19 방법 1 예 대분수를 가분수로 고쳐서 계산하면

$5\frac{1}{8} \times 4 = \frac{41}{\cancel{8}} \times \overset{1}{\cancel{4}} = \frac{41}{2} = 20\frac{1}{2}$ (kg)

방법 2 예 대분수를 자연수와 진분수로 나누어 계산하면

$5\frac{1}{8} \times 4 = (5 \times 4) + (\frac{1}{\cancel{8}} \times \overset{1}{\cancel{4}})$

$= 20 + \frac{1}{2} = 20\frac{1}{2}$ (kg)

평가 기준	배점(5점)
귤 4상자의 무게를 한 가지 방법으로 구했나요?	3점
귤 4상자의 무게를 다른 방법으로 구했나요?	2점

서술형
20 예 1시간 45분 $= 1\frac{45}{60}$ 시간 $= 1\frac{3}{4}$ 시간

따라서 1시간 45분 동안 달릴 수 있는 거리는

$88 \times 1\frac{3}{4} = \overset{22}{\cancel{88}} \times \frac{7}{\cancel{4}} = 154$ (km)입니다.

평가 기준	배점(5점)
1시간 45분은 몇 시간인지 분수로 나타냈나요?	2점
1시간 45분 동안 달릴 수 있는 거리를 구했나요?	3점

기출 단원 평가 Level ❷

1 $6 \times 1\frac{2}{9} = \overset{2}{6} \times \frac{11}{\underset{3}{9}} = \frac{2 \times 11}{3} = \frac{22}{3} = 7\frac{1}{3}$

2 (1) ⓒ (2) ⓐ (3) ⓑ

3 (1) $\frac{3}{4}$ (2) $9\frac{1}{2}$ **4** $4\frac{1}{5}$

5 ⑤   **6** 6   **7** $4\frac{1}{2}$

8 $\frac{5}{8} \times 2$, $3 \times \frac{5}{8}$에 ○표 / $\frac{1}{3} \times \frac{5}{8}$, $\frac{5}{8} \times \frac{7}{10}$에 △표

9 $12\frac{1}{4}$ **10** 9 cm   **11** $\frac{4}{15}$ m

12 $31\frac{1}{2}$ kg   **13** (1) 40 (2) 45

14 $\frac{4}{21}$ **15** 16명   **16** $\frac{7}{16}$

17 $14\frac{2}{3}$ cm² **18** 5, 6, 7, 8

19 ⑩ 우리 반 학생의 $\frac{3}{7}$은 과학을 좋아하고, 그중 $\frac{5}{6}$는 실험을 좋아합니다. 과학 실험을 좋아하는 학생은 우리 반 학생 수의 몇 분의 몇입니까?

$\overset{1}{\cancel{3}}{7} \times \frac{5}{\underset{2}{\cancel{6}}} = \frac{5}{14}$ / $\frac{5}{14}$

20 $\frac{13}{16}$

---

1 대분수를 가분수로 고쳐 약분한 후 자연수와 분자를 곱해야 하는데 자연수와 분모를 곱하여 잘못되었습니다.

2 (1) $\frac{3}{16} \times 5 = \frac{3 \times 5}{16} = 3 \times \frac{5}{16}$

(2) $2\frac{1}{3} \times 4 = \frac{7}{3} \times 4 = 4 \times \frac{7}{3}$

(3) $1\frac{5}{6} \times 8 = \frac{11}{\underset{3}{\cancel{6}}} \times \overset{4}{\cancel{8}} = 4 \times \frac{11}{3}$

3 (1) $\frac{\overset{3}{\cancel{9}}}{\underset{2}{\cancel{10}}} \times \frac{\overset{1}{\cancel{5}}}{\underset{2}{\cancel{6}}} = \frac{3}{4}$

(2) $2\frac{3}{8} \times 4 = \frac{19}{\underset{2}{\cancel{8}}} \times \overset{1}{\cancel{4}} = \frac{19}{2} = 9\frac{1}{2}$

4 $\frac{7}{8} \times 4\frac{4}{5} = \frac{7}{\underset{1}{\cancel{8}}} \times \frac{\overset{3}{\cancel{24}}}{5} = \frac{21}{5} = 4\frac{1}{5}$

5 ① $\frac{1}{4} \times \frac{1}{4} = \frac{1}{16}$ ② $\frac{1}{5} \times \frac{1}{7} = \frac{1}{35}$

③ $\frac{1}{6} \times \frac{1}{6} = \frac{1}{36}$ ④ $\frac{1}{2} \times \frac{1}{9} = \frac{1}{18}$

⑤ $\frac{1}{5} \times \frac{1}{8} = \frac{1}{40}$

➡ $\frac{1}{40} < \frac{1}{36} < \frac{1}{35} < \frac{1}{18} < \frac{1}{16}$

6 $2\frac{2}{3} \times 2\frac{1}{10} = \frac{\overset{4}{\cancel{8}}}{\underset{1}{\cancel{3}}} \times \frac{\overset{7}{\cancel{21}}}{\underset{5}{\cancel{10}}} = \frac{28}{5} = 5\frac{3}{5}$

$5\frac{3}{5} < \square$이므로 □ 안에 들어갈 수 있는 가장 작은 자연수는 6입니다.

7 ⓐ $\frac{11}{\underset{2}{\cancel{18}}} \times \overset{3}{\cancel{27}} = \frac{33}{2} = 16\frac{1}{2}$ ⓑ $\frac{4}{\underset{1}{\cancel{7}}} \times \overset{3}{\cancel{21}} = 12$

➡ ⓐ − ⓑ $= 16\frac{1}{2} - 12 = 4\frac{1}{2}$

8 $\frac{5}{8}$에 1보다 큰 수를 곱하면 $\frac{5}{8}$보다 커지고, 1보다 작은 수를 곱하면 $\frac{5}{8}$보다 작아집니다.

9 $\square \div 2\frac{5}{8} = 4\frac{2}{3}$

➡ $\square = 4\frac{2}{3} \times 2\frac{5}{8} = \frac{\overset{7}{\cancel{14}}}{\underset{1}{\cancel{3}}} \times \frac{\overset{7}{\cancel{21}}}{\underset{4}{\cancel{8}}} = \frac{49}{4} = 12\frac{1}{4}$

10 30 cm의 $\frac{3}{10}$만큼 튀어 오르므로 튀어 오른 높이는 $\overset{3}{\cancel{30}} \times \frac{3}{\underset{1}{\cancel{10}}} = 9$ (cm)입니다.

11 규연이가 만들기를 하는 데 사용한 색 테이프의 길이는 $\frac{8}{9}$ m의 $\frac{3}{10}$이므로 $\frac{\overset{4}{\cancel{8}}}{\underset{3}{\cancel{9}}} \times \frac{\overset{1}{\cancel{3}}}{\underset{5}{\cancel{10}}} = \frac{4}{15}$ (m)입니다.

12 (민주의 몸무게)
$= 5\frac{1}{4} \times 6 = \frac{21}{\underset{2}{\cancel{4}}} \times \overset{3}{\cancel{6}} = \frac{63}{2} = 31\frac{1}{2}$ (kg)

13 (1) 1 m는 100 cm이므로
1 m의 $\frac{2}{5}$는 $\overset{20}{\cancel{100}} \times \frac{2}{\underset{1}{\cancel{5}}} = 40$ (cm)입니다.

(2) 1시간은 60분이므로
1시간의 $\frac{3}{4}$은 $\overset{15}{\cancel{60}} \times \frac{3}{\underset{1}{\cancel{4}}} = 45$(분)입니다.

14 남학생은 전체의 $\frac{4}{7}$, 운동을 좋아하는 남학생은 전체의 $\frac{4}{7} \times \frac{5}{6}$ 이므로 야구를 좋아하는 남학생은 전체의 $\frac{\overset{2}{\cancel{4}}}{7} \times \frac{\overset{1}{\cancel{5}}}{\cancel{6}} \times \frac{2}{\cancel{5}} = \frac{4}{21}$ 입니다.

15 남학생이 전체의 $\frac{3}{7}$ 이므로

여학생은 전체의 $1 - \frac{3}{7} = \frac{4}{7}$ 입니다.

따라서 시하네 반 여학생은 $\overset{4}{\cancel{28}} \times \frac{4}{\cancel{7}} = 16$ (명)입니다.

16 $1\frac{1}{3} \blacktriangle \frac{3}{4} = \left(1\frac{1}{3} - \frac{3}{4}\right) \times \frac{3}{4} = \frac{7}{\underset{4}{\cancel{12}}} \times \frac{\overset{1}{\cancel{3}}}{4} = \frac{7}{16}$

17 색칠한 부분의 넓이는 직사각형 넓이의 $\frac{1}{2}$ 과 같습니다.

$\Rightarrow 6\frac{1}{9} \times 4\frac{4}{5} \times \frac{1}{2} = \frac{\overset{11}{\cancel{55}}}{\underset{3}{\cancel{9}}} \times \frac{\overset{\overset{4}{\cancel{8}}}{\cancel{24}}}{\underset{1}{\cancel{5}}} \times \frac{1}{\underset{1}{\cancel{2}}}$

$= \frac{44}{3} = 14\frac{2}{3} \, (\text{cm}^2)$

18 $\frac{1}{3} \times \frac{1}{\square} = \frac{1}{3 \times \square} \Rightarrow \frac{1}{25} < \frac{1}{3 \times \square} < \frac{1}{12}$ 에서

분자가 1이므로 분모를 비교하면 $25 > 3 \times \square > 12$ 입니다. 따라서 □ 안에 들어갈 수 있는 자연수는 5, 6, 7, 8입니다.

서술형
19

평가 기준	배점(5점)
분수의 곱셈식에 알맞은 문제를 만들었나요?	3점
풀이 과정을 쓰고 답을 구했나요?	2점

서술형
20 예 어떤 수를 □라 하면 $\square + \frac{3}{4} = 1\frac{5}{6}$ 이므로

$\square = 1\frac{5}{6} - \frac{3}{4} = 1\frac{10}{12} - \frac{9}{12} = 1\frac{1}{12}$ 입니다.

따라서 바르게 계산하면

$1\frac{1}{12} \times \frac{3}{4} = \frac{13}{\underset{4}{\cancel{12}}} \times \frac{\overset{1}{\cancel{3}}}{4} = \frac{13}{16}$ 입니다.

평가 기준	배점(5점)
어떤 수를 구했나요?	2점
바르게 계산한 값을 구했나요?	3점

---

3 합동과 대칭

합동과 대칭은 자연물뿐 아니라 일상생활에서 쉽게 접할 수 있는 주제이고, 수학 교과의 내용 외적으로 예술적, 조형적 아름다움과 밀접한 관련이 있습니다. 합동과 대칭의 학습을 통해 생활용품, 광고, 건축 디자인 등 다양한 실생활 장면에서 수학의 유용성을 확인할 수 있으며 자연 환경과 예술 작품에 대한 미적 감각과 예술적 소양을 기를 수 있습니다. 이 단원에서 학습하는 도형의 합동은 도형의 대칭을 이해하기 위한 선수 학습 요소이며, 도형의 대칭은 이후 직육면체, 각기둥과 각뿔을 배우는 데 기본이 되는 학습 요소입니다. 따라서 학생들이 합동과 대칭의 개념과 원리에 대한 정확한 이해를 바탕으로 도형에 대한 기본 개념과 공간 감각을 잘 형성할 수 있도록 지도해야 합니다.

1 도형의 합동
58쪽

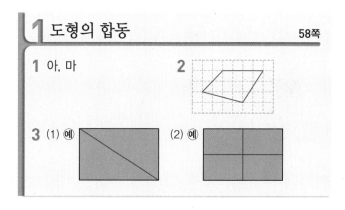

1 아, 마

3 (1) 예 (2) 예

1 가와 포개었을 때 완전히 겹치는 도형은 아이고, 나와 포개었을 때 완전히 겹치는 도형은 마입니다.

2 주어진 도형과 모양과 크기가 같게 그립니다.

3 서로 합동인 도형을 만드는 방법은 여러 가지가 있습니다.

2 합동인 도형의 성질
59쪽

4 (1) 점 ㅅ (2) 변 ㅁㅂ (3) 각 ㅁㅇㅅ

5 (1) 9 cm (2) 30° (3) 60°

4 사각형 ㄱㄴㄷㄹ과 사각형 ㅁㅇㅅㅂ을 포개었을 때 점 ㄷ과 겹치는 점은 점 ㅅ, 변 ㄱㄹ과 겹치는 변은 변 ㅁㅂ, 각 ㄱㄴㄷ과 겹치는 각은 각 ㅁㅇㅅ입니다.

5 (1) 대응변의 길이는 서로 같으므로
(변 ㅁㅂ)=(변 ㄷㄴ)=9 cm입니다.

(2) 대응각의 크기는 서로 같으므로
(각 ㄹㅁㅂ)=(각 ㄱㄷㄴ)=30°입니다.
(3) 각 ㅁㄹㅂ은 각 ㄷㄱㄴ의 대응각이므로
180°−90°−30°=60°입니다.

3 선대칭도형　　　　　60쪽

6 가, 라

7 (1)　　　　(2)

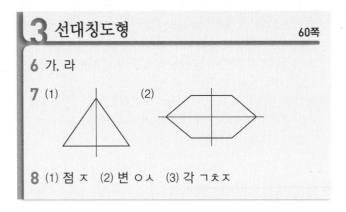

8 (1) 점 ㅈ　(2) 변 ㅇㅅ　(3) 각 ㄱㅊㅈ

6 한 직선을 따라 접어서 완전히 겹치는 도형을 찾으면
가, 라입니다.

7 직선을 따라 접었을 때 도형이 완전히 겹치게 하는 직
선을 찾아 그립니다.

8 대칭축을 따라 포개었을 때 점 ㄷ과 겹치는 점은 점 ㅈ,
변 ㄹㅁ과 겹치는 변은 변 ㅇㅅ, 각 ㄱㄴㄷ과 겹치는 각
은 각 ㄱㅊㅈ입니다.

4 선대칭도형의 성질　　　　　61쪽

9 (1) ㄱㅂ　(2) ㅂㅁㄹ　(3) ㅂㅈ　(4) 90

10 (1)　　　　(2)

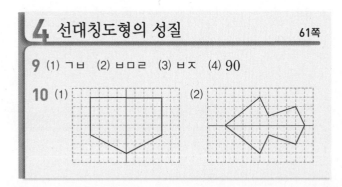

9 (3) 선대칭도형에서 각각의 대응점에서 대칭축까지의
거리는 서로 같습니다.
(4) 선대칭도형의 대응점끼리 이은 선분은 대칭축과 수
직으로 만납니다.

10 각 점의 대응점을 찾아 표시한 후 그 점들을 차례로 이
어 선대칭도형을 완성합니다.

5 점대칭도형　　　　　62쪽

11 가, 라

12 (1)　　　　(2)

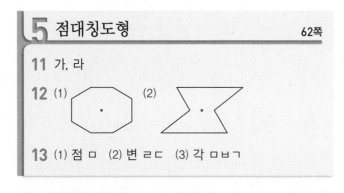

13 (1) 점 ㅁ　(2) 변 ㄹㄷ　(3) 각 ㅁㅂㄱ

11 어떤 점을 중심으로 180° 돌렸을 때 처음 도형과 완전
히 겹치는 도형을 찾으면 가, 라입니다.

12 대응점끼리 이었을 때 만나는 점이 대칭의 중심입니다.

13 점 ㅇ을 중심으로 180° 돌렸을 때 점 ㄴ과 겹치는 점은
점 ㅁ, 변 ㄱㅂ과 겹치는 변은 변 ㄹㄷ, 각 ㄴㄷㄹ과 겹
치는 각은 각 ㅁㅂㄱ입니다.

6 점대칭도형의 성질　　　　　63쪽

14 (1) ㄹㄷ　(2) ㄹㅁㅂ　(3) ㄹㅇ　(4) ㅁㅇ

15 (1)　　　　(2)

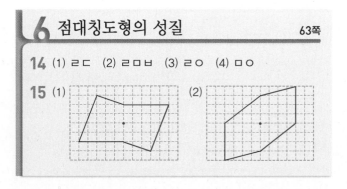

14 (3) (4) 점대칭도형에서 대칭의 중심은 대응점끼리 이은
선분을 둘로 똑같이 나눕니다.

15 각 점의 대응점을 찾아 표시한 후 그 점들을 차례로 이
어 점대칭도형을 완성합니다.

기본에서 응용으로　　　　　64~71쪽

1 라, 바　　　　**2** 라　　　　**3**

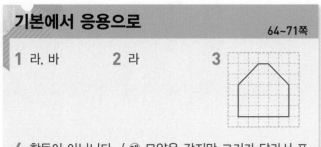

4 합동이 아닙니다. / ⑩ 모양은 같지만 크기가 달라서 포
개었을 때 완전히 겹치지 않기 때문입니다.

5 나와 아, 라와 마 **6** ③

7 변 ㅅㅂ, 각 ㄱㄴㄷ **8** 5쌍, 5쌍

9 (1) 변 ㄷㄱ (2) 각 ㄷㄹㄴ **10** 7 cm

11 22 cm **12** 12 cm **13** 26 cm

14 80° **15** 110 **16** 60°

17 115° **18** 90° **19** 21 cm²

20 210 cm² **21** 16 cm² **22** 225 cm²

23 가, 다, 바

24 (1)   (2)

25 ㉠, ㉣ **26** 파나마, 뉴질랜드

27 5개 **28** ⑤

29 (1) 점 ㅅ (2) 변 ㄱㅇ (3) 각 ㅅㅂㅁ

30 (1) (위에서부터) 7, 85 (2) (위에서부터) 80, 6

31 (1) 90° (2) 10 cm **32** 32 cm

33 (1) 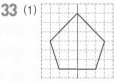 (2)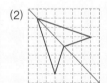

34 30° **35** (1) ㅍ (2) ㅁ **36** 50°

37 ㉢ / 예 ㉢은 어떤 점을 중심으로 180° 돌려도 처음 도형과 완전히 겹치지 않기 때문입니다.

38 ②, ④

39 (1)   (2)

40 (1) ㉠, ㉢, ㉣ (2) ㉠, ㉡, ㉢ (3) ㉠, ㉢

41 ②, ④

42 (1) 점 ㅊ (2) 변 ㅅㅈ (3) 각 ㅊㅋㄱ

43 각 ㄹㅁㅂ **44** (왼쪽에서부터) 9, 8, 145

45 8 cm **46** 48 cm **47** 70°

48 24 cm **49**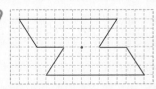

---

2 점선 라를 따라 자르면 잘린 두 도형의 모양과 크기가 같습니다.

서술형
4

단계	문제 해결 과정
①	두 도형이 합동인지 아닌지 답했나요?
②	그 이유를 설명했나요?

5 두 표지판을 포개었을 때 완전히 겹치는 것은 나와 아, 라와 마입니다.

6 ③ 두 직사각형은 넓이가 같아도 모양이 다를 수 있습니다.

8 두 도형은 서로 합동인 오각형이므로 대응변과 대응각은 각각 5쌍입니다.

9 삼각형 ㄱㄴㄷ과 삼각형 ㄹㄷㄴ을 포개면 점 ㄱ은 점 ㄹ과 만나고 점 ㄴ은 점 ㄷ과 만나므로 변 ㄴㄹ의 대응변은 변 ㄷㄱ이고 각 ㄴㄱㄷ의 대응각은 각 ㄷㄹㄴ입니다.

10 변 ㅁㅇ의 대응변은 변 ㄷㄴ이고 대응변의 길이는 서로 같으므로 (변 ㅁㅇ)=(변 ㄷㄴ)=7 cm입니다.

11 (변 ㅁㅂ)=(변 ㄷㄴ)=7 cm
(변 ㄹㅂ)=(변 ㄱㄴ)=5 cm
➡ (삼각형 ㄹㅁㅂ의 둘레)=10+7+5=22 (cm)

12 (변 ㅇㅅ)=(변 ㄱㄴ)=14 cm
사각형 ㅁㅂㅅㅇ의 둘레가 46 cm이므로
(변 ㅂㅅ)=46-9-11-14=12 (cm)입니다.
➡ (변 ㄴㄷ)=(변 ㅅㅂ)=12 cm

13 삼각형 ㄱㄴㅁ과 삼각형 ㅁㄷㄹ은 서로 합동이므로
(변 ㄴㅁ)=(변 ㄷㄹ)=1 cm,
(변 ㅁㄷ)=(변 ㄱㄴ)=7 cm입니다.
따라서 사각형 ㄱㄴㄷㄹ의 둘레는
7+1+7+1+10=26 (cm)입니다.

14 각 ㄹㅁㅂ의 대응각은 각 ㄷㄱㄴ이고 대응각의 크기는 서로 같으므로 (각 ㄹㅁㅂ)=(각 ㄷㄱㄴ)=80°입니다.

15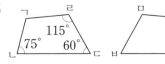

(각 ㅁㅇㅅ)=(각 ㄹㄱㄴ)
      =360°-75°-60°-115°=110°

16 예 각 ㅁㄹㅂ의 대응각은 각 ㄷㄴㄱ입니다.
(각 ㄷㄴㄱ)=180°−90°−30°=60°이므로
각 ㅁㄹㅂ은 60°입니다.

단계	문제 해결 과정
①	각 ㅁㄹㅂ의 대응각을 찾았나요?
②	각 ㅁㄹㅂ의 크기를 구했나요?

17 (각 ㄴㄷㄹ)=(각 ㄷㄴㄱ)
　　　　　　　=180°−35°−30°=115°

18 (각 ㄱㄷㄴ)+(각 ㄷㄱㄴ)=180°−90°=90°
(각 ㄷㄱㄴ)=(각 ㅁㄷㄹ)이므로
(각 ㄱㄷㄴ)+(각 ㅁㄷㄹ)=90°입니다.
따라서 (각 ㄱㄷㅁ)=180°−90°=90°입니다.

19 (변 ㄱㄴ)=(변 ㄷㄹ)=7 cm
➡ (직사각형 ㄱㄴㄷㅅ의 넓이)=3×7=21 (cm²)

20 (선분 ㅁㅇ)=(선분 ㄷㄴ)=14 cm
직사각형 ㄱㄴㅅㅇ의 가로는 11+14−4=21 (cm),
세로는 10 cm이므로 넓이는 21×10=210 (cm²)
입니다.

21 (변 ㄱㄴ)=(변 ㅅㅂ)=(변 ㄱㅇ)=(변 ㄷㄹ)=4 cm
색칠한 부분은 한 변이 4 cm인 정사각형이므로 넓이는
4×4=16 (cm²)입니다.

22 직사각형 1개의 짧은 변은 11−7=4 (cm)이므로
사각형 ㄱㄴㄷㄹ은 한 변이 11+4=15 (cm)인 정사
각형입니다. 따라서 사각형 ㄱㄴㄷㄹ의 넓이는
15×15=225 (cm²)입니다.

23 한 직선을 따라 접어서 완전히 겹치는 도형은 가, 다,
바입니다.

24 직선을 따라 접었을 때 도형이 완전히 겹치게 하는 직
선을 찾아 그립니다.

25 ㉠  ㉣

26 파나마와 뉴질랜드의 국기는 직선을 따라 접었을 때 완
전히 겹치게 하는 직선을 찾을 수 없습니다.

27
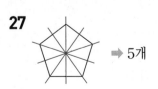 ➡ 5개

28 ① 1개 ② 4개 ③ 6개 ④ 2개 ⑤ 셀 수 없이 많습니다.

30 선대칭도형에서 대응변의 길이와 대응각의 크기는 각
각 같습니다.

31 ⑴ 선대칭도형에서 대응점끼리 이은 선분은 대칭축과
수직으로 만납니다.
⑵ 선대칭도형에서 각각의 대응점에서 대칭축까지의
거리는 같으므로 (선분 ㄷㅂ)=5×2=10 (cm)
입니다.

32 선대칭도형에서 대응변의 길이는 서로 같으므로
(변 ㅁㄹ)=(변 ㄱㄴ)=5 cm,
(변 ㄷㄹ)=(변 ㄷㄴ)=7 cm입니다.
➡ (선대칭도형의 둘레)=8+5+7+7+5
　　　　　　　　　　　　=32 (cm)

33 각 점의 대응점을 찾아 표시한 후 그 점들을 차례로 이
어 선대칭도형을 완성합니다.

34 예 선대칭도형에서 대응각의 크기는 서로 같으므로
(각 ㄹㄷㅂ)=(각 ㄹㅁㅂ)=100°입니다.
따라서 (각 ㄷㄹㅂ)=180°−100°−50°=30°입니다.

단계	문제 해결 과정
①	각 ㄹㄷㅂ의 크기를 구했나요?
②	각 ㄷㄹㅂ의 크기를 구했나요?

35 선대칭도형을 완성하면 ⑴은 ㅍ, ⑵는 ㅁ의 글자가 됩
니다.

36 선대칭도형에서 대응점끼리 이은 선분은 대칭축과 수
직으로 만나므로 각 ㄱㄹㄷ은 90°이고,
(각 ㄱㄹㄴ)=(각 ㄱㄴㄹ)=40°입니다.
➡ (각 ㄷㄱㄹ)=180°−90°−40°=50°

37
단계	문제 해결 과정
①	점대칭도형이 아닌 것을 찾았나요?
②	점대칭도형이 아닌 이유를 설명했나요?

38 어떤 점을 중심으로 180° 돌렸을 때 처음 문자와 완전
히 겹치는 문자를 찾습니다.
②▣ ④◉

39 대응점끼리 이었을 때 만나는 점이 대칭의 중심입니다.

40 (1) 선대칭도형: ㉠, ㉢, ㉣
(2) 점대칭도형: ㉠, ㉡, ㉢
(3) 선대칭도형이면서 점대칭도형: ㉠, ㉢

41

43 점대칭도형에서 각 ㅈㄱㄴ과 각 ㄹㅁㅂ은 대응각이므로 크기가 같습니다.

44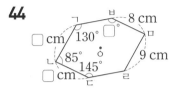

대응변의 길이와 대응각의 크기는 각각 같으므로
(변 ㄱㄴ)=(변 ㄹㅁ)=9 cm,
(변 ㄴㄷ)=(변 ㅁㅂ)=8 cm,
(각 ㄱㅂㅁ)=(각 ㄹㄷㄴ)=145°입니다.

45 점대칭도형에서 각각의 대응점에서 대칭의 중심까지의 거리는 같으므로 (선분 ㄴㅇ)=(선분 ㅁㅇ)입니다.
➡ (선분 ㄴㅇ)=(선분 ㄴㅁ)÷2=16÷2=8 (cm)

46

점대칭도형에서 대응변의 길이는 서로 같으므로
(변 ㄷㄹ)=(변 ㅂㄱ)=9 cm,
(변 ㄹㅁ)=(변 ㄱㄴ)=4 cm,
(변 ㅁㅂ)=(변 ㄴㄷ)=11 cm입니다.
➡ (점대칭도형의 둘레)=9+4+11+9+4+11
=48 (cm)

47 점대칭도형에서 대응각의 크기는 서로 같으므로
(각 ㄱㅂㅁ)=(각 ㄹㄷㄴ)=90°,
(각 ㅂㄱㄴ)=(각 ㄷㄹㅁ)=130°입니다.
따라서 (각 ㄱㄴㅁ)=360°−130°−90°−70°=70°
입니다.

48 (선분 ㅂㅇ)=(선분 ㄷㅇ)=7 cm
(변 ㅁㅂ)=(변 ㄴㄷ)=19−7−7=5 (cm)
➡ (선분 ㄴㅁ)=19+5=24 (cm)

49 각 점의 대응점을 찾아 표시한 후 그 점들을 차례로 이어 점대칭도형을 완성합니다.

응용에서 최상위로

1 216 cm²	**1-1** 128 cm²	**1-2** 10 cm
2 60 cm²	**2-1** 180 cm²	**2-2** 80 cm²
3 5개	**3-1** 7개	**3-2** 12개

4 1단계 예 양쪽의 모양이 같은 선대칭도형이므로 페인트 존의 가로는 580 cm, 세로는 490 cm입니다.
2단계 예 (한쪽 페인트 존의 넓이)
=580×490=284200 (cm²)
/ 284200 cm²

4-1 113.64 m

1 삼각형 ㄱㅂㄷ은 삼각형 ㄱㄹㄷ을 접은 것이므로 두 삼각형은 서로 합동입니다.
삼각형 ㄱㄴㄷ은 삼각형 ㄱㄹㄷ과 합동이므로 삼각형 ㄱㅂㄷ과도 합동이고 삼각형 ㄱㄴㅁ과 삼각형 ㄷㅂㅁ도 합동입니다.
따라서 (변 ㄴㅁ)=(변 ㅂㅁ)=5 cm,
(변 ㄹㄷ)=(변 ㅂㄷ)=12 cm이므로
직사각형 ㄱㄴㄷㄹ의 넓이는
(5+13)×12=18×12=216 (cm²)입니다.

1-1 삼각형 ㄱㄴㅁ과 삼각형 ㄷㅂㅁ이 서로 합동이므로
(변 ㅁㄷ)=(변 ㅁㄱ)=10 cm,
(변 ㄱㄴ)=(변 ㄷㅂ)=8 cm입니다.
따라서 직사각형 ㄱㄴㄷㄹ의 넓이는
(6+10)×8=16×8=128 (cm²)입니다.

1-2 삼각형 ㄱㅁㅂ과 삼각형 ㄷㄹㅂ이 서로 합동이므로
(변 ㄱㅂ)=(변 ㄷㅂ)=26 cm,
(변 ㄷㄹ)=(변 ㄱㅁ)=24 cm입니다.
선분 ㅂㄹ의 길이를 □ cm라고 하면
(26+□)×24=864, 26+□=36, □=10입니다.

2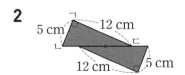

완성된 점대칭도형의 넓이는 위와 같이 삼각형 ㄱㄴㄷ의 넓이의 2배가 됩니다. 따라서 완성된 점대칭도형의 넓이는 (5×12÷2)×2=60 (cm²)입니다.

2-1

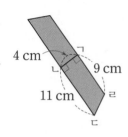

완성된 점대칭도형의 넓이는 위와 같이 삼각형 ㄱㄴㄷ
의 넓이의 2배가 됩니다.
따라서 완성된 점대칭도형의 넓이는
$((5+7) \times 15 \div 2) \times 2 = 180\ (cm^2)$입니다.

2-2 완성된 선대칭도형의 넓이는 오
른쪽과 같이 사다리꼴 ㄱㄴㄷㄹ
의 넓이의 2배가 됩니다. 따라
서 완성된 선대칭도형의 넓이는
$((9+11) \times 4 \div 2) \times 2 = 80$
(cm^2)입니다.

3 100부터 200까지의 자연수 중 $180°$ 돌려도 같은 수
를 나타내는 것은 백의 자리와 일의 자리 숫자는 1이고
십의 자리 숫자는 **0, 1, 2, 5, 8**인 수입니다.
따라서 구하려는 수는 **101, 111, 121, 151, 181**로 모두
5개입니다.

3-1 1000부터 2000까지의 자연수 중 $180°$ 돌려도 같은 수
를 나타내는 것은 천의 자리와 일의 자리 숫자는 1이고
백의 자리와 십의 자리 숫자는 **00, 11, 22, 55, 88,
69, 96**인 수입니다.
따라서 구하려는 수는 **1001, 1111, 1221, 1551, 1881,
1691, 1961**로 모두 7개입니다.

3-2 6000보다 작은 자연수 중 $180°$ 돌려도 같은 수를 나
타내는 것은 천의 자리와 일의 자리 숫자는 **1** 또는 **5**이
고, 백의 자리와 십의 자리 숫자는 **00, 11, 55, 88,
69, 96**인 수입니다.
따라서 구하려는 수는 **1001, 1111, 1551, 1881, 1691,
1961, 5005, 5115, 5555, 5885, 5695, 5965**
로 모두 12개입니다.

4-1 축구 경기장은 양쪽의 모양이 같은 선대칭도형이므로
페널티 에어리어의 가로는 $16.5\ m$, 세로는 $40.32\ m$
입니다.
따라서 한쪽 페널티 에어리어의 둘레는
$16.5+40.32+16.5+40.32 = 113.64\ (m)$입니다.

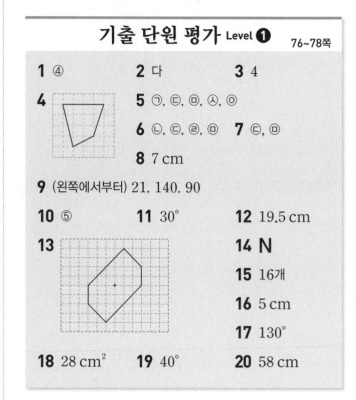

기출 단원 평가 Level ❶ 76~78쪽

1 ④	**2** 다	**3** 4
4	**5** ㉠, ㉢, ㉤, ㉃, ㉅	
	6 ㉡, ㉢, ㉣, ㉤	**7** ㉢, ㉤
	8 7 cm	

9 (왼쪽에서부터) 21, 140, 90

10 ⑤	**11** 30°	**12** 19.5 cm
13	**14** N	
	15 16개	
	16 5 cm	
	17 130°	
18 28 cm²	**19** 40°	**20** 58 cm

3 합동인 도형에서 대응변의 길이는 서로 같으므로
□$=4$ cm입니다.

5 한 직선을 따라 접어서 완전히 겹치는 도형을 찾으면
㉠, ㉢, ㉤, ㉃, ㉅입니다.

6 어떤 점을 중심으로 $180°$ 돌렸을 때 처음 도형과 완전
히 겹치는 도형을 찾으면 ㉡, ㉢, ㉣, ㉤입니다.

8 선대칭도형에서 대응변의 길이는 서로 같으므로
(변 ㄷㄹ)=(변 ㅁㄹ)$=7$ cm입니다.

9

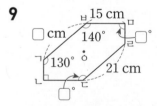

대응변의 길이와 대응각의 크기는 각각 같으므로
(변 ㄱㅂ)=(변 ㄹㄷ)$=21$ cm,
(각 ㄴㄷㄹ)=(각 ㅁㅂㄱ)$=140°$,
(각 ㄹㅁㅂ)=(각 ㄱㄴㄷ)$=90°$입니다.

10 ① ⊖ 2개 ② ⧄ 1개 ③ △ 3개
④ ◁ 1개 ⑤ ✳ 4개

11 (각 ㄱㄷㄴ)=(각 ㄹㅁㅂ)$=50°$이므로
(각 ㄱㄴㄷ)$=180°-100°-50°=30°$입니다.

12 (변 ㅁㅇ)＝(변 ㄱㄴ)＝4 cm
(변 ㅂㅅ)＝(변 ㄹㄷ)＝3 cm
➡ (사각형 ㅁㅂㅅㅇ의 둘레)＝7＋3＋5.5＋4
＝19.5 (cm)

13 각 점의 대응점을 찾아 표시한 후 그 점들을 차례로 이어 점대칭도형을 완성합니다.

14 선대칭도형: **C**, **E**, **H**, 점대칭도형: **H**, **N**
점대칭도형이지만 선대칭도형이 아닌 것: **N**

15 4번 접어서 펼친 모양은 오른쪽과 같고, 접힌 선을 따라 자르면 합동인 삼각형이 16개 생깁니다.

16 (선분 ㅇㅂ)＝(선분 ㅇㄷ)＝12 cm이므로
(선분 ㅁㅂ)＝12－7＝5 (cm)입니다.

17 (각 ㄱㄷㄴ)＝180°－105°－50°＝25°이고,
각 ㅁㄹㄷ의 대응각이 각 ㄱㄷㄴ이므로
(각 ㅁㄹㄷ)＝(각 ㄱㄷㄴ)＝25°입니다.
➡ (각 ㄱㄷㅁ)＝180°－25°－25°＝130°

18 완성된 선대칭도형의 넓이는 오른쪽과 같이 사다리꼴 ㄱㄴㄷㄹ의 넓이의 2배가 됩니다. 따라서 완성된 선대칭도형의 넓이는 ((2＋5)×4÷2)×2＝28 (cm²)입니다.

서술형
19 예 합동인 도형에서 대응각의 크기는 서로 같으므로 각 ㄷㅁㄹ과 각 ㄱㄷㄴ은 크기가 같습니다.
(각 ㄷㅁㄹ)＝(각 ㄱㄷㄴ)
＝180°－50°－90°＝40°

평가 기준	배점(5점)
각 ㄷㅁㄹ의 대응각을 찾았나요?	2점
각 ㄷㅁㄹ의 크기를 구했나요?	3점

서술형
20 예 대응변의 길이는 서로 같으므로
(변 ㄴㄷ)＝(변 ㅁㅂ)＝6 (cm),
(변 ㄹㅁ)＝(변 ㄱㄴ)＝9 (cm),
(변 ㄱㅂ)＝(변 ㄹㄷ)＝14 (cm)입니다.
따라서 점대칭도형의 둘레는
9＋6＋14＋9＋6＋14＝58 (cm)입니다.

평가 기준	배점(5점)
변 ㄴㄷ, 변 ㄹㅁ, 변 ㄱㅂ의 길이를 구했나요?	3점
점대칭도형의 둘레를 구했나요?	2점

---

1 다, 마
2 ③, ④, ⑤
3 변 ㄷㄱ, 각 ㄹㄱㄷ
4 예
5 ②, ④
6 ㉡, ㉣
7 130°
8 7 cm
9 ㉢, ㉡, ㉠
10 44 cm
11 ㅌ
12 5 cm
13 3개
14 60°
15 940
16 4쌍
17 56 cm
18 32 cm²
19 40 cm²
20 120°

2 ①, ②를 점선을 따라 잘랐을 때 만들어지는 두 도형은 모양과 크기가 다르므로 합동이 아닙니다.

3 삼각형 ㄱㄴㄹ과 삼각형 ㄹㄷㄱ을 포개었을 때 변 ㄴㄹ과 변 ㄷㄱ, 각 ㄱㄹㄴ과 각 ㄹㄱㄷ이 겹칩니다.

4 예

5 ②, ④는 직선을 따라 접었을 때 도형이 완전히 겹치게 하는 직선을 찾을 수 없습니다.

6 한 점을 중심으로 180° 돌렸을 때 처음 알파벳과 완전히 겹치는 것은 ㉡, ㉣입니다.

7 점대칭도형에서 대응각의 크기는 서로 같으므로
(각 ㄱㅂㅁ)＝(각 ㄹㄷㄴ)＝130°입니다.

8 대칭의 중심은 대응점끼리 이은 선분을 둘로 똑같이 나누므로 (선분 ㅂㅇ)＝14÷2＝7 (cm)입니다.

9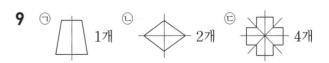

10 (변 ㅇㅁ)＝(변 ㅇㄹ)＝6 cm
(변 ㅂㅁ)＝(변 ㄷㄹ)＝12 cm
따라서 선대칭도형의 둘레는
8＋12＋6＋6＋12＝44 (cm)입니다.

11 선대칭도형을 완성하면 ㅌ의 글자가 됩니다.

12 (변 ㄴㄷ)=(변 ㅂㅁ)=7 cm이므로
(변 ㄱㄷ)=22−10−7=5 (cm)입니다.

13 선대칭도형: ㅁ, ㅂ, ㅇ, ㅍ
점대칭도형: ㄹ, ㅁ, ㅇ, ㅍ
➡ 선대칭도형이면서 점대칭도형인 글자: ㅁ, ㅇ, ㅍ

14 (각 ㄹㄷㄴ)=(각 ㄱㄷㄴ)=90°
(각 ㄱㄷㄴ)=180°−60°−90°=30°
따라서 (각 ㅁㄷㄹ)=90°−30°=60°입니다.

15 659+182를 180° 돌린 식은 281+659=940
입니다.

16 삼각형 ㄱㄴㅁ과 삼각형 ㄷㄹㅁ, 삼각형 ㄱㅁㄹ과 삼각형
ㄷㅁㄴ, 삼각형 ㄱㄴㄹ과 삼각형 ㄷㄹㄴ, 삼각형 ㄱㄴㄷ
과 삼각형 ㄷㄹㄱ이 합동이므로 합동인 삼각형은 모두
4쌍입니다.

17 완성된 점대칭도형은 오른쪽
과 같으므로 점대칭도형의
둘레는
(9+7+9+3)×2=56
(cm)입니다.

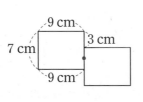

18 삼각형 ㄱㄴㅂ과 삼각형 ㄷㅁㅂ은 서로 합동이므로
(변 ㄱㄴ)=(변 ㄷㅁ)=4 cm,
(변 ㄴㅂ)=(변 ㅁㅂ)=3 cm,
(변 ㄴㄷ)=3+5=8 (cm)입니다.
➡ (직사각형 ㄱㄴㄷㄹ의 넓이)=8×4=32 (cm²)

^{서술형}
19 예 합동인 도형에서 대응변의 길이는 서로 같으므로
(변 ㄴㄷ)=(변 ㄹㅁ)=8 cm입니다.
따라서 직사각형 ㄱㄴㄷㅅ의 넓이는
8×5=40 (cm²)입니다.

평가 기준	배점(5점)
변 ㄴㄷ의 길이를 구했나요?	3점
직사각형 ㄱㄴㄷㅅ의 넓이를 구했나요?	2점

^{서술형}
20 예 (각 ㄷㄹㅁ)=(각 ㄷㅇㅅ)=100°이고
(각 ㅁㅂㄷ)=90°이므로
(각 ㄹㅁㅂ)=360°−50°−100°−90°=120°입니다.

평가 기준	배점(5점)
각 ㄷㄹㅁ과 각 ㅁㅂㄷ의 크기를 구했나요?	3점
각 ㄹㅁㅂ의 크기를 구했나요?	2점

4 소수의 곱셈

소수는 자연수와 같이 십진법이 적용되며 분수에 비해 크기 비교가 쉽기 때문에 일상생활에서 자주 활용됩니다. 소수의 개념뿐만 아니라 소수의 덧셈과 뺄셈, 곱셈과 나눗셈은 일상생활에서 접하는 여러 가지 문제를 해결하는 데 유용할 뿐 아니라 이후에 학습하게 될 유리수 개념과 유리수의 계산 학습의 기초가 됩니다. 소수의 곱셈 계산을 하기 전에 여러 가지 방법으로 소수의 곱셈 결과를 어림해 보도록 함으로써 수 감각을 기르도록 지도하고, 곱의 소수점 위치를 찾는 활동을 지나치게 기능적으로 접근하지 않도록 주의합니다. 분수와 소수의 관계를 바탕으로 개념적으로 이해하도록 활동을 제공하고 안내하는 것이 필요합니다.

1 (소수)×(자연수) (1)   84쪽

1 방법1 0.6, 0.6, 0.6, 0.6, 2.4
방법2 24, 24, 2.4
방법3 6, 6, 4, 24, 2.4

2 (1)
$$\begin{array}{r} 0.3 \\ \times 6 \\ \hline 1.8 \end{array}$$
(2)
$$\begin{array}{r} 0.8 \\ \times 3 \\ \hline 2.4 \end{array}$$

3 (1) 3.6 (2) 3.5 (3) 0.68 (4) 2.08

1 방법1 덧셈식으로 계산하기
방법2 0.1의 개수로 계산하기
방법3 분수의 곱셈으로 계산하기

2 자연수의 곱셈과 같이 계산한 후 곱해지는 소수의 소수점 위치에 맞추어 곱에 소수점을 찍습니다.

2 (소수)×(자연수) (2)   85쪽

4 (1) 예 1.3은 0.1이 13개이므로 1.3×6은 0.1이
13×6=78(개)입니다. 따라서 1.3×6=7.8입니다.

(2) 예 $1.9 \times 4 = \frac{19}{10} \times 4 = \frac{19 \times 4}{10} = \frac{76}{10} = 7.6$

(3) 예
$$\begin{array}{r} 3.7 \\ \times 2 \\ \hline 7.4 \end{array}$$

5 (1) 9.8 (2) 26.5 (3) 3.81 (4) 5.66

3 (자연수)×(소수) (1) — 86쪽

6 **방법 1** 7, 3, 7, 21, 2.1
방법 2 21, 2.1

7
(1)
$$
\begin{array}{r}
8 \\
\times\ 0.6 \\
\hline
4.8
\end{array}
$$
(2)
$$
\begin{array}{r}
4 \\
\times\ 0.8 \\
\hline
3.2
\end{array}
$$

8 (1) 2.4 (2) 7.2 (3) 13.5 (4) 3.1

6 **방법 1** 분수의 곱셈으로 계산하기
방법 2 자연수의 곱셈으로 계산하기

7 자연수의 곱셈과 같이 계산한 후 곱하는 소수의 소수점 위치에 맞추어 곱에 소수점을 찍습니다.

4 (자연수)×(소수) (2) — 87쪽

9
(1) 예 $30 \times 25 = 750 \Rightarrow 30 \times 2.5 = 75$
(2) 예
$$
\begin{array}{r}
9 \\
\times\ 1.4 \\
\hline
1\ 2.6
\end{array}
$$

10 (1) 6.8 (2) 18.4 (3) 4.38 (4) 7.5

5 (소수)×(소수) (1) — 88쪽

11 **방법 1** 4, 9, 36, 0.36
방법 2 36, 0.36

12
(1)
$$
\begin{array}{r}
0.5 \\
\times\ 0.3 \\
\hline
0.1\ 5
\end{array}
$$
(2)
$$
\begin{array}{r}
0.9 \\
\times\ 0.6 \\
\hline
0.5\ 4
\end{array}
$$

13 (1) 0.25 (2) 0.14 (3) 0.051 (4) 0.252

11 **방법 1** 분수의 곱셈으로 계산하기
방법 2 자연수의 곱셈으로 계산하기

12 곱의 소수점 아래 자리 수는 곱하는 두 소수의 소수점 아래 자리 수의 합과 같습니다.

6 (소수)×(소수) (2) — 89쪽

14
(1) 예 $1.7 \times 1.2 = \dfrac{17}{10} \times \dfrac{12}{10} = \dfrac{204}{100} = 2.04$
(2) 예
$$
\begin{array}{r}
3.4 \\
\times\ 1.9 \\
\hline
3\ 0\ 6 \\
3\ 4 \\
\hline
6.4\ 6
\end{array}
$$
(3) 예 $18 \times 15 = 270 \Rightarrow 1.8 \times 1.5 = 2.7$

15 (1) 4.16 (2) 2.38 (3) 8.05 (4) 4.014

7 곱의 소수점 위치 — 90쪽

16 (1) 24.17, 241.7, 2417 (2) 58, 5.8, 0.58

17 (1) 1222 (2) 1.222

18 (1) 12.45 (2) 1.245

16 (1) 곱하는 수의 0이 하나씩 늘어날 때마다 곱의 소수점을 오른쪽으로 한 칸씩 옮깁니다.
(2) 곱하는 소수의 소수점 아래 자리 수가 하나씩 늘어날 때마다 곱의 소수점을 왼쪽으로 한 칸씩 옮깁니다.

17 (1) 4.7×260은 4.7×26보다 26에 0이 1개 더 있으므로 122.2에서 소수점을 오른쪽으로 한 칸 옮기면 1222입니다.
(2) 0.047×26은 4.7×26보다 4.7의 소수점 아래 자리 수가 2개 더 늘어났으므로 122.2에서 소수점을 왼쪽으로 두 칸 옮기면 1.222입니다.

18 (1) 8.3은 83의 0.1배이고 1.5는 15의 0.1배이므로 8.3×1.5는 1245의 0.01배인 12.45입니다.
(2) 8.3은 83의 0.1배이고 0.15는 15의 0.01배이므로 8.3×0.15는 1245의 0.001배인 1.245입니다.

기본에서 응용으로 — 91~97쪽

1 ⑤

2 5, 35, 3.5

3 **방법 1** 예 덧셈식으로 계산하면
$$0.8 \times 4 = 0.8 + 0.8 + 0.8 + 0.8 = 3.2$$
방법 2 예 분수의 곱셈으로 계산하면
$$0.8 \times 4 = \frac{8}{10} \times 4 = \frac{8 \times 4}{10} = \frac{32}{10} = 3.2$$

4 ㉡ **5** 2.45 L **6** 1.5 kg

7 12, 2.1, 14.1

8 수아 / 예 3.95와 2의 곱은 8 정도가 됩니다.

9 16.8 **10** 17.22 m **11** 3.4 km

12 (1) 68, 6.8 (2) 87, 0.87

13 1.2, 2.4, 3.6, 4.8 **14** >

15 금성 **16** 36 cm

17 12, 4.2, 16.2 **18** 138, 13.8

19 ㉢ **20** 7.4 kg

21 없습니다에 ○표 /
예 200×10.5는 200×10=2000보다 크기 때문입니다.

22 방법 1 예 $0.9×0.7=\dfrac{9}{10}×\dfrac{7}{10}=\dfrac{63}{100}=0.63$

방법 2 예 $9×7=63 \Rightarrow 0.9×0.7=0.63$

23 64, 0.064 **24** ㉡ **25** 0.27 kg

26 0.24

27
```
   2.1 7        2.1 7
 + 3.5        ×   3.5
 ─────        ───────
   5.6 7        1 0 8 5
                6 5 1
              ─────────
                7.5 9 5
```

28 3.9×1.2, 3.9×4.3에 ○표 **29** 4, 5, 6, 7

30 7.65 kg **31** 4.95 km

32 3.5, 27 (또는 35, 2.7)

33 (1) ㉡ (2) ㉢ (3) ㉠

34 ㉢ **35** 37.5 g, 375 g, 3750 g

36 0.12 kg **37** =

38 (1) 100 (2) 0.1 **39** (1) 3.6 (2) 0.527

40 1.7 **41** 7.54 **42** 74.46

43 36.24 kg **44** 324 L **45** 22.36 cm²

46 4.86 cm² **47** 10.58 cm² **48** 22.36

49 10.933 **50** 55.216

1 ①, ②, ③, ④의 계산 결과는 2.1이고,
⑤의 계산 결과는 0.9입니다.

2 0.5는 0.1이 5개입니다.

서술형
3

단계	문제 해결 과정
①	한 가지 방법으로 계산했나요?
②	다른 한 가지 방법으로 계산했나요?

4 ㉠ 0.59×6은 0.6×6=3.6보다 작습니다.
㉡ 0.92×5는 0.9×5=4.5보다 큽니다.
㉢ 0.7×5=3.5
따라서 계산 결과가 4보다 큰 것은 ㉡입니다.

5 (일주일 동안 마신 우유의 양)
=(하루에 마시는 우유의 양)×(날수)
=0.35×7=2.45 (L)

6 1000 g=1 kg이므로 500 g=0.5 kg입니다.
따라서 사과 3개의 무게는 0.5×3=1.5 (kg)입니다.

7 4.7×3=(4×3)+(0.7×3)
    =12+2.1=14.1

서술형
8

단계	문제 해결 과정
①	잘못 말한 친구를 찾았나요?
②	잘못 말한 부분을 바르게 고쳤나요?

수아: 395와 2의 곱이 약 800이고 3.95는 395의 0.01배이므로 3.95와 2의 곱은 800의 0.01배인 8 정도입니다.

9 □÷6=2.8 ➡ □=2.8×6=16.8

10 (꽃 모양을 만드는 데 사용한 철사의 길이)
=(철사 한 개의 길이)×(사용한 철사의 수)
=5.74×3=17.22 (m)

11 1000 m=1 km이므로 1 km 700 m=1.7 km입니다. 따라서 집에서 편의점까지 다녀온다면
1.7×2=3.4 (km)를 걸은 셈입니다.

12 (1) 곱하는 수가 $\dfrac{1}{10}$배가 되면 계산 결과도 $\dfrac{1}{10}$배가 됩니다.

(2) 곱하는 수가 $\dfrac{1}{100}$배가 되면 계산 결과도 $\dfrac{1}{100}$배가 됩니다.

13 곱해지는 수가 ■배가 되면 계산 결과도 ■배가 됩니다.

14 어떤 수에 1보다 작은 수를 곱하면 처음 수보다 작아집니다.

15 40 kg의 약 0.9배가 36 kg이므로 금성에서 몸무게를 잰 것입니다.

16 (노란색 테이프의 길이)
＝(빨간색 테이프의 길이)×0.8
＝45×0.8＝36 (cm)

17 6×2.7＝(6×2)＋(6×0.7)
＝12＋4.2＝16.2

18 곱하는 수가 $\frac{1}{10}$배가 되면 계산 결과도 $\frac{1}{10}$배가 됩니다.

19 ㉠ 3×1.8은 3×2＝6보다 작습니다.
㉡ 2의 2.9배는 2의 3배인 6보다 작습니다.
㉢ 3의 2.1은 3의 2배인 6보다 큽니다.
따라서 계산 결과가 6보다 큰 것은 ㉢입니다.

20 (수박의 무게)＝(멜론의 무게)×1.85
＝4×1.85＝7.4 (kg)

서술형
21

단계	문제 해결 과정
①	초콜릿을 살 수 있는지 답했나요?
②	그 이유를 설명했나요?

서술형
22

단계	문제 해결 과정
①	한 가지 방법으로 설명했나요?
②	다른 한 가지 방법으로 설명했나요?

23 (소수 두 자리 수)×(소수 한 자리 수)＝(소수 세 자리 수)

24 0.82×0.65를 0.8×0.7로 어림하면 0.56이므로 0.82×0.65는 0.56에 가까운 ㉡ 0.533입니다.

25 (식빵을 만드는 데 사용한 밀가루의 양)
＝(전체 밀가루의 양)×0.3
＝0.9×0.3＝0.27 (kg)

26 0.2▲0.4＝(0.2＋0.4)×0.4＝0.6×0.4＝0.24

27 소수의 덧셈은 소수점의 자리를 맞추어 쓰고 같은 자리에 소수점을 찍습니다.
소수의 곱셈은 오른쪽 끝을 맞추어 쓰고 곱의 소수점 아래 자리 수가 곱하는 두 소수의 소수점 아래 자리 수의 합과 같도록 소수점을 찍습니다.

28 어떤 수에 1보다 작은 수를 곱하면 처음 수보다 작아지고, 1보다 큰 수를 곱하면 처음 수보다 커집니다.

29 2.9×1.3＝3.77, 1.6×4.5＝7.2
3.77<□<7.2이므로 □ 안에 들어갈 수 있는 자연수는 4, 5, 6, 7입니다.

30 (강아지의 무게)＝(고양이의 무게)×1.7
＝4.5×1.7＝7.65 (kg)

31 1시간＝60분이므로 1시간 30분＝1.5시간입니다.
따라서 1시간 30분 동안 걷는다면
3.3×1.5＝4.95 (km)를 걸을 수 있습니다.

32 3.5×2.7＝9.45인데 94.5가 나왔으므로 소수점 아래 자리 수가 하나 적어졌습니다.
따라서 3.5×27 또는 35×2.7을 누른 것입니다.

33 곱의 소수점 아래 자리 수는 곱하는 두 소수의 소수점 아래 자리 수의 합과 같습니다.

34 ㉠ 924×0.1＝92.4   ㉡ 9.24×10＝92.4
㉢ 9.24×0.1＝0.924   ㉣ 0.924×100＝92.4
따라서 계산 결과가 다른 것은 ㉢입니다.

35 구슬 10개의 무게: 3.75×10＝37.5 (g)
구슬 100개의 무게: 3.75×100＝375 (g)
구슬 1000개의 무게: 3.75×1000＝3750 (g)

36 (만들기를 하는 데 사용한 찰흙의 양)
＝(전체 찰흙의 양)×0.01
＝12×0.01＝0.12 (kg)

37 285×63의 곱을 이용하는데 2.85×6.3의 곱은 소수 세 자리 수이고 28.5×0.63의 곱도 소수 세 자리 수이므로 두 계산 결과는 같습니다.

38 (1) 3.129의 소수점을 오른쪽으로 두 칸 옮기면 312.9가 되므로 □ 안에 알맞은 수는 100입니다.
(2) 562.7의 소수점을 왼쪽으로 한 칸 옮기면 56.27이 되므로 □ 안에 알맞은 수는 0.1입니다.

39 (1) 52.7은 527의 0.1배인데 189.72는 18972의 0.01배이므로 □ 안에 알맞은 수는 36의 0.1배인 3.6입니다.
(2) 3.6은 36의 0.1배인데 1.8972는 18972의 0.0001배이므로 □ 안에 알맞은 수는 527의 0.001배인 0.527입니다.

40 3.6×0.17은 소수 세 자리 수가 되므로 $0.36 \times \square$도 소수 세 자리 수가 되어야 합니다. 0.36은 소수 두 자리 수이므로 $\square$ 안에 알맞은 수는 소수 한 자리 수인 1.7입니다.

41 $6.5 \times 0.4 \times 2.9 = 2.6 \times 2.9 = 7.54$

42 $6.8 \times 1.5 \times 7.3 = 10.2 \times 7.3 = 74.46$

43 주연이의 몸무게: $75.5 \times 0.6 = 45.3$ (kg)
동생의 몸무게: $45.3 \times 0.8 = 36.24$ (kg)

44 1분에 수도꼭지 12개로 받은 물의 양:
$0.45 \times 12 = 5.4$ (L)
1시간 $= 60$분
1시간 동안 수도꼭지 12개로 받은 물의 양:
$5.4 \times 60 = 324$ (L)

45 (평행사변형의 넓이) $=$ (밑변) $\times$ (높이)
$= 5.2 \times 4.3$
$= 22.36$ (cm^2)

서술형
46 예) (가로) $= 1.8 \times 1.5 = 2.7$ (cm)
(직사각형의 넓이) $= 2.7 \times 1.8 = 4.86$ (cm^2)

단계	문제 해결 과정
①	직사각형의 가로를 구했나요?
②	직사각형의 넓이를 구했나요?

47 (마름모의 넓이) $= 4.6 \times 4.6 \times 0.5$
$= 10.58$ (cm^2)

48 가장 큰 소수 한 자리 수: 8.6
가장 작은 소수 한 자리 수: 2.6
➡ $8.6 \times 2.6 = 22.36$

49 가장 큰 소수 두 자리 수: 7.54
가장 작은 소수 두 자리 수: 1.45
➡ $7.54 \times 1.45 = 10.933$

50 가장 큰 소수: 98.6
가장 작은 소수: 0.56
➡ $98.6 \times 0.56 = 55.216$

응용에서 최상위로
98~101쪽

1 20.35 **1-1** 48.98 **1-2** 0.196

1-3 5.888 **2** 7.84 cm^2 **2-1** 5.85 cm^2

2-2 16.048 cm^2 **3** 예) $8.3 \times 6.4 = 53.12$

3-1 예) $9.4 \times 7.5 = 70.5$ **3-2** 예) $2.5 \times 3.8 = 9.5$

4 1단계 예) 된장찌개에 들어 있는 소금은
$1.5 \times 5 = 7.5$ (g)이고, 미역국에 들어 있는 소금은 $2.1 \times 3 = 6.3$ (g)입니다.
2단계 예) $7.5 + 6.3 = 13.8$ (g)
/ 13.8 g

4-1 3.9 g

1 (어떤 수) $+ 3.7 = 9.2$이므로
(어떤 수) $= 9.2 - 3.7 = 5.5$입니다.
따라서 바르게 계산하면 $5.5 \times 3.7 = 20.35$입니다.

1-1 (어떤 수) $- 6.2 = 1.7$이므로
(어떤 수) $= 1.7 + 6.2 = 7.9$입니다.
따라서 바르게 계산하면 $7.9 \times 6.2 = 48.98$입니다.

1-2 (어떤 수) $\div 0.7 = 0.4$이므로
(어떤 수) $= 0.4 \times 0.7 = 0.28$입니다.
따라서 바르게 계산하면 $0.28 \times 0.7 = 0.196$입니다.

1-3 $3.68 + $ (어떤 수) $= 5.28$이므로
(어떤 수) $= 5.28 - 3.68 = 1.6$입니다.
따라서 바르게 계산하면 $3.68 \times 1.6 = 5.888$입니다.

2 (직사각형의 넓이) $= 4.9 \times 3.2 = 15.68$ (cm^2)
(삼각형의 넓이) $= 4.9 \times 3.2 \times 0.5 = 7.84$ (cm^2)
➡ (색칠한 부분의 넓이) $= 15.68 - 7.84$
$= 7.84$ (cm^2)

2-1 (사다리꼴의 넓이) $= (2.7 + 5.1) \times 3 \times 0.5$
$= 11.7$ (cm^2)
(마름모의 넓이) $= 3.9 \times 3 \times 0.5 = 5.85$ (cm^2)
➡ (색칠한 부분의 넓이) $= 11.7 - 5.85$
$= 5.85$ (cm^2)

2-2 색칠한 두 부분을 모으면 가로가 $(6.8 - 0.9)$ cm, 세로가 2.72 cm인 직사각형이 됩니다.
(색칠한 부분의 넓이) $= (6.8 - 0.9) \times 2.72$
$= 5.9 \times 2.72$
$= 16.048$ (cm^2)

3 곱이 가장 큰 (소수 한 자리 수)×(소수 한 자리 수)의 식을 만들려면 일의 자리에 가장 큰 수와 두 번째로 큰 수를 놓아야 합니다.

8>6>4>3이므로 일의 자리에 8과 6을 놓으면 $8.4 \times 6.3 = 52.92$, $8.3 \times 6.4 = 53.12$입니다.

따라서 곱이 가장 큰 곱셈식은 $8.3 \times 6.4 = 53.12$입니다.

3-1 곱이 가장 큰 (소수 한 자리 수)×(소수 한 자리 수)의 식을 만들려면 일의 자리에 가장 큰 수와 두 번째로 큰 수를 놓아야 합니다.

9>7>5>4이므로 일의 자리에 9와 7을 놓으면 $9.5 \times 7.4 = 70.3$, $9.4 \times 7.5 = 70.5$입니다.

따라서 곱이 가장 큰 곱셈식은 $9.4 \times 7.5 = 70.5$입니다.

3-2 곱이 가장 작은 (소수 한 자리 수)×(소수 한 자리 수)의 식을 만들려면 일의 자리에 가장 작은 수와 두 번째로 작은 수를 놓아야 합니다.

2<3<5<8이므로 일의 자리에 2와 3을 놓으면 $2.5 \times 3.8 = 9.5$, $2.8 \times 3.5 = 9.8$입니다.

따라서 곱이 가장 작은 곱셈식은 $2.5 \times 3.8 = 9.5$입니다.

4 된장찌개에 표시된 염도 1.5 %는 100 mL에 대한 수치이므로 된장찌개 500 mL에 들어 있는 소금의 양은 $1.5 \times 5 = 7.5$ (g)이고, 미역국에 표시된 염도 2.1 %는 100 mL에 대한 수치이므로 미역국 300 mL에 들어 있는 소금의 양은 $2.1 \times 3 = 6.3$ (g)입니다.

4-1 4번에서 미역국 300 mL에 들어 있는 소금의 양은 $2.1 \times 3 = 6.3$ (g)이었습니다.

건강식 염분표에 따르면 미역국의 염도는 0.8 %가 되어야 하므로 미역국 300 mL의 소금의 양은 $0.8 \times 3 = 2.4$ (g)이 되어야 합니다.

따라서 소금을 적어도 $6.3 - 2.4 = 3.9$ (g) 적게 넣어야 합니다.

기출 단원 평가 Level ❶ 102~104쪽

1 0.7, 0.56   **2** ④

3 $\dfrac{7}{10} \times \dfrac{4}{10} = \dfrac{28}{100} = 0.28$

4 (1) 8.1   (2) 2.38   (3) 0.558   (4) 7.2

5 1.61   **6** (1) ㉡ (2) ㉢ (3) ㉠

7 >, <   **8** ㉠   **9** ㉡

10 (1) 17.15   (2) 1.715   **11** 0.261

12 (1) 10   (2) 0.74   **13** 9.024

14 14살   **15** 2.55 km   **16** 0.62

17 58.2 cm   **18** 12.6 cm²

19 2.25 kg   **20** 0.81 kg

1 가로를 0.8만큼, 세로를 0.7만큼 색칠하면 56칸이 색칠되는데 한 칸의 넓이가 0.01이므로 $0.8 \times 0.7 = 0.56$입니다.

2 ④ $\dfrac{39}{100} = 0.39$이므로 계산 결과가 다릅니다.

3 소수의 곱셈을 분수의 곱셈으로 바꾸어 계산합니다.

4 곱의 소수점 아래 자리 수는 곱하는 두 수의 소수점 아래 자리 수의 합과 같습니다.

5 $2.3 \times 0.7 = 1.61$

6 (1) $0.7 \times 10 = 7$
(2) $0.07 \times 1000 = 70$
(3) $0.007 \times 100 = 0.7$

7 어떤 수에 1보다 작은 수를 곱하면 처음 수보다 작아지고, 1보다 큰 수를 곱하면 처음 수보다 커집니다.

8 ㉠ 4.5, ㉡, ㉢, ㉣ 45

9 49×0.71을 50×0.7로 어림하면 35이므로 49×0.71은 35에 가까운 ㉡ 34.79입니다.

10 (1) 3.5는 35의 0.1배이고 4.9는 49의 0.1배이므로 3.5×4.9는 1715의 0.01배인 17.15입니다.
(2) 0.35는 35의 0.01배이고 4.9는 49의 0.1배이므로 0.35×4.9는 1715의 0.001배인 1.715입니다.

11 가장 큰 수는 0.9, 가장 작은 수는 0.29이므로 두 수의 곱은 $0.9 \times 0.29 = 0.261$입니다.

12 (1) 1.05의 소수점을 오른쪽으로 한 칸 옮기면 10.5가 되므로 □ 안에 알맞은 수는 10입니다.
(2) 100을 곱해서 74가 되었으므로 □ 안에 알맞은 수는 74의 소수점을 왼쪽으로 두 칸 옮긴 0.74입니다.

13 $2.4 \times 0.8 \times 4.7 = 1.92 \times 4.7 = 9.024$

14 (준후의 나이) = (삼촌의 나이) $\times 0.4$
$= 35 \times 0.4 = 14$(살)

15 (번개 친 곳에서 소리를 들은 곳까지의 거리)
$= 0.34 \times 7.5 = 2.55$ (km)

16 5.19×6.2는 소수 세 자리 수가 되므로 $51.9 \times$□도 소수 세 자리 수가 되어야 합니다. 51.9는 소수 한 자리 수이므로 □ 안에 알맞은 수는 소수 두 자리 수인 0.62입니다.

17 1시간은 60분이므로 10분의 6배입니다.
(달팽이가 1시간 동안 기어간 거리)
$= 9.7 \times 6 = 58.2$ (cm)

18 (사다리꼴의 넓이) $= (5.7 + 6.6) \times 4 \times 0.5$
$= 25.2$ (cm^2)
(마름모의 넓이) $= 6.3 \times 4 \times 0.5 = 12.6$ (cm^2)
➡ (색칠한 부분의 넓이) $= 25.2 - 12.6$
$= 12.6$ (cm^2)

서술형
19 방법 1 예 분수의 곱셈으로 계산하면
$$3 \times 0.75 = 3 \times \frac{75}{100} = \frac{225}{100} = 2.25$$

방법 2 예 자연수의 곱셈으로 계산하면
$3 \times 75 = 225 \Rightarrow 3 \times 0.75 = 2.25$

평가 기준	배점(5점)
탄수화물 성분의 무게를 한 가지 방법으로 구했나요?	3점
탄수화물 성분의 무게를 다른 한 가지 방법으로 구했나요?	2점

서술형
20 예 1000 g $= 1$ kg이므로 300 g $= 0.3$ kg입니다.
(감의 무게) $= 0.3 \times 0.6 = 0.18$ (kg)
(배의 무게) $= 0.18 \times 4.5 = 0.81$ (kg)

평가 기준	배점(5점)
감의 무게를 구했나요?	2점
배의 무게를 구했나요?	3점

기출 단원 평가 Level ❷ 105~107쪽

1 92, 0.92

2 $0.3 \times 0.52 = \frac{3}{10} \times \frac{52}{100} = \frac{156}{1000} = 0.156$

3 (1) 2.88 (2) 18.4 (3) 0.085 (4) 22.68

4 0.27, 0.54, 0.81 　　　　**5** ③

6 ⓒ 　　　　　　　**7** 9×1.05, 9×2.2에 ○표

8 ⓛ 　　　　　　　**9** 10.8

10 (1) 0.01 (2) 100

11 (1) 27.4 (2) 0.93 　　　　**12** 79.42

13 16 　　　　**14** 0.36 km 　　　　**15** 7.5 kg

16 3.01 　　　　**17** 8.325 L

18 예 $9.2 \times 7.5 = 69$

19 6.174 / 예 1.47×4.2를 1.5의 4배 정도로 어림하면 6에 가까운 수이므로 6.174입니다.

20 2.52

4 $0.9 \times 0.3 = 0.27$
$0.9 \times 0.6 = 0.54$
$0.9 \times 0.9 = 0.81$

5 ③ $0.12 \times 1000 = 120$

6 ㉠ $0.734 \times 10 = 7.34$ 　　ⓛ $734 \times 0.01 = 7.34$
ⓒ $0.734 \times 100 = 73.4$ 　　㉣ $73.4 \times 0.1 = 7.34$
따라서 계산 결과가 다른 것은 ⓒ입니다.

7 어떤 수에 1보다 작은 수를 곱하면 처음 수보다 작아지고, 1보다 큰 수를 곱하면 처음 수보다 커집니다.

8 ㉠ 0.79×9는 $0.8 \times 9 = 7.2$보다 작습니다.
ⓛ 4×2.13은 $4 \times 2 = 8$보다 큽니다.
ⓒ 3.5×1.8은 $3.5 \times 2 = 7$보다 작습니다.
따라서 계산 결과가 8보다 큰 것은 ⓛ입니다.

9 □ $\div 9 = 1.2 \Rightarrow$ □ $= 1.2 \times 9 = 10.8$

10 (1) 32.8의 소수점을 왼쪽으로 두 칸 옮기면 0.328이 되므로 □ 안에 알맞은 수는 0.01입니다.
(2) 0.615의 소수점을 오른쪽으로 두 칸 옮기면 61.5가 되므로 □ 안에 알맞은 수는 100입니다.

11 (1) 9.3은 93의 0.1배인데 254.82는 25482의 0.01 배이므로 □ 안에 알맞은 수는 274의 0.1배인 27.4입니다.

(2) 2.74는 274의 0.01배인데 2.5482는 25482의 0.0001배이므로 □ 안에 알맞은 수는 93의 0.01 배인 0.93입니다.

12 $19 \times 0.38 = 7.22$, $1.9 \times 38 = 72.2$
➡ $7.22 + 72.2 = 79.42$

13 $6.7 \times 2.3 = 15.41$
$15.41 <$ □이므로 □ 안에 들어갈 수 있는 가장 작은 자연수는 16입니다.

14 (학교에서 지윤이네 집까지의 거리)
= (학교에서 인서네 집까지의 거리) × 0.45
= $0.8 \times 0.45 = 0.36$ (km)

15 (상자에 담은 딸기의 무게)
= (한 상자에 담은 딸기의 무게) × (상자 수)
= $0.5 \times 15 = 7.5$ (kg)

16 $5 ♥ 0.7 = (5 - 0.7) \times 0.7 = 4.3 \times 0.7 = 3.01$

17 1분 = 60초이므로 2분 15초 = $2\frac{1}{4}$분 = 2.25분입니다. 따라서 받은 물의 양은 $3.7 \times 2.25 = 8.325$ (L)입니다.

18 곱이 가장 큰 (소수 한 자리 수) × (소수 한 자리 수)의 식을 만들려면 일의 자리에 가장 큰 수와 두 번째로 큰 수를 놓아야 합니다.
$9 > 7 > 5 > 2$이므로 일의 자리에 9와 7을 놓으면
$9.5 \times 7.2 = 68.4$, $9.2 \times 7.5 = 69$입니다.
따라서 곱이 가장 큰 곱셈식은 $9.2 \times 7.5 = 69$입니다.

서술형
19

평가 기준	배점(5점)
결괏값에 소수점을 찍었나요?	2점
그 이유를 설명했나요?	3점

서술형
20 예 (어떤 수) + 1.8 = 3.2이므로
(어떤 수) = 3.2 - 1.8 = 1.4입니다.
따라서 바르게 계산하면 $1.4 \times 1.8 = 2.52$입니다.

평가 기준	배점(5점)
어떤 수를 구했나요?	2점
바르게 계산한 값을 구했나요?	3점

5 직육면체

우리는 일상생활에서 도형을 쉽게 발견할 수 있습니다. 도형에 대한 학습은 1학년 때 여러 가지 모양을 관찰하고 여러 가지 모양을 만들어 보는 활동을 통해 기본적인 감각을 익혔고, 2학년 1학기 때 도형의 이름을 알아보는 활동을 하였습니다. 초등학교에서는 도형의 개념을 형식화된 방법으로 구성해 나가는 것이 아니라, 직관에 의한 관찰을 통하여 도형의 기본적인 구성 요소와 성질을 파악하게 됩니다. 생활 주변의 물건들을 기하학적 관점에서 바라보고 입체도형의 일부로 인식함으로써 학생들은 공간 지각 능력이 발달하는 기회를 가지게 됩니다. 직육면체에 대한 구체적이고 다양한 활동으로 학생들이 주변 사물에 대한 공간 지각 능력을 향상시킬 수 있도록 지도하는 것이 바람직합니다.

1 직육면체　　110쪽

1 6개

2 (왼쪽에서부터) 꼭짓점, 면, 모서리

3 (1) 3개 (2) 9개 (3) 7개

3 직육면체의 면 6개, 모서리 12개, 꼭짓점 8개 중 보이는 면은 3개, 보이는 모서리는 9개, 보이는 꼭짓점은 7개입니다.

2 정육면체　　111쪽

4 (1) 가, 다, 바, 아 (2) 가, 바

5 (위에서부터) 직사각형, 6, 12, 8 / 정사각형, 6, 12, 8

5 직육면체는 직사각형 6개로 둘러싸인 도형이고, 정육면체는 정사각형 6개로 둘러싸인 도형입니다.

3 직육면체의 성질　　112쪽

6 (1)　(2)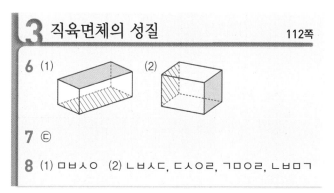

7 ㉢

8 (1) ㅁㅂㅅㅇ (2) ㄴㅂㅅㄷ, ㄷㅅㅇㄹ, ㄱㅁㅇㄹ, ㄴㅂㅁㄱ

7 ㉢은 색칠한 면과 평행한 면을 색칠한 것입니다.

8 직육면체에서 서로 평행한 면은 3쌍이고, 한 면과 수직인 면은 4개입니다.

---

4 직육면체의 겨냥도　113쪽

9 ④

10

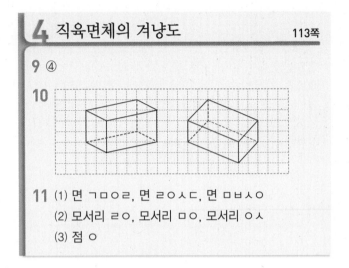

11 (1) 면 ㄱㅁㅇㄹ, 면 ㄹㅇㅅㄷ, 면 ㅁㅂㅅㅇ
　　(2) 모서리 ㄹㅇ, 모서리 ㅁㅇ, 모서리 ㅇㅅ
　　(3) 점 ㅇ

9 ① 보이지 않는 모서리를 그리지 않았습니다.
　② 보이지 않는 모서리를 실선으로 그렸습니다.
　③ 보이는 모서리를 점선으로, 보이지 않는 모서리를
　　실선으로 그렸습니다.
　⑤ 보이는 모서리를 점선으로 그렸습니다.

11 (1) 보이지 않는 면은 점선인 모서리가 포함된 면으로
　　면 ㄱㅁㅇㄹ, 면 ㄹㅇㅅㄷ, 면 ㅁㅂㅅㅇ입니다.
　　(2) 보이지 않는 모서리는 점선인 모서리로 모서리 ㄹㅇ,
　　모서리 ㅁㅇ, 모서리 ㅇㅅ입니다.
　　(3) 보이지 않는 꼭짓점은 점선인 세 모서리가 만나는
　　점으로 점 ㅇ입니다.

---

5 정육면체의 전개도　114쪽

12 (1) 점 ㅊ　(2) 선분 ㅌㅍ　(3) 면 바
　　(4) 면 가, 면 다, 면 마, 면 바

13 나

12 (4) 면 나와 수직인 면은 면 나와 평행한 면인 면 라를
　　제외한 4개의 면입니다.

13 나는 접었을 때 겹치는 면이 있으므로 정육면체의 전개
　　도가 아닙니다.

---

6 직육면체의 전개도　115쪽

14 (1) 점 ㅈ, 점 ㅍ　(2) 선분 ㅈㅇ　(3) 면 라
　　(4) 면 가, 면 나, 면 라, 면 바

15 (위에서부터) 3, 2, 4

14 (4) 면 마와 수직인 면은 면 마와 평행한 면인 면 다를
　　제외한 4개의 면입니다.

기본에서 응용으로　116~122쪽

1 (×) (○) (×)

2 (1) ×　(2) ○　(3) ×　　　　**3** 3가지

4 직육면체가 아닙니다. /
　예 직육면체는 6개의 직사각형으로 이루어져 있으나
　주어진 도형은 4개의 직사각형과 2개의 사다리꼴로 이
　루어져 있습니다.

5 48 cm　　　**6** 58 cm　　　**7** ②, ④

8 예

　1 cm
1 cm

9 ③, ⑤

10 26

11 4, 4

12 상훈 / 예 정사각형은 직사각형이라고 할 수 있으므로
　정사각형으로 이루어진 정육면체는 직사각형으로 이루
　어진 직육면체라고 할 수 있습니다.

13 3개, 3개, 1개　　　　　　**14** 60 cm

15 ②, ⑤　　　**16** 3 cm　　　**17** 8 cm

18 3쌍　　　**19** 4개　　　**20** ③

21 면 ㄱㄴㅂㅁ　　　**22** 28 cm

23 미래 /
　예 한 모서리에서 만나는 두 면은 서로 수직입니다.

24

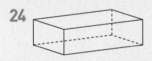

25 모서리 ㄱㄴ, 모서리 ㅁㅇ /
　예 모서리 ㄱㄴ은 보이는 모서리이므로 실선으로 그려
　야 하고, 모서리 ㅁㅇ은 보이지 않는 모서리이므로 점선
　으로 그려야 합니다.

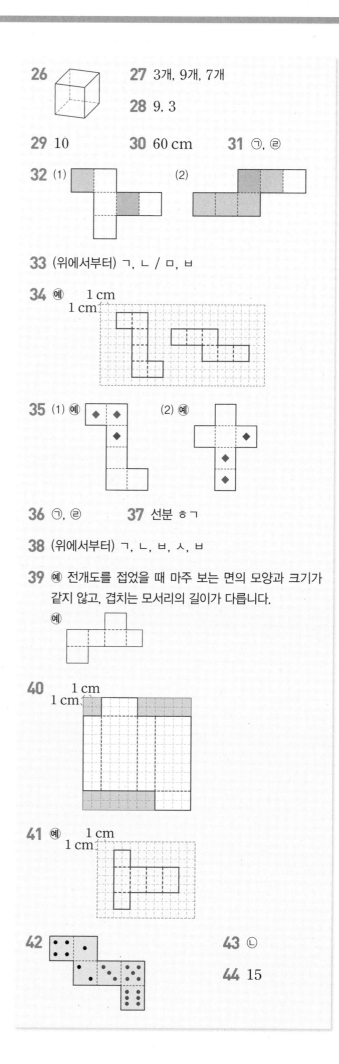

26

27 3개, 9개, 7개

28 9, 3

29 10

30 60 cm

31 ㉠, ㉢

32 (1) (2)

33 (위에서부터) ㄱ, ㄴ / ㅁ, ㅂ

34 예
1 cm

35 (1) 예 (2) 예

36 ㉠, ㉢

37 선분 ㅎㄱ

38 (위에서부터) ㄱ, ㄴ, ㅂ, ㅅ, ㅂ

39 예 전개도를 접었을 때 마주 보는 면의 모양과 크기가 같지 않고, 겹치는 모서리의 길이가 다릅니다.
예

40 예
1 cm

41 예
1 cm

42

43 ㉡

44 15

---

2 (1) 모서리는 모두 12개입니다.
(2) 직육면체는 직사각형 6개로 둘러싸인 도형입니다.
(3) 면과 면이 만나는 선분은 모서리입니다.

3 직육면체에는 모양과 크기가 같은 면이 3쌍 있으므로 3가지 색이 필요합니다.

서술형
4

단계	문제 해결 과정
①	주어진 도형이 직육면체인지 아닌지 썼나요?
②	그 이유를 설명했나요?

5 길이가 4 cm, 2 cm, 6 cm인 모서리가 4개씩 있으므로 직육면체의 모든 모서리의 길이의 합은
$(4+2+6) \times 4 = 48$ (cm)입니다.

6 (사용한 끈의 길이) $= 12 \times 2 + 7 \times 2 + 5 \times 4$
$= 24 + 14 + 20 = 58$ (cm)

7 정사각형 6개로 둘러싸인 도형은 ②, ④입니다.

8 정육면체는 모서리의 길이가 모두 같으므로 면 ㉮를 본뜬 모양은 한 변이 2 cm인 정사각형입니다.

9 ① 면은 6개입니다.
② 모서리는 12개입니다.
④ 면의 크기는 모두 같습니다.

10 면의 수는 6, 모서리의 수는 12, 꼭짓점의 수는 8이므로 합은 $6+12+8=26$입니다.

11 정육면체는 모서리의 길이가 모두 같습니다.

서술형
12

단계	문제 해결 과정
①	바르게 말한 사람을 찾았나요?
②	그 이유를 설명했나요?

13 정육면체의 면 6개, 모서리 12개, 꼭짓점 8개 중 보이지 않는 면은 3개, 보이지 않는 모서리는 3개, 보이지 않는 꼭짓점은 1개입니다.

14 정육면체의 모서리는 12개이고 길이가 모두 같으므로 모든 모서리의 길이의 합은 $5 \times 12 = 60$ (cm)입니다.

15 ② 면의 모양이 직육면체는 직사각형, 정육면체는 정사각형입니다.
⑤ 직육면체는 평행한 모서리끼리 길이가 같고, 정육면체는 모서리의 길이가 모두 같습니다.

16 직육면체를 잘라 가장 큰 정육면체를 만들려면 정육면체의 한 모서리의 길이를 직육면체의 가장 짧은 모서리의 길이인 3 cm로 해야 합니다.

17 직육면체의 모든 모서리의 길이의 합은
$(8+10+6)×4=24×4=96$ (cm)입니다.
정육면체의 모든 모서리의 길이의 합도 96 cm이므로 한 모서리는 $96÷12=8$ (cm)입니다.

18 직육면체에서 서로 평행하고 모양과 크기가 같은 면은 3쌍입니다.

19 정육면체에서 한 면과 수직으로 만나는 면은 모두 4개입니다.

20 ①, ②, ④, ⑤는 서로 수직인 면이고 ③은 서로 평행한 면입니다.

21 직육면체에서 서로 평행한 두 면이 밑면이므로
면 ㄹㄷㅅㅇ과 평행한 면인 면 ㄱㄴㅂㅁ이 다른 밑면입니다.

22 면 ㄱㅁㅂㄴ과 평행한 면은 면 ㄹㅇㅅㄷ이므로 모서리의 길이의 합은 $(4+10)×2=28$ (cm)입니다.

서술형
23

단계	문제 해결 과정
①	잘못 설명한 사람을 찾았나요?
②	바르게 고쳐 썼나요?

24 보이는 모서리는 실선으로, 보이지 않는 모서리는 점선으로 그립니다.

서술형
25

단계	문제 해결 과정
①	잘못 그린 모서리를 모두 찾았나요?
②	그 이유를 설명했나요?

26 보이는 모서리는 실선으로, 보이지 않는 모서리는 점선으로 그립니다.

27 밑면 1개와 옆면 2개가 동시에 보일 때 면, 모서리, 꼭짓점이 가장 많이 보입니다.

28 직육면체의 모서리 12개 중 보이는 모서리는 9개이고 보이지 않는 모서리는 3개입니다.

29 보이지 않는 면은 3개, 보이는 꼭짓점은 7개이므로
㉠+㉡=3+7=10입니다.

30 보이는 모서리는 7 cm, 8 cm, 5 cm인 모서리가 각각 3개입니다. 따라서 보이는 모서리의 길이의 합은
$(7+8+5)×3=60$ (cm)입니다.

31 ㉡과 ㉢은 겹치는 면이 있으므로 정육면체의 전개도가 아닙니다.

32 ⑵ 색칠한 면과 수직인 면은 색칠한 면과 평행한 면을 제외한 4개의 면입니다.

33 전개도를 접었을 때 만나는 점끼리 같은 기호를 씁니다.

34 여러 가지 방법으로 전개도를 그려 봅니다.
예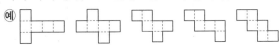

35 무늬가 있는 3개의 면이 한 꼭짓점에서 만나도록 전개도에 무늬를 그립니다.

36 ㉠ 마주 보는 면의 모양과 크기가 다릅니다.
㉣ 겹치는 면이 있습니다.

37 전개도를 접었을 때 점 ㅊ과 만나는 점은 점 ㅎ이고, 점 ㅈ과 만나는 점은 점 ㄱ이므로 선분 ㅊㅈ과 겹치는 선분은 선분 ㅎㄱ입니다.

38 전개도를 접었을 때 만나는 점끼리 같은 기호를 씁니다.

서술형
39

단계	문제 해결 과정
①	전개도가 잘못된 이유를 썼나요?
②	전개도를 바르게 그렸나요?

40 전개도를 접었을 때 마주 보는 면의 모양과 크기가 같고 겹치는 모서리의 길이가 같도록 점선을 그립니다.

41 길이가 3 cm인 모서리는 3칸, 2 cm인 모서리는 2칸으로 하여 겹치는 모서리의 길이가 같도록 직육면체의 전개도를 그립니다.

42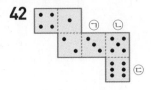

서로 평행한 면은 ⚅와 ㉠, ⚀과 ㉢, ⚁와 ㉡입니다. 따라서 ㉠의 눈의 수는 3, ㉢의 눈의 수는 6, ㉡의 눈의 수는 5입니다.

43 ㉠ 눈의 수가 1인 면과 6인 면은 서로 평행한 면이므로 수직으로 만날 수 없습니다.

㉡ 눈의 수가 2, 3, 6인 면은 서로 수직으로 만납니다.

44 주사위의 보이지 않는 면에 있는 눈의 수는 각각 1, 2, 3과 더해서 7이 되는 수입니다. 따라서 보이지 않는 세 면에 있는 눈의 수의 합은 6+5+4=15입니다.

응용에서 최상위로

123~126쪽

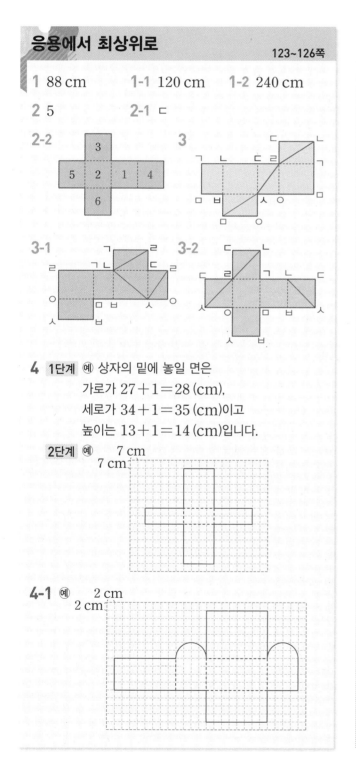

1 88 cm   **1-1** 120 cm   **1-2** 240 cm

2 5   **2-1** ㄷ

2-2

	3		
5	2	1	4
	6		

3

3-1　**3-2**

4 1단계 ⑩ 상자의 밑에 놓일 면은
가로가 27+1=28 (cm),
세로가 34+1=35 (cm)이고
높이는 13+1=14 (cm)입니다.

2단계 ⑩　7 cm

4-1 ⑩　2 cm

---

1 앞과 옆에서 본 모양을 기준으로 직육면체의 겨냥도를 그려 보면 오른쪽과 같습니다. 따라서 직육면체의 모든 모서리의 길이의 합은

(7+5+10)×4=22×4=88 (cm)입니다.

1-1 위와 옆에서 본 모양을 기준으로 직육면체의 겨냥도를 그려 보면 오른쪽과 같습니다.
따라서 직육면체의 모든 모서리의 길이의 합은

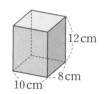

(10+8+12)×4=30×4=120 (cm)입니다.

1-2 가로 25 cm, 세로 15 cm인 나무 판자 2개와 가로 20 c m, 세로 15 c m인 나무 판자 2개를 각각 평행하게 마주 보도록 놓고, 가로 25 cm, 세로 20 cm인 나무 판자 2개를 더 잘라 위와 밑에 놓으면 위와 같은 직육면체 모양의 상자가 됩니다.

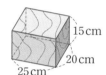

따라서 완성한 상자의 모든 모서리의 길이의 합은
(25+20+15)×4=60×4=240 (cm)입니다.

2 2와 수직인 면에는 1, 3, 5, 6이 쓰여 있고 1의 왼쪽 면에는 5, 오른쪽 면에는 3이 쓰여져 있습니다.
따라서 3과 5는 마주 보는 면이므로 3이 쓰여진 면과 평행한 면에는 5가 쓰여져 있습니다.

2-1 ㄱ과 수직인 면에는 ㄴ, ㄷ, ㄹ, ㅁ이 쓰여져 있고 ㄹ의 오른쪽 면에는 ㄷ, 왼쪽 면에는 ㅁ이 쓰여져 있습니다.
따라서 ㄷ과 ㅁ은 마주 보는 면이므로 ㅁ이 쓰여진 면과 평행한 면에는 ㄷ이 쓰여져 있습니다.

2-2 4와 수직인 면에는 1, 3, 5, 6이 쓰여 있고 5의 왼쪽 면에는 6, 오른쪽 면에는 3이 쓰여져 있습니다.
따라서 3과 6, 5와 1이 마주 보는 면이므로 2와 마주 보는 면에는 4가 쓰여져 있습니다.

3 전개도에 각 꼭짓점의 기호를 표시한 후 점 ㄴ과 점 ㄹ, 점 ㄹ과 점 ㅅ, 점 ㅅ과 점 ㅁ을 각각 선으로 잇습니다.

3-1 전개도에 각 꼭짓점의 기호를 표시한 후 점 ㄹ과 점 ㄴ, 점 ㄴ과 점 ㅅ, 점 ㅅ과 점 ㄹ을 각각 선으로 잇습니다.

3-2 전개도에 각 꼭짓점의 기호를 표시한 후 점 ㄴ과 점 ㄹ, 점 ㄹ과 점 ㅅ, 점 ㅅ과 점 ㄴ을 각각 선으로 잇습니다.

4-1 저금통의 옆에 있는 면의 윗부분은 반지름이 4 cm인 반원이고, 위에 있는 면은 가로가 16 cm, 세로가 12 cm인 직사각형입니다.

기출 단원 평가 Level ❶ 127~129쪽

1 ①, ④ **2** 6개 **3** ④

4 12개 **5** 정사각형 **6** 면 ㄴㅂㅁㄱ

7 3개, 9개, 7개 **8** (1) × (2) ○

9 모서리 ㄴㅂ, 모서리 ㄱㅁ, 모서리 ㄹㅇ

10 ③, ④ **11** (○)(×)

12 48 cm **13** 면 ㄱㄴㄷㅎ

14

15 예

16

17 162 cm

18 4

19 같은 점 예 직육면체와 정육면체의 면은 6개, 모서리는 12개, 꼭짓점은 8개입니다.

다른 점 예 직육면체는 평행한 모서리끼리 길이가 같고, 정육면체는 모서리의 길이가 모두 같습니다.

20 5 cm

1 직육면체는 직사각형 6개로 둘러싸인 도형입니다.

2 직육면체의 면은 모두 6개입니다.

3 직육면체의 겨냥도는 보이는 모서리는 실선으로, 보이지 않는 모서리는 점선으로 나타냅니다.

4 정육면체는 모서리가 12개이고 길이가 모두 같으므로 길이가 5 cm인 모서리는 모두 12개입니다.

5 정육면체는 정사각형 6개로 둘러싸인 도형입니다.

6 면 ㄷㅅㅇㄹ과 마주 보는 면을 찾으면 면 ㄴㅂㅁㄱ입니다.

7 직육면체의 면 6개, 모서리 12개, 꼭짓점 8개 중 보이는 면은 3개, 보이는 모서리는 9개, 보이는 꼭짓점은 7개입니다.

8 정사각형은 직사각형이라고 할 수 있으므로 정육면체는 직육면체라고 할 수 있습니다.

9 직육면체에서 평행한 모서리는 길이가 같습니다.

10 ③ 직육면체의 모서리는 12개입니다.
④ 직육면체는 평행한 모서리끼리 길이가 같습니다.

11 오른쪽 전개도는 접었을 때 겹치는 면이 있으므로 직육면체의 전개도가 아닙니다.

12 색칠한 면과 평행한 면은 마주 보는 면이므로 가로가 9 cm, 세로가 15 cm인 직사각형입니다.
➡ $(9+15) \times 2 = 48$ (cm)

13 면 ㅍㅂㅅㅌ과 마주 보는 면은 면 ㄱㄴㄷㅎ입니다.

14 면 ㅎㄷㅂㅍ과 수직인 면은 면 ㅎㄷㅂㅍ과 평행한 면인 면 ㅌㅅㅇㅈ을 제외한 4개의 면입니다.

15 정육면체의 모든 면은 크기가 같은 정사각형입니다. 한 모서리가 모눈 2칸인 정육면체의 전개도를 그립니다.

16 전개도를 접었을 때 서로 마주 보는 면에 같은 모양을 그려 넣습니다.

17 (사용한 끈의 길이)
= (상자를 묶는 데 사용한 끈의 길이) + (매듭의 길이)
= $(12 \times 2 + 15 \times 2 + 22 \times 4) + 20 = 162$ (cm)

18 직육면체에서 길이가 3 cm인 모서리가 4개, 9 cm인 모서리가 4개, □ cm인 모서리가 4개이므로
$(3+9+□) \times 4 = 64$, $12+□=16$, $□=4$입니다.

서술형
19

평가 기준	배점(5점)
직육면체와 정육면체의 같은 점을 썼나요?	3점
직육면체와 정육면체의 다른 점을 썼나요?	2점

20 ㉔ 정육면체의 모서리는 12개이고 길이가 모두 같습니다. 따라서 정육면체의 한 모서리의 길이는
$60 \div 12 = 5$ (cm)입니다.

평가 기준	배점(5점)
정육면체의 모서리의 성질을 알고 있나요?	2점
정육면체의 한 모서리의 길이를 구했나요?	3점

기출 단원 평가 Level ❷ 130~132쪽

1 ①, ④ **2** 6, 12, 8 **3** 9, 9

4 4개 **5** ④ **6** 4개

7 48 cm **8** 면 ㄴㅂㅅㄷ **9** ③, ④

10 ③ **11** 면 가, 면 나, 면 라, 면 바

12 (위에서부터) 11, 8, 5

13 면 ㄱㄴㄷㄹ, 면 ㅁㅂㅅㅇ

14 20 cm **15** 선분 ㅇㅈ

16 29 cm, 19 cm

17 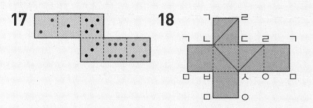 **18**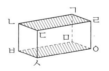

19 정육면체가 아닙니다. / ㉔ 정육면체는 정사각형 6개로 둘러싸인 도형인데 주어진 도형은 정사각형이 아닌 면이 있으므로 정육면체가 아닙니다.

20 7

1 직육면체의 면이 될 수 있는 도형은 직사각형, 정사각형입니다.

2 직육면체에서 면은 선분으로 둘러싸인 부분으로 6개, 모서리는 면과 면이 만나는 선분으로 12개, 꼭짓점은 모서리와 모서리가 만나는 점으로 8개 있습니다.

3 정육면체는 모서리의 길이가 모두 같습니다.

4 정육면체의 모서리는 12개, 꼭짓점은 8개이므로 모서리의 수는 꼭짓점의 수보다 $12 - 8 = 4$(개) 더 많습니다.

5 모서리 ㄱㅁ은 보이지 않는 모서리이므로 점선으로 그려야 합니다.

6 직육면체에서 서로 평행한 모서리의 길이는 같으므로 길이가 5 cm인 모서리는 4개입니다.

7 정육면체의 모서리는 12개이고 길이가 모두 같습니다.
➡ $4 \times 12 = 48$ (cm)

8 직육면체에서 서로 평행한 두 면이 밑면이므로 면 ㄱㅁㅇㄹ과 평행한 면인 면 ㄴㅂㅅㄷ이 다른 밑면입니다.

9 ③ 직사각형은 정사각형이라고 할 수 없으므로 직육면체는 정육면체라고 할 수 없습니다.
④ 직육면체는 평행한 모서리끼리 길이가 같습니다.

10 ③은 겹치는 면이 있으므로 정육면체의 전개도가 아닙니다.

11 면 다와 수직인 면은 면 다와 마주 보는 면인 면 마를 제외한 4개의 면입니다.

13 면 ㄴㅂㅅㄷ과 수직이면서 면 ㄴㅂㅁㄱ과도 수직인 면은 빗금 친 면입니다.

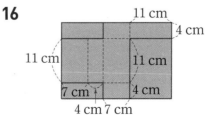

14 보이지 않는 모서리는 3개로 9 cm, 6 cm, 5 cm입니다. ➡ $9 + 6 + 5 = 20$ (cm)

15 전개도를 접었을 때 점 ㅎ과 만나는 점은 점 ㅇ이고 점 ㅍ과 만나는 점은 점 ㅈ이므로 선분 ㅎㅍ과 겹치는 선분은 선분 ㅇㅈ입니다.

16

전개도를 접었을 때 마주 보는 두 면은 서로 모양과 크기가 같고 만나는 모서리의 길이는 같습니다.
➡ (가로)$= 7 + 4 + 7 + 11 = 29$ (cm)
(세로)$= 4 + 11 + 4 = 19$ (cm)

17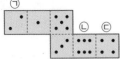

서로 평행한 면은 ㉠과 , 과 ㉡, 과 ㉢입니다. 따라서 ㉠의 눈의 수는 2, ㉡의 눈의 수는 6, ㉢의 눈의 수는 4입니다.

18 전개도에 각 꼭짓점의 기호를 표시한 후 점 ㄹ과 점 ㄴ, 점 ㄴ과 점 ㅅ, 점 ㅅ과 점 ㄹ을 각각 선으로 잇습니다.

서술형
19

평가 기준	배점(5점)
주어진 도형이 정육면체인지 아닌지 썼나요?	2점
그 이유를 설명했나요?	3점

서술형
20 예 직육면체에는 길이가 6 cm, 8 cm, □cm인 모서리가 각각 4개 있습니다.
$(6+8+□)×4=84$, $14+□=21$, $□=7$

평가 기준	배점(5점)
직육면체의 모서리의 성질을 알고 있나요?	2점
□ 안에 알맞은 수를 구했나요?	3점

💡 **사고력이 반짝**   133쪽

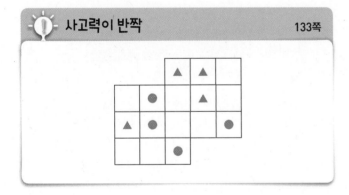

---

6 평균과 가능성

일상생활에서 접하는 많은 상황들에는 제시된 정보의 특성을 파악하고 그와 관련된 자료들을 수집하고 정리하며 해석하는 등 통계적 이해를 바탕으로 정보를 처리하고 문제를 해결해야 하는 경우가 포함되어 있습니다. 이러한 정보 처리 과정은 수집된 자료의 각 값들을 고르게 하여 자료의 대푯값을 정하는 평균에 대한 개념을 바탕으로 하고 있습니다. 평균의 개념은 주어진 자료들이 분포된 상태를 직관적으로 파악할 수 있도록 할 뿐만 아니라, 제시된 자료들을 통계적으로 분석하는 데 가장 기초가 되는 개념이며 확률 개념의 기초와도 관련이 있습니다. 한편 확률 개념은 중학교에서 다루지만 확률 개념의 기초가 되는 '일이 일어날 가능성'은 초등학교에서 다룹니다. 이와 같은 '평균' 및 '일이 일어날 가능성'에 대한 개념은 통계적 이해를 위한 가장 기초적이고도 핵심적인 개념으로서 중요성을 가집니다.

---

1 평균 (1)   136쪽

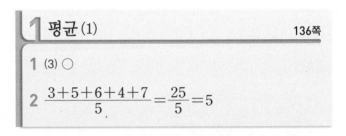

1 (3) ○

2 $\dfrac{3+5+6+4+7}{5}=\dfrac{25}{5}=5$

1 각 자료의 값 중 가장 큰 값이나 가장 작은 값은 전체 자료를 대표하는 값이라고 할 수 없습니다.

2 $(평균)=\dfrac{(자료의 값을 모두 더한 수)}{(자료의 수)}$

---

2 평균 (2)   137쪽

3
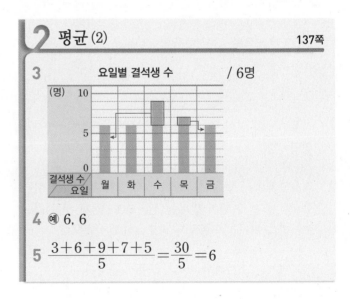
요일별 결석생 수   / 6명

4 예 6, 6

5 $\dfrac{3+6+9+7+5}{5}=\dfrac{30}{5}=6$

3 결석생 수가 많은 요일에서 적은 요일로 막대를 옮겨 막대의 높이를 고르게 하면 평균 6명이 됩니다.

3 평균 (3)

138쪽

6 17 m, 18 m　　　　7 연우

8 6권

6 (인하의 공 던지기 기록의 평균)

$$=\frac{15+15+20+18}{4}=\frac{68}{4}=17\,(m)$$

(연우의 공 던지기 기록의 평균)

$$=\frac{13+16+19+22+20}{5}=\frac{90}{5}=18\,(m)$$

7 17<18이므로 공 던지기를 더 잘한 사람은 연우입니다.

8 (은수네 모둠이 읽은 책의 수의 합)=6×5=30(권)
➡ (은수가 읽은 책의 수)
　=30-9-4-5-6=6(권)

4 일이 일어날 가능성 (1)

139쪽

9

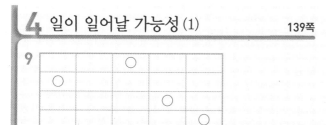

10 (1) 확실하다　(2) 불가능하다　(3) 반반이다

10 (1) 공은 모두 검은색이므로 꺼낸 공이 검은색일 가능성
　　은 '확실하다'입니다.
　(2) 공은 모두 흰색이므로 꺼낸 공이 검은색일 가능성은
　　'불가능하다'입니다.
　(3) 검은색 공과 흰색 공이 절반씩 들어 있으므로 꺼낸
　　공이 검은색일 가능성은 '반반이다'입니다.

5 일이 일어날 가능성 (2)

140쪽

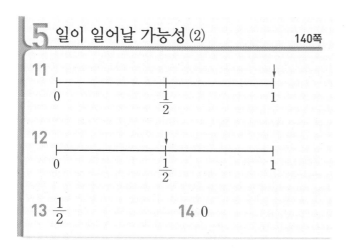

13 $\frac{1}{2}$　　　　　　14 0

11 전체가 노란색인 회전판 가를 돌릴 때 화살이 노란색에
멈출 가능성은 '확실하다'이므로 수로 표현하면 1입니다.

12 노란색과 초록색이 절반씩 색칠된 회전판 나를 돌릴 때
화살이 노란색에 멈출 가능성은 '반반이다'이므로 수로
표현하면 $\frac{1}{2}$입니다.

13 노란색과 초록색이 절반씩 색칠된 회전판 나를 돌릴 때
화살이 초록색에 멈출 가능성은 '반반이다'이므로 수로
표현하면 $\frac{1}{2}$입니다.

14 전체가 초록색인 회전판 다를 돌릴 때 화살이 노란색에
멈출 가능성은 '불가능하다'이므로 수로 표현하면 0입
니다.

기본에서 응용으로

141~146쪽

1 8초　　　　2 5℃　　　　3 14℃

4 6개, 5개　　　5 준희네 모둠

6 준호 / 예 최고 기록은 한 친구의 기록이므로 최고 기록
만으로 어느 모둠이 더 잘했다고 말할 수 없습니다.

7 방법 1 예 8 /
예 평균을 8로 예상한 후 8, (10, 6), (7, 9)로
수를 짝 짓고 자료의 값을 고르게 하여 구한 평
균은 8입니다.

방법 2 예 (평균)$=\frac{10+7+6+8+9}{5}=\frac{40}{5}=8$

8 32분　　　　9 36 kg　　　　10 35 kg

11 149 cm　　　12 국진, 정민　　　13 나, 다

14 54번

15 예 5회에는 줄넘기를 54번보다 많이 해야 합니다.

16 예 5회에는 줄넘기를 54번보다 적게 해야 합니다.

17 100개　　　　18 25명　　　　19 4개

20 나 도서관　　21 8시간　　　22 210 cm

23 212 cm　　　24 13살　　　25 18살

26 19초　　　　27 26번　　　　28 반반이다

29 승준

30 예 계산기로 '1+1＝'을 누르면 2가 나올 거야.

31 다인, 창선, 선주, 미라, 승준

32 (위에서부터) ㉠, ㉣ / ㉢, ㉤

33 (1) ㉡ (2) ㉠ (3) ㉢

34   **35** 반반이다, $\dfrac{1}{2}$

36 확실하다, 1   **37** (1) 1 (2) 0   **38** $\dfrac{1}{2}$

39 (1) 반반이다, $\dfrac{1}{2}$ (2) 예

1 (50 m 달리기 기록의 평균)

$$=\frac{10+7+6+11+6}{5}=\frac{40}{5}=8(초)$$

2 (최저 기온의 평균)

$$=\frac{3+2+5+6+4+6+9}{7}=\frac{35}{7}=5\,(℃)$$

3 (최고 기온의 평균)

$$=\frac{12+12+15+14+13+15+17}{7}$$
$$=\frac{98}{7}=14\,(℃)$$

4 (준희네 모둠의 고리 던지기 기록의 평균)

$$=\frac{6+8+5+5}{4}=\frac{24}{4}=6(개)$$

(시우네 모둠의 고리 던지기 기록의 평균)

$$=\frac{3+6+4+9+3}{5}=\frac{25}{5}=5(개)$$

5 고리 던지기 기록의 평균이 더 높은 준희네 모둠이 더 잘했다고 볼 수 있습니다.

서술형
6

단계	문제 해결 과정
①	잘못 말한 친구를 찾았나요?
②	그 이유를 썼나요?

서술형
7

단계	문제 해결 과정
①	한 가지 방법으로 평균을 구했나요?
②	다른 한 가지 방법으로 평균을 구했나요?

8 (운동을 한 시간의 평균)

$$=\frac{30+40+30+35+25}{5}=\frac{160}{5}=32(분)$$

9 (A 모둠 학생들의 평균 몸무게)

$$=\frac{39+31+38}{3}=\frac{108}{3}=36\,(kg)$$

10 (두 모둠 학생들의 평균 몸무게)

$$=\frac{39+31+38+37+34+29+37}{7}$$
$$=\frac{245}{7}=35\,(kg)$$

11 (지현이네 모둠 학생들의 평균 키)

$$=\frac{145+160+148+140+152}{5}$$
$$=\frac{745}{5}=149\,(cm)$$

12 평균 149 cm보다 키가 큰 학생은 국진(160 cm), 정민(152 cm)입니다.

13 (책 판매량의 평균)

$$=\frac{200+150+185+195+210}{5}$$
$$=\frac{940}{5}=188(권)$$

따라서 판매를 중지해야 할 책은 판매량이 평균 188권보다 적은 나, 다입니다.

14 (줄넘기 기록의 평균)

$$=\frac{45+50+62+59}{4}=\frac{216}{4}=54(번)$$

15 1회부터 5회까지 기록의 평균이 1회부터 4회까지 기록의 평균보다 높으려면 5회에는 1회부터 4회까지 기록의 평균보다 더 많이 해야 합니다.

16 1회부터 5회까지 기록의 평균이 1회부터 4회까지 기록의 평균보다 낮으려면 5회에는 1회부터 4회까지 기록의 평균보다 더 적게 해야 합니다.

17 다섯 반이 빈 병을 500개 모아야 하므로 한 반이 빈 병을 500÷5＝100(개)씩 모아야 합니다.

18 (반별 학생 수의 평균)

$$=\frac{25+27+24+24+25}{5}=\frac{125}{5}=25(명)$$

19 25명이 빈 병을 100개 모아야 하므로 한 명이 빈 병을 $100 \div 25 = 4$(개)씩 모아야 합니다.

20 (가 도서관의 도서 대출 책 수의 평균)

$$= \frac{200 + 150 + 185 + 193}{4} = \frac{728}{4} = 182(권)$$

(나 도서관의 도서 대출 책 수의 평균)

$$= \frac{174 + 233 + 152 + 181}{4} = \frac{740}{4} = 185(권)$$

^{서술형}
21 예 하루 평균 8시간을 잤으므로 5일 동안 잠을 잔 시간의 합은 $8 \times 5 = 40$(시간)입니다.
따라서 금요일에 잠을 잔 시간은
$40 - 9 - 6 - 7 - 10 = 8$(시간)입니다.

단계	문제 해결 과정
①	5일 동안 잠을 잔 시간의 합을 구했나요?
②	금요일에 잠을 잔 시간을 구했나요?

22 (석호의 제자리 멀리뛰기 기록의 평균)

$$= \frac{214 + 220 + 196 + 210}{4} = \frac{840}{4} = 210 \, (\text{cm})$$

23 두 학생의 평균이 같으므로 태현이의 기록의 합은
$210 \times 5 = 1050 \, (\text{cm})$입니다.
따라서 태현이의 4회 제자리 멀리뛰기 기록은
$1050 - 226 - 213 - 189 - 210 = 212 \, (\text{cm})$입니다.

24 (배드민턴 동아리 회원의 평균 나이)

$$= \frac{16 + 12 + 11 + 13}{4} = \frac{52}{4} = 13(살)$$

25 평균 나이가 1살 늘어나면 나이의 합은 5살 늘어나므로 새로운 회원의 나이는 $13 + 5 = 18$(살)입니다.

다른 풀이

현재 평균 나이가 13살이므로 새로운 회원이 들어온 뒤의 평균 나이는 14살입니다. 따라서 새로운 회원의 나이는 $14 \times 5 - 13 \times 4 = 70 - 52 = 18$(살)입니다.

26 모둠 전체 학생의 100 m 달리기 기록의 합은
$18.6 \times 5 + 19.5 \times 4 = 93 + 78 = 171$(초)입니다.
따라서 재희네 모둠 전체 학생의 100 m 달리기 기록은 평균 $\frac{171}{5+4} = \frac{171}{9} = 19$(초)입니다.

27 $22 + 25 + 34 + 29 + 14 + \square$가 25×6과 같거나 커야 합니다. $124 + \square = 150$인 $\square$는 26이므로 마지막에 줄넘기를 적어도 26번 해야 합니다.

28 학교에 제일 먼저 도착하는 친구는 남자 아니면 여자이므로 여자일 가능성은 '반반이다'입니다.

29 계산기로 '1＋1＝'을 누르면 2가 나오므로 3이 나올 가능성은 '불가능하다'입니다.

31 일이 일어날 가능성은 선주 '반반이다', 미라 '~아닐 것 같다', 다인 '확실하다', 창선 '~일 것 같다', 승준 '불가능하다'입니다.

32 회전판에서 흰색이 차지하는 부분의 넓이를 보고 화살이 흰색에 멈출 가능성을 생각해 봅니다.

33 ㉠ 빨강, 노랑, 파랑이 각각 전체의 $\frac{1}{3}$이므로 (2)의 표와 일이 일어날 가능성이 비슷합니다.

㉡ 노랑이 전체의 $\frac{1}{2}$이고 빨강과 파랑이 각각 전체의 $\frac{1}{4}$이므로 (1)의 표와 일이 일어날 가능성이 비슷합니다.

㉢ 빨강이 전체의 $\frac{3}{4}$이고 파랑과 노랑이 각각 전체의 $\frac{1}{8}$이므로 (3)의 표와 일이 일어날 가능성이 비슷합니다.

34 화살이 빨간색에 멈출 가능성이 가장 높으므로 회전판에서 가장 넓은 곳에 빨간색을 칠하고, 노란색에 멈출 가능성이 파란색에 멈출 가능성의 2배이므로 두 번째로 넓은 곳에 노란색을, 가장 좁은 곳에 파란색을 칠합니다.

35 동전의 면은 그림 면 또는 숫자 면이므로 그림 면이 나올 가능성은 '반반이다'이고 이를 수로 표현하면 $\frac{1}{2}$입니다.

36 학교에 도착해야 할 시각을 지나서 집에서 나왔으므로 지각할 가능성은 '확실하다'이고 이를 수로 표현하면 1입니다.

37 사탕은 모두 오렌지맛이므로 꺼낸 사탕이 오렌지맛일 가능성은 '확실하다'이고, 포도맛일 가능성은 '불가능하다'입니다.

38 노란색과 초록색이 회전판에 반씩 색칠되어 있으므로 화살이 초록색에 멈출 가능성은 '반반이다'입니다.

39 (1) 당첨 제비가 전체의 절반이므로 뽑은 제비가 당첨 제비일 가능성은 '반반이다'입니다.

(2) 화살이 노란색에 멈출 가능성이 $\frac{1}{2}$이 되려면 전체 6칸 중 3칸에 노란색을 칠해야 합니다.

응용에서 최상위로
147~150쪽

1 ⓜ, ⓔ, ⓛ, ⓖ, ⓒ, ⓑ   **1-1** ⓛ, ⓑ, ⓜ, ⓒ, ⓔ, ⓖ

2 과학, 20점   **2-1** 132 cm

2-2 22권   **3** 294 kg

3-1 19초   **3-2** 196대

4 1단계 $1080+320\times18$, 160×18, 170×18, 12780 /

ⓔ 4월부터 6월까지 평균 수도 요금이 14080원이므로 4월부터 6월까지 수도 요금의 합계는 $14080\times3=42240$(원)입니다.
따라서 6월 수도 요금은
$42240-15380-12780=14080$(원)입니다.

2단계 ⓔ 6월 수도 사용량을 $\square\,m^3$라고 하면
$(1080+320\times\square)+160\times\square+170\times\square$
$=14080$, $1080+650\times\square=14080$,
$650\times\square=13000$, $\square=20$입니다.
따라서 6월의 수도 사용량은 $20\,m^3$입니다.

/ $20\,m^3$

1 ⓖ 홀수는 1, 3, 5이므로 6가지 중 3가지입니다.
ⓛ 3의 배수는 3, 6이므로 6가지 중 2가지입니다.
ⓒ 6의 약수는 1, 2, 3, 6이므로 6가지 중 4가지입니다.
ⓔ 6 이상인 수는 6이므로 6가지 중 1가지입니다.
ⓜ 6 초과인 수는 없으므로 6가지 중 0가지입니다.
ⓑ 6 이하인 수는 1, 2, 3, 4, 5, 6이므로 6가지 중 6가지입니다.

1-1 ⓖ 노란색 공은 5개 중 0개입니다.
ⓛ 파란색 공은 5개 중 5개입니다.
ⓒ 초록색 공은 5개 중 2개입니다.
ⓔ 빨간색 공은 5개 중 1개입니다.
ⓜ 흰색 공은 5개 중 3개입니다.
ⓑ 검은색 공은 5개 중 4개입니다.

2 4과목 점수의 평균을 5점 올리려면 전체 점수가
$5\times4=20$(점) 높아져야 하므로 80점보다 낮은 점수를 받은 과학 점수를 20점 올려야 합니다.

2-1 4회까지의 평균 기록을 3 cm 올리려면 각 기록의 합이 $3\times4=12$ (cm) 높아져야 하므로 1회 기록보다 12 cm를 더 뛰어야 합니다.
따라서 $120+12=132$ (cm)를 뛰어야 합니다.

2-2 (1월부터 4월까지 읽은 책 수의 평균)
$=\dfrac{15+19+16+18}{4}=\dfrac{68}{4}=17$(권)

평균을 1권 높이려면 5월에 1월부터 4월까지 읽은 책 수의 평균보다 5권을 더 읽어야 합니다.
따라서 성훈이는 5월에 적어도 $17+5=22$(권)을 읽어야 합니다.

3 (네 마을의 고구마 생산량의 합)$=390\times4$
$=1560$ (kg)

라 마을의 고구마 생산량을 $\square$ kg이라고 하면 나 마을의 고구마 생산량은 $(\square+95)$ kg이므로
$385+(\square+95)+492+\square=1560$,
$\square\times2+972=1560$, $\square\times2=588$,
$\square=294$입니다.
따라서 라 마을의 고구마 생산량은 294 kg입니다.

3-1 (1회부터 4회까지 기록의 합)$=17.5\times4=70$(초)
3회 기록을 $\square$초라고 하면 4회 기록은 3초 빠르므로 $(\square-3)$초입니다.
$18+17+\square+(\square-3)=70$, $\square\times2+32=70$,
$\square\times2=38$, $\square=19$
따라서 3회 기록은 19초입니다.

3-2 (네 회사의 자동차 판매량의 합)$=143\times4=572$(대)
라 회사의 판매량을 $\square$대라고 하면 가 회사의 판매량은 $(\square\times2)$대이므로
$(\square\times2)+153+125+\square=572$,
$\square\times3+278=572$, $\square\times3=294$, $\square=98$입니다.
따라서 가 회사의 판매량은 $98\times2=196$(대)입니다.

기출 단원 평가 Level ❶
151~153쪽

1 확실하다	**2** $\dfrac{1}{2}$	**3** 12자루
4 540	**5** 16초	**6** 영인, 동해
7 0	**8** ④	**9** 87점, 86점
10 수지네 모둠	**11** 경은이네 모둠	
12 상현	**13** 지혜	
14 연우, 상현, 지혜		**15** 30
16 ⓛ	**17** 445점	**18** 71 cm
19 $\dfrac{1}{2}$	**20** 7명	

1 사탕은 모두 딸기맛이므로 꺼낸 사탕이 딸기맛일 가능성은 '확실하다'입니다.

2 구슬의 수는 짝수 아니면 홀수이므로 짝수일 가능성은 '반반이다'이고 이를 수로 표현하면 $\frac{1}{2}$입니다.

3 (평균)$=\dfrac{11+15+14+8}{4}=\dfrac{48}{4}=12$(자루)

4 (팔굽혀펴기 횟수의 합)
$=$(하루 평균 횟수)$\times$(팔굽혀펴기를 한 날수)
$=18\times30=540$(번)

5 (민주네 모둠 학생들의 오래 매달리기 평균 기록)
$=\dfrac{15+12+18+19+16}{5}=\dfrac{80}{5}=16$(초)

6 평균인 16초보다 더 오래 매달린 학생은 영인(18초), 동해(19초)입니다.

7 8의 카드를 뽑을 가능성은 '불가능하다'이므로 이를 수로 표현하면 0입니다.

8 일이 일어날 가능성은 ① 불가능하다, ② 반반이다, ③ 불가능하다, ④ 확실하다, ⑤ ~아닐 것 같다입니다.

9 (수지네 모둠의 수학 점수의 평균)
$=\dfrac{83+92+86+96+78}{5}=\dfrac{435}{5}=87$(점)
(경호네 모둠의 수학 점수의 평균)
$=\dfrac{96+88+78+82}{4}=\dfrac{344}{4}=86$(점)

10 수학 점수의 평균이 더 높은 수지네 모둠이 수학 시험을 더 잘 봤습니다.

11 한 사람이 주운 평균 밤의 수는 경은이네 모둠이 $64\div4=16$(개), 영서네 모둠이 $70\div5=14$(개)이므로 경은이네 모둠이 더 많습니다.

12 상현이가 만든 회전판은 파란색과 빨간색이 차지하는 부분이 반반이므로 화살이 파란색에 멈출 가능성과 빨간색에 멈출 가능성이 같습니다.

13 회전판에서 빨간색이 차지하는 부분이 더 넓은 것은 지혜가 만든 회전판입니다.

14 회전판에서 파란색이 차지하는 부분이 넓은 것부터 차례로 이름을 쓰면 연우, 상현, 지혜입니다.

15 하루에 평균 25분 운동을 했으므로 5일 동안 운동을 한 시간의 합은 $25\times5=125$(분)입니다.
따라서 금요일에 운동을 한 시간은
$125-32-15-20-28=30$(분)입니다.

16 일이 일어날 가능성은 ㉠ ~아닐 것 같다, ㉡ 확실하다, ㉢ ~일 것 같다입니다.

17 평균 5점을 올리려면 시험 점수의 합이 $5\times5=25$(점) 높아져야 하므로 다음 시험에서 시험 점수의 합은 $90+95+80+85+70+25=445$(점)이 되어야 합니다.

18 남학생과 여학생의 앉은키의 합은 각각 $72\times3=216$ (cm), $70.25\times4=281$ (cm)입니다.
따라서 민수네 모둠 7명의 평균 앉은키는
$\dfrac{216+281}{7}=\dfrac{497}{7}=71$ (cm)입니다.

서술형
19 ⑩ 주사위 눈의 수가 2의 배수인 경우는 2, 4, 6으로 3가지이므로 2의 배수일 가능성은 '반반이다'입니다.
따라서 이를 수로 표현하면 $\frac{1}{2}$입니다.

평가 기준	배점(5점)
주사위 눈의 수가 2의 배수일 가능성을 말로 표현했나요?	3점
주사위 눈의 수가 2의 배수일 가능성을 수로 표현했나요?	2점

서술형
20 방법 1 ⑩ 평균을 7로 예상한 후 (9, 5), 7, 7로 수를 짝 짓고 자료의 값을 고르게 하여 구한 안경을 쓴 학생 수의 평균은 7명입니다.

방법 2 ⑩ (평균)$=\dfrac{9+5+7+7}{4}=\dfrac{28}{4}=7$(명)

평가 기준	배점(5점)
한 가지 방법으로 평균을 구했나요?	3점
다른 한 가지 방법으로 평균을 구했나요?	2점

기출 단원 평가 Level ❷ 154~156쪽

1 확실하다, 1	**2** 20개	**3** 반반이다
4 다	**5** 89점	**6** 90점
7 88	**8** $\frac{1}{2}$	**9** ~일 것 같다
10 0	**11** 280문제	**12** 찬희네 모둠
13 43번	**14** 44번	**15** ㉡, ㉠, ㉢, ㉣
16 ㉡	**17** 16권	**18** 국어, 16점
19 ㉠	**20** 2명	

1 친구와 만나기로 한 시각을 지나서 출발했으므로 늦을 가능성은 '확실하다'이고 이를 수로 표현하면 1입니다.

2 (클립 수의 평균)
$$= \frac{20+18+21+20+21}{5} = \frac{100}{5} = 20(개)$$

3 나 회전판에서 빨간색이 차지하는 부분의 넓이가 절반이므로 화살이 빨간색에 멈출 가능성은 '반반이다'입니다.

4 다 회전판은 모두 빨간색이므로 화살이 파란색에 멈출 가능성은 '불가능하다'입니다.

5 (국어 점수의 평균)
$$= \frac{95+88+90+83}{4} = \frac{356}{4} = 89(점)$$

6 수학 점수의 합은 $87 \times 4 = 348$(점)이므로 민주의 수학 점수는 $348-86-92-80 = 90$(점)입니다.

7 (영어 점수의 평균)
$$= \frac{92+80+90+88+90}{5} = \frac{440}{5} = 88(점)$$

8 카드는 ◈ 모양과 ♥ 모양이 2장씩이므로 ♥의 카드가 나올 가능성은 '반반이다'이고 이를 수로 표현하면 $\frac{1}{2}$입니다.

9 5 이하인 주사위 눈의 수는 1, 2, 3, 4, 5로 5가지이므로 5 이하가 나올 가능성은 '~일 것 같다'입니다.

10 주사위 눈의 수는 모두 6 이하이므로 6 초과일 가능성은 '불가능하다'이고 이를 수로 표현하면 0입니다.

11 2주일은 $7 \times 2 = 14$(일)입니다.
➡ $20 \times 14 = 280$(문제)

12 (찬희네 모둠의 제기차기 기록의 평균)
$$= \frac{7+5+10+6}{4} = \frac{28}{4} = 7(개)$$
(연주네 모둠의 제기차기 기록의 평균)
$$= \frac{3+11+5+6+5}{5} = \frac{30}{5} = 6(개)$$

13 (현정이의 줄넘기 기록의 평균)
$$= \frac{42+40+46+44}{4} = \frac{172}{4} = 43(번)$$

14 수아는 줄넘기를 모두 $43 \times 4 = 172$(번) 했으므로 3회 줄넘기 기록은 $172-38-43-47 = 44$(번)입니다.

15 일이 일어날 가능성은 ㉠ 반반이다, ㉡ 확실하다, ㉢ ~아닐 것 같다, ㉣ 불가능하다입니다.

16 화살이 노란색에 멈춘 횟수가 $\frac{1}{2}$쯤 되고 빨간색과 파란색에 멈춘 횟수가 $\frac{1}{4}$쯤 되므로 일이 일어날 가능성이 가장 비슷한 회전판은 ㉡입니다.

17 1월부터 4월까지 읽은 책의 수의 평균은
$$\frac{15+11+8+10}{4} = 11(권)입니다.$$
따라서 인서가 5월에 읽은 책은 $11+5 = 16$(권)입니다.

18 4과목 점수의 평균을 4점 올리려면 전체 점수가 $4 \times 4 = 16$(점) 높아져야 하므로 $100-16 = 84$(점)보다 낮은 점수를 받은 국어를 16점 올려야 합니다.

서술형
19 ㉮ 일이 일어날 가능성은 ㉠은 '반반이다', ㉡은 '불가능하다'입니다. 따라서 가능성이 더 큰 것은 ㉠입니다.

평가 기준	배점(5점)
각각의 일이 일어날 가능성을 구했나요?	3점
가능성이 더 큰 것을 찾았나요?	2점

서술형
20 ㉮ (수학 단원평가 점수의 평균)
$$= \frac{80+90+94+88}{4} = \frac{352}{4} = 88(점)$$
따라서 점수가 평균보다 높은 학생은 수아와 시우로 모두 2명입니다.

평가 기준	배점(5점)
수학 단원평가 점수의 평균을 구했나요?	3점
점수가 평균보다 높은 사람은 몇 명인지 구했나요?	2점

1 수의 범위와 어림하기

서술형 문제

2~ 5쪽

1 3개   **2** 400   **3** 864300

4 방법 1 예 58734를 올림하여 천의 자리까지 나타내면 59000이 됩니다.

방법 2 예 58734를 반올림하여 천의 자리까지 나타내면 59000이 됩니다.

5 149개   **6** 14000원   **7** 6500원

8 33개

1 예 20 초과 32 이하인 수 중에서 4로 나누어떨어지는 자연수는 24, 28, 32이므로 모두 3개입니다.

단계	문제 해결 과정
①	수직선에 나타낸 수의 범위를 알았나요?
②	4로 나누어떨어지는 자연수를 모두 찾았나요?
③	4로 나누어떨어지는 자연수의 개수를 구했나요?

2 예 2568을 올림하여 백의 자리까지 나타내면 2600입니다.
2568을 올림하여 천의 자리까지 나타내면 3000입니다.
따라서 ④－㉮＝3000－2600＝400입니다.

단계	문제 해결 과정
①	㉮에 알맞은 수를 구했나요?
②	④에 알맞은 수를 구했나요?
③	㉮와 ④의 차를 구했나요?

3 예 6장의 수 카드를 한 번씩 모두 사용하여 만들 수 있는 가장 큰 여섯 자리 수는 864310입니다.
따라서 864310을 반올림하여 백의 자리까지 나타내면 864300입니다.

단계	문제 해결 과정
①	가장 큰 여섯 자리 수를 구했나요?
②	반올림하여 백의 자리까지 나타낸 수를 구했나요?

4

단계	문제 해결 과정
①	한 가지 방법으로 설명했나요?
②	다른 방법으로 설명했나요?

5

두 조건을 만족하는 자연수는 200 초과 350 미만인 자연수이므로 201, 202, ..., 348, 349입니다.
따라서 두 조건을 만족하는 자연수는 모두
349－201＋1＝149(개)입니다.

단계	문제 해결 과정
①	두 조건을 만족하는 수의 범위를 구했나요?
②	두 조건을 만족하는 자연수의 개수를 구했나요?

6 예 아버지와 어머니는 각각 5000원씩 내고 오빠는 3000원을 내고 유미는 1000원을 내고 동생은 무료로 입장합니다. 따라서 유미네 가족이 모두 미술관에 입장하려면 입장료 5000＋5000＋3000＋1000＝14000(원)을 내야 합니다.

단계	문제 해결 과정
①	가족의 나이에 따른 각각의 입장료를 구했나요?
②	유미네 가족의 입장료를 구했나요?

7 예 사탕 138개를 10개씩 13봉지에 담으면 8개가 남습니다. 남은 사탕 8개는 팔 수 없으므로 버림해야 합니다. 따라서 사탕을 팔아서 받을 수 있는 돈은 최대 500×13＝6500(원)입니다.

단계	문제 해결 과정
①	어떻게 어림해야 하는지 알고 있나요?
②	사탕을 팔아 받을 수 있는 돈을 구했나요?

8 예 구슬 325개를 10개씩 32봉지에 담으면 5개가 남습니다. 남은 구슬 5개도 봉지에 담아야 하므로 올림해야 합니다. 따라서 봉지는 적어도 33개가 필요합니다.

단계	문제 해결 과정
①	어떻게 어림해야 하는지 알고 있나요?
②	필요한 봉지 수를 구했나요?

다시 점검하는 기출 단원 평가 Level ❶
6~8쪽

1 2개

2 50000, 49000, 50000

3 ㉡, ㉢

4 8개

5 390000명

6 39, 42

7 82, 96

8 청룡열차, 회전목마, 후룸라이드

9 나쁨

10 4곳

11
0 50 100 150 200(μg/m³)

12 ㉢

13
0 1 2 3 4 5 6 7(m)

14
44 45 46 47 48 49 50 51 52 53 54 55 56 57

15 0, 1, 2, 3, 4

16 90000원

17 7개

18 63

19 68묶음

20 151개 이상 175개 이하

---

3 ㉠ 2900 ㉡ 2800 ㉢ 2800 ㉣ 2700
따라서 버림하여 백의 자리까지 나타낸 수가 같은 두 수는 ㉡, ㉢입니다.

4 35와 같거나 크고 42와 같거나 작은 자연수는 35, 36, 37, 38, 39, 40, 41, 42로 모두 8개입니다.

5 394750을 반올림하여 만의 자리까지 나타내면 천의 자리 숫자가 4이므로 버림하여 390000입니다.

7 83 이상 97 미만인 자연수
➡ 83, 84, ..., 95, 96
➡ 82 초과 96 이하인 자연수

8 키가 130 cm 이상인 놀이 기구는 탈 수 있지만 130 cm 초과인 놀이 기구는 탈 수 없습니다.
따라서 탈 수 있는 놀이 기구는 청룡열차, 회전목마, 후룸라이드입니다.

9 서울의 미세먼지 농도는 120 μg/m³이고, 80 μg/m³ 초과 150 μg/m³ 이하에 속하므로 나쁨입니다.

10 미세먼지 농도가 30 μg/m³ 초과 80 μg/m³ 이하인 곳은 인천, 대구, 대전, 제주로 4곳입니다.

11 미세먼지 농도가 80 μg/m³ 초과 150 μg/m³ 이하이므로 80에 ○로, 150에 ●로 나타냅니다.

12 ㉠ 45<u>7</u>0 ➡ 4570 ㉡ 45<u>5</u>3 ➡ 4600 ㉢ 45<u>0</u>9 ➡ 5000
따라서 ㉢>㉡>㉠입니다.

13 높이가 4 m보다 낮은 자동차만 지나갈 수 있으므로 높이가 4 m와 같거나 높은 자동차는 지나갈 수 없습니다.
따라서 4 이상을 수직선에 표시합니다.

14 반올림하여 십의 자리까지 나타내면 50이 되는 수는 45와 같거나 크고 55보다 작은 수이므로 45 이상 55 미만인 수입니다.

15 천의 자리 숫자가 그대로 4이므로 □ 안에 들어갈 수 있는 수는 5보다 작은 수인 0, 1, 2, 3, 4입니다.

16
100원짜리 258개 → 25800원
1000원짜리 67장 → 67000원
　　　　　　　　　 92800원
2800원은 10000원짜리 지폐로 바꿀 수 없으므로 버림을 하면 90000원까지 바꿀 수 있습니다.

17
20 26 33 36

두 조건을 만족하는 수의 범위는 26 초과 33 이하인 수이므로 27, 28, 29, 30, 31, 32, 33입니다.
따라서 두 조건을 만족하는 자연수는 모두 7개입니다.

18 수직선에 나타낸 수의 범위는 57 이상 ㉠ 미만인 수이므로 57과 같거나 크고 ㉠보다 작은 수입니다. 범위에 속하는 자연수가 6개이므로 57, 58, 59, 60, 61, 62이고 62는 ㉠보다 작은 수이므로 ㉠은 63입니다.

서술형
19 예 (필요한 색종이 수)=337×2=674(장)
색종이를 10장씩 67묶음 사면 4장이 모자라므로 올림을 합니다. 따라서 적어도 68묶음을 사야 합니다.

평가 기준	배점(5점)
필요한 색종이 수를 구했나요?	1점
어떻게 어림해야 하는지 알고 있나요?	2점
사야 하는 색종이의 묶음 수를 구했나요?	2점

서술형
20 예 상자 6개에는 귤을 25×6=150(개)까지 담을 수 있고, 상자 7개에는 귤을 25×7=175(개)까지 담을 수 있습니다. 따라서 귤은 150개보다 많고 175개와 같거나 적으므로 151개 이상 175개 이하입니다.

평가 기준	배점(5점)
귤의 수가 가장 적은 경우를 구했나요?	2점
귤의 수가 가장 많은 경우를 구했나요?	2점
귤의 수를 이상과 이하를 사용하여 나타냈나요?	1점

1 ㉢, ㉣		**2** 시연	**3** ㉡
4 2대		**5** 7개	**6** 72
7 보연, 인주, 혜수			**8** ㉠, ㉢, ㉡
9 3명		**10** 도현, 효준	**11** 37600개

12
0 10 20 30 40 50 60 70 80 90 100 (km)

13 65세 초과   **14** 8200, 8299

15 27500 이상 28500 미만인 수

16 5, 6, 7, 8, 9   **17** 49455

18 289개 이상 300개 이하   **19** 13일

20 6개

1 ㉠ 37 38 39 40   ㉡ 39 40 41 42
㉢ 39 40 41 42   ㉣ 39 40 41 42

2 시연: 300 7̲ ➡ 3010

3 ㉠ 47. 9̲ 2 ➡ 48 ㉡ 46. 8̲ ➡ 47 ㉢ 48. 3̲ ➡ 48

5 수직선에 나타낸 수의 범위는 12 초과 20 미만인 수입니다. 이 수의 범위에 속하는 자연수는 13, 14, 15, 16, 17, 18, 19이므로 모두 7개입니다.

6 22 초과 49 이하인 자연수는 23, 24, 25, ..., 48, 49입니다.
따라서 가장 큰 수는 49이고, 가장 작은 수는 23이므로 두 수의 합은 49+23=72입니다.

8 ㉠ 5 7̲ 05 ➡ 5800
㉡ 5 9̲ 30 ➡ 5000
㉢ 5 7̲ 39 ➡ 5700
➡ ㉠>㉢>㉡

9 50 m 달리기 기록이 8.81초와 같거나 느리고 9.7초와 같거나 빠른 사람은 선균, 준범, 지명으로 모두 3명입니다.

10 현호는 9.71초 이상 10.5초 이하에 속하므로 3등급입니다. 50 m 달리기 기록이 9.71초와 같거나 느리고 10.5초와 같거나 빠른 사람은 도현, 효준입니다.

11 100개씩 팔려고 하므로 버림하여 백의 자리까지 나타내면 37 6̲ 85 ➡ 37600입니다.
따라서 팔 수 있는 로봇은 37600개입니다.

13 66세인 할아버지는 무료이고 65세인 할머니는 입장료를 내야 합니다. 따라서 65세 초과이어야 무료로 입장할 수 있습니다.

14 버림하여 백의 자리까지 나타내면 8200이 되는 자연수는 8200 이상 8300 미만입니다. 따라서 가장 작은 수는 8200이고, 가장 큰 수는 8299입니다.

15 백의 자리 숫자가 5, 6, 7, 8, 9이면 올리므로 27500 이상이고, 백의 자리 숫자가 0, 1, 2, 3, 4이면 버리므로 28500 미만입니다.
따라서 27500 이상 28500 미만인 수입니다.

16 73□5를 올림하여 백의 자리까지 나타내면 7400입니다. 반올림하여 백의 자리까지 나타낸 수가 7400이 되려면 십의 자리 숫자가 5와 같거나 커야 합니다. 따라서 □ 안에 들어갈 수 있는 수는 5, 6, 7, 8, 9입니다.

17 40000 초과 60000 이하인 수에서 만의 자리 숫자는 5 미만이므로 4입니다. 천의 자리 숫자는 9입니다.
백의 자리 숫자는 만의 자리 숫자와 같으므로 4입니다.
두 숫자의 합이 10이면서 같은 수는 5이므로 십의 자리와 일의 자리 숫자는 5입니다.
따라서 구하는 수는 49455입니다.

18 12개씩 24상자까지 모두 담고 나머지 한 상자에는 1개부터 12개까지 담을 수 있습니다.
(가장 적은 경우)=12×24+1=289(개)
(가장 많은 경우)=12×25=300(개)
➡ 289개 이상 300개 이하

서술형
19 ⑩ 수학 문제집을 10쪽씩 12일 동안 풀면 8쪽이 남습니다. 남은 8쪽도 풀어야 하므로 올림을 합니다. 따라서 수학 문제집을 모두 풀려면 적어도 13일이 걸립니다.

평가 기준	배점(5점)
어떻게 어림해야 하는지 알고 있나요?	2점
적어도 며칠이 걸리는지 구했나요?	3점

서술형
20 ⑩ 자연수 부분이 될 수 있는 수는 5, 6이고, 소수 첫째 자리 숫자가 될 수 있는 수는 3, 4, 5입니다.
따라서 만들 수 있는 소수 한 자리 수는
5.3, 5.4, 5.5, 6.3, 6.4, 6.5로 모두 6개입니다.

평가 기준	배점(5점)
자연수 부분이 될 수 있는 수를 구했나요?	2점
소수 첫째 자리 숫자가 될 수 있는 수를 구했나요?	2점
만들 수 있는 소수 한 자리 수의 개수를 구했나요?	1점

2 분수의 곱셈

서술형 문제

12~15쪽

1 예 대분수를 가분수로 고친 후 약분해야 하는데 대분수 상태에서 약분해서 틀렸습니다. /

바른 계산 $3\dfrac{1}{3} \times 1\dfrac{3}{5} = \dfrac{10}{3} \times \dfrac{\overset{2}{8}}{\underset{1}{5}} = \dfrac{16}{3} = 5\dfrac{1}{3}$

2 $\dfrac{5}{9}$ **3** $6\dfrac{4}{5}$ cm^2 **4** 8장

5 $1\dfrac{4}{5}$ m **6** $\dfrac{14}{25}$ **7** $\dfrac{2}{5}$

8 $7\dfrac{7}{12}$

1

단계	문제 해결 과정
①	계산이 틀린 이유를 썼나요?
②	곱셈을 바르게 계산했나요?

2 예 $\dfrac{2}{3} = \dfrac{12}{18}$, $\dfrac{5}{6} = \dfrac{15}{18}$, $\dfrac{7}{9} = \dfrac{14}{18}$이므로

$\dfrac{5}{6} > \dfrac{7}{9} > \dfrac{2}{3}$입니다.

따라서 가장 큰 분수와 가장 작은 분수의 곱은

$\dfrac{5}{\underset{3}{6}} \times \dfrac{\overset{1}{2}}{3} = \dfrac{5}{9}$입니다.

단계	문제 해결 과정
①	가장 큰 분수와 가장 작은 분수를 찾았나요?
②	가장 큰 분수와 가장 작은 분수의 곱을 구했나요?

3 예 (직사각형의 넓이) = (가로) × (세로)

$= 3\dfrac{2}{5} \times 2 = \dfrac{17}{5} \times 2$

$= \dfrac{17 \times 2}{5} = \dfrac{34}{5} = 6\dfrac{4}{5}$

이므로 직사각형의 넓이는 $6\dfrac{4}{5}$ (cm^2)입니다.

단계	문제 해결 과정
①	직사각형의 넓이를 구하는 식을 세웠나요?
②	직사각형의 넓이를 구했나요?

4 예 (사용한 색종이의 수)

= (가지고 있던 색종이의 수) × $\dfrac{2}{5}$

$= \overset{4}{20} \times \dfrac{2}{\underset{1}{5}} = 8$(장)

단계	문제 해결 과정
①	사용한 색종이의 수를 구하는 식을 세웠나요?
②	사용한 색종이의 수를 구했나요?

5 예 (사용한 색 테이프의 길이)

= (전체 색 테이프의 길이) × $\dfrac{3}{4}$

$= 2\dfrac{2}{5} \times \dfrac{3}{4} = \dfrac{\overset{3}{12}}{5} \times \dfrac{3}{\underset{1}{4}} = \dfrac{9}{5} = 1\dfrac{4}{5}$ (m)

단계	문제 해결 과정
①	사용한 색 테이프의 길이를 구하는 식을 세웠나요?
②	사용한 색 테이프의 길이를 구했나요?

6 예 어떤 수를 □라 하면 $\square \div \dfrac{4}{5} = \dfrac{7}{8}$이므로

$\square = \dfrac{7}{\underset{2}{8}} \times \dfrac{\overset{1}{4}}{5} = \dfrac{7}{10}$입니다.

따라서 바르게 계산하면 $\dfrac{7}{\underset{5}{10}} \times \dfrac{\overset{2}{4}}{5} = \dfrac{14}{25}$입니다.

단계	문제 해결 과정
①	어떤 수를 구했나요?
②	바르게 계산한 값을 구했나요?

7 예 산림의 $\dfrac{2}{5}$가 없어졌으므로 산림이 남은 곳은

$1 - \dfrac{2}{5} = \dfrac{3}{5}$입니다.

주리네 동네의 $\dfrac{2}{3}$가 산림이었는데 그중 $\dfrac{3}{5}$이 남았으므로 지금 산림으로 덮여 있는 곳은 $\dfrac{2}{\underset{1}{3}} \times \dfrac{\overset{1}{3}}{5} = \dfrac{2}{5}$입니다.

단계	문제 해결 과정
①	산림이 남은 곳은 예전 산림의 얼마인지 구했나요?
②	산림이 남은 곳은 주리네 동네의 얼마인지 구했나요?

8 예 만들 수 있는 가장 큰 대분수는 $4\dfrac{1}{3}$, 가장 작은 대분수는 $1\dfrac{3}{4}$입니다.

따라서 두 수의 곱은 $4\frac{1}{3} \times 1\frac{3}{4} = \frac{13}{3} \times \frac{7}{4}$

$= \frac{13 \times 7}{3 \times 4} = \frac{91}{12} = 7\frac{7}{12}$ 입니다.

평가 기준	배점(5점)
만들 수 있는 가장 큰 대분수를 구했나요?	2점
만들 수 있는 가장 작은 대분수를 구했나요?	2점
두 수의 곱을 구했나요?	1점

다시 점검하는 **기출 단원 평가 Level ❶** 16~18쪽

1 $\frac{1}{6}$ **2** $6\frac{2}{3}$

3 (1) ㉠ (2) ㉢ (3) ㉡ **4** <

5 $\frac{5}{24}$ **6** 15장 **7** $\frac{3}{10}$ L

8 8 **9** $2\frac{6}{7}$ **10** $8\frac{2}{3}$ cm

11 $16\frac{1}{2}$ cm² **12** 5개 **13** $133\frac{1}{3}$ cm²

14 26 km **15** $\frac{1}{5}$ **16** 8, 9

17 $\frac{7}{12}$ kg **18** $3\frac{4}{7}$

19 예 괄호 안을 먼저 계산하지 않아 틀렸습니다. /
$\frac{5}{6} \times \left(\frac{3}{4} - \frac{1}{8}\right) = \frac{5}{6} \times \left(\frac{6}{8} - \frac{1}{8}\right) = \frac{5}{6} \times \frac{5}{8} = \frac{25}{48}$

20 $16\frac{1}{3}$

3 (1) $6 \times 1\frac{2}{3} = \overset{2}{6} \times \frac{5}{\underset{1}{3}} = 10$

(2) $4 \times 1\frac{5}{8} = \overset{1}{4} \times \frac{13}{\underset{2}{8}} = \frac{13}{2} = 6\frac{1}{2}$

(3) $8 \times 1\frac{1}{6} = \overset{4}{8} \times \frac{7}{\underset{3}{6}} = \frac{28}{3} = 9\frac{1}{3}$

4 $\overset{7}{14} \times \frac{5}{\underset{4}{8}} = \frac{35}{4} = 8\frac{3}{4}$
$\overset{7}{\frac{7}{12}} \times \overset{4}{16} = \frac{28}{3} = 9\frac{1}{3}$ ⟹ $8\frac{3}{4} < 9\frac{1}{3}$

5 ㉠ $\frac{1}{3} \times \frac{1}{4} = \frac{1}{12}$ ㉡ $\frac{1}{2} \times \frac{1}{4} = \frac{1}{8}$
➡ ㉠+㉡ $= \frac{1}{12} + \frac{1}{8} = \frac{2}{24} + \frac{3}{24} = \frac{5}{24}$

7 $\frac{\overset{1}{4}}{5} \times \frac{3}{\underset{2}{8}} = \frac{3}{10}$ (L)

8 $\frac{7}{8} \times 4 \times 2\frac{2}{7} = \frac{7}{\underset{1}{8}} \times 4 \times \frac{16}{\underset{1}{7}} = 8$

9 □ $= 3\frac{1}{3} \times \frac{6}{7} = \frac{10}{\underset{1}{3}} \times \frac{\overset{2}{6}}{7} = \frac{20}{7} = 2\frac{6}{7}$

10 $2\frac{1}{6} \times 4 = \frac{13}{\underset{3}{6}} \times \overset{2}{4} = \frac{26}{3} = 8\frac{2}{3}$ (cm)

11 (직사각형의 넓이) = (가로) × (세로)
$= 3\frac{3}{4} \times 4\frac{2}{5} = \frac{\overset{3}{15}}{\underset{2}{4}} \times \frac{\overset{11}{22}}{\underset{1}{5}} = \frac{33}{2} = 16\frac{1}{2}$ (cm²)

12 $1\frac{2}{5} \times \frac{6}{7} = 1\frac{1}{5}$, $1\frac{7}{9} \times 3\frac{3}{4} = 6\frac{2}{3}$
➡ $1\frac{1}{5} <$ □ $< 6\frac{2}{3}$ 에서 □ 안에 들어갈 수 있는 자연수는 2, 3, 4, 5, 6으로 모두 5개입니다.

13 $3\frac{1}{3} \times 3\frac{1}{3} \times 12 = \frac{10}{3} \times \frac{10}{\underset{1}{3}} \times \overset{4}{12} = \frac{400}{3}$
$= 133\frac{1}{3}$ (cm²)

14 1시간 40분 $= 1\frac{40}{60}$ 시간 $= 1\frac{2}{3}$ 시간
➡ (1시간 40분 동안 달린 거리)
$= 15\frac{3}{5} \times 1\frac{2}{3} = \frac{\overset{26}{78}}{\underset{1}{5}} \times \frac{\overset{1}{5}}{\underset{1}{3}} = 26$ (km)

16 $\frac{1}{8} \times \frac{1}{□} = \frac{1}{8 \times □}$ 이므로 $\frac{1}{60} > \frac{1}{8 \times □}$ 입니다.
단위분수는 분모가 작을수록 분수의 크기가 크므로 $60 < 8 \times □$ 입니다. 따라서 □ 안에 들어갈 수 있는 수는 8, 9입니다.

17 두 찰흙을 합친 무게: $\frac{1}{2} + \frac{3}{8} = \frac{4}{8} + \frac{3}{8} = \frac{7}{8}$ (kg)
따라서 사용한 찰흙은 $\frac{7}{\underset{4}{8}} \times \frac{\overset{1}{2}}{3} = \frac{7}{12}$ (kg)입니다.

18 (어떤 수)$\div 1\dfrac{1}{4}=2\dfrac{2}{7}$이므로

(어떤 수)$=2\dfrac{2}{7}\times 1\dfrac{1}{4}=\dfrac{\overset{4}{16}}{7}\times\dfrac{5}{\underset{1}{4}}=\dfrac{20}{7}=2\dfrac{6}{7}$입

니다.

따라서 바르게 계산하면

$2\dfrac{6}{7}\times 1\dfrac{1}{4}=\dfrac{\overset{5}{20}}{7}\times\dfrac{5}{\underset{1}{4}}=\dfrac{25}{7}=3\dfrac{4}{7}$입니다.

서술형
19

평가 기준	배점(5점)
계산이 틀린 이유를 썼나요?	2점
바르게 계산했나요?	3점

서술형
20 예) 어떤 수는 $\overset{7}{56}\times\dfrac{5}{\underset{1}{8}}=35$입니다.

따라서 어떤 수의 $\dfrac{7}{15}$은

$\overset{7}{35}\times\dfrac{7}{\underset{3}{15}}=\dfrac{49}{3}=16\dfrac{1}{3}$입니다.

평가 기준	배점(5점)
어떤 수를 구했나요?	2점
어떤 수의 $\dfrac{7}{15}$을 구했나요?	3점

다시 점검하는 기출 단원 평가 Level ❷ 19~21쪽

1 27 **2** $\dfrac{3}{4}$

3 ㉠ $\dfrac{1}{16}$ ㉡ $\dfrac{1}{40}$ ㉢ $\dfrac{1}{72}$ ㉣ $\dfrac{1}{96}$

4 (위에서부터) $4\dfrac{1}{2}$, $6\dfrac{2}{3}$ **5** $10\dfrac{1}{2}$

6 > **7** 63 kg **8** $\dfrac{1}{12}$

9 $\dfrac{3}{4}$ m **10** $1\dfrac{3}{5}$ kg **11** $10\dfrac{1}{2}$

12 $3\dfrac{1}{2}$ **13** 54 **14** 115 km

15 $\dfrac{1}{4}$ **16** 2, 3 **17** $\dfrac{1}{6}$

18 $8\dfrac{2}{5}$ **19** $4\dfrac{1}{2}$ cm² **20** $6\dfrac{2}{5}$

1 $1\dfrac{2}{7}\times 21=\dfrac{9}{\underset{1}{7}}\times\overset{3}{21}=27$

2 $\dfrac{\overset{3}{9}}{\underset{2}{10}}\times\dfrac{\overset{1}{5}}{\underset{2}{6}}=\dfrac{3}{4}$

3 ㉠ $\dfrac{1}{8}\times\dfrac{1}{2}=\dfrac{1}{16}$ ㉡ $\dfrac{1}{8}\times\dfrac{1}{5}=\dfrac{1}{40}$

㉢ $\dfrac{1}{8}\times\dfrac{1}{9}=\dfrac{1}{72}$ ㉣ $\dfrac{1}{8}\times\dfrac{1}{12}=\dfrac{1}{96}$

4 $3\dfrac{3}{4}\times 1\dfrac{1}{5}=\dfrac{\overset{3}{15}}{\underset{2}{4}}\times\dfrac{\overset{3}{6}}{\underset{1}{5}}=\dfrac{9}{2}=4\dfrac{1}{2}$

$3\dfrac{3}{4}\times 1\dfrac{7}{9}=\dfrac{\overset{5}{15}}{\underset{1}{4}}\times\dfrac{\overset{4}{16}}{\underset{3}{9}}=\dfrac{20}{3}=6\dfrac{2}{3}$

5 $1\dfrac{3}{4}\times 6=\dfrac{7}{\underset{2}{4}}\times\overset{3}{6}=\dfrac{21}{2}=10\dfrac{1}{2}$

6 $10\times 1\dfrac{3}{5}=\overset{2}{10}\times\dfrac{8}{\underset{1}{5}}=16$

$2\dfrac{5}{6}\times 4=\dfrac{17}{\underset{3}{6}}\times\overset{2}{4}=\dfrac{34}{3}=11\dfrac{1}{3}$

7 $5\dfrac{1}{4}\times 12=\dfrac{21}{\underset{1}{4}}\times\overset{3}{12}=63$ (kg)

8 $\dfrac{1}{4}\times\dfrac{1}{3}=\dfrac{1}{12}$

9 $\dfrac{\overset{3}{9}}{\underset{2}{10}}\times\dfrac{\overset{1}{5}}{\underset{2}{6}}=\dfrac{3}{4}$ (m)

10 $7\dfrac{1}{5}\times\dfrac{2}{9}=\dfrac{\overset{4}{36}}{5}\times\dfrac{2}{\underset{1}{9}}=\dfrac{8}{5}=1\dfrac{3}{5}$ (kg)

11 $1\dfrac{2}{5}\times 12\times\dfrac{5}{8}=\dfrac{7}{\underset{1}{5}}\times\overset{3}{12}\times\dfrac{\overset{1}{5}}{\underset{2}{8}}=\dfrac{21}{2}=10\dfrac{1}{2}$

12 $1\dfrac{2}{5}\times\left(1\dfrac{1}{3}+1\dfrac{1}{6}\right)=1\dfrac{2}{5}\times\left(1\dfrac{2}{6}+1\dfrac{1}{6}\right)$

$=1\dfrac{2}{5}\times2\dfrac{3}{6}=1\dfrac{2}{5}\times2\dfrac{1}{2}=\dfrac{7}{\overset{}{\underset{1}{5}}}\times\dfrac{\overset{1}{5}}{2}=\dfrac{7}{2}=3\dfrac{1}{2}$

13 (어떤 수)$=\overset{6}{\underset{}{48}}\times\dfrac{5}{\underset{1}{8}}=30$이므로

어떤 수의 $1\dfrac{4}{5}$는 $30\times1\dfrac{4}{5}=\overset{6}{\underset{}{30}}\times\dfrac{9}{\underset{1}{5}}=54$입니다.

14 1시간 15분$=1\dfrac{15}{60}$시간$=1\dfrac{1}{4}$시간

(1시간 15분 동안 달린 거리)

$=92\times1\dfrac{1}{4}=\overset{23}{\underset{}{92}}\times\dfrac{5}{\underset{1}{4}}=115$ (km)

15 미소가 먹고 난 나머지는 전체의 $1-\dfrac{3}{8}=\dfrac{5}{8}$이므로

승현이가 먹은 피자는 전체의 $\dfrac{\overset{1}{5}}{\underset{4}{8}}\times\dfrac{\overset{1}{2}}{\underset{1}{5}}=\dfrac{1}{4}$입니다.

16 $\dfrac{1}{5}\times\dfrac{1}{\square}=\dfrac{1}{5\times\square}$이므로 $\dfrac{1}{16}<\dfrac{1}{5\times\square}<\dfrac{1}{8}$입니다.
단위분수는 분모가 클수록 분수의 크기가 작으므로 $8<5\times\square<16$입니다. 따라서 $\square$ 안에 들어갈 수 있는 자연수는 2, 3입니다.

17 꽃을 좋아하는 여학생은 $\dfrac{5}{9}\times\dfrac{4}{5}$이고,

장미꽃을 좋아하는 여학생은 $\dfrac{5}{9}\times\dfrac{4}{5}\times\dfrac{3}{8}$입니다.

따라서 장미꽃을 좋아하는 여학생은 5학년 학생의

$\dfrac{\overset{1}{5}}{\underset{3}{9}}\times\dfrac{\overset{1}{4}}{\underset{1}{5}}\times\dfrac{\overset{1}{3}}{\underset{2}{8}}=\dfrac{1}{6}$입니다.

18 ㉠의 분모가 될 수 있는 수는 두 분자 5와 10의 공약수이므로 1과 5이고, 분자가 될 수 있는 수는 두 분모 14와 21의 공배수이므로 42, 84, 126, ...입니다.
㉠이 가장 작은 분수가 되려면 분모는 5와 10의 최대공약수이고 분자는 14와 21의 최소공배수이어야 하므로 $\dfrac{42}{5}=8\dfrac{2}{5}$입니다.

서술형
19 예 (직사각형의 넓이)$=$(가로)$\times$(세로)

$=3\dfrac{3}{4}\times1\dfrac{1}{5}=\dfrac{\overset{3}{15}}{\underset{2}{4}}\times\dfrac{\overset{3}{6}}{\underset{1}{5}}$

$=\dfrac{9}{2}=4\dfrac{1}{2}$ (cm^2)

평가 기준	배점(5점)
직사각형의 넓이를 구하는 식을 세웠나요?	2점
직사각형의 넓이를 구했나요?	3점

서술형
20 예 (어떤 수)$\div2\dfrac{2}{5}=1\dfrac{1}{9}$이므로

(어떤 수)$=1\dfrac{1}{9}\times2\dfrac{2}{5}=\dfrac{\overset{2}{10}}{\underset{3}{9}}\times\dfrac{\overset{4}{12}}{\underset{1}{5}}=\dfrac{8}{3}=2\dfrac{2}{3}$

입니다.
따라서 바르게 계산하면

$2\dfrac{2}{3}\times2\dfrac{2}{5}=\dfrac{8}{\underset{1}{3}}\times\dfrac{\overset{4}{12}}{5}=\dfrac{32}{5}=6\dfrac{2}{5}$입니다.

평가 기준	배점(5점)
어떤 수를 구했나요?	2점
바르게 계산한 값을 구했나요?	3점

3 합동과 대칭

서술형 문제
22~25쪽

1 13 cm	**2** 40°	**3** 40 cm²
4 220°	**5** 42 cm	**6** 9 cm
7 100°	**8** 24 cm	

1 예 변 ㄹㅂ은 변 ㄱㄴ의 대응변이므로
(변 ㄹㅂ)=(변 ㄱㄴ)=3 cm입니다.
따라서 삼각형 ㄹㅁㅂ의 둘레는 5+5+3=13 (cm)
입니다.

단계	문제 해결 과정
①	변 ㄹㅂ의 길이를 구했나요?
②	삼각형 ㄹㅁㅂ의 둘레를 구했나요?

2 예 선대칭도형에서 대응각의 크기는 서로 같으므로
(각 ㄷㄹㅂ)=(각 ㅁㄹㅂ)입니다.
따라서 (각 ㄷㄹㅂ)=180°−110°−30°=40°입
니다.

단계	문제 해결 과정
①	각 ㄷㄹㅂ의 대응각을 찾았나요?
②	각 ㄷㄹㅂ의 크기를 구했나요?

3 예 변 ㄴㄷ은 변 ㅅㅇ의 대응변이므로
(변 ㄴㄷ)=(변 ㅅㅇ)=8 cm입니다.
따라서 직사각형 ㄱㄴㄷㄹ의 넓이는
8×5=40 (cm²)입니다.

단계	문제 해결 과정
①	변 ㄴㄷ의 길이를 구했나요?
②	직사각형 ㄱㄴㄷㄹ의 넓이를 구했나요?

4 예 점대칭도형에서 대응각의 크기는 서로 같으므로
(각 ㄱㅂㅁ)=(각 ㄹㄷㄴ)=90°,
(각 ㄹㅁㅂ)=(각 ㄱㄴㄷ)=130°입니다.
따라서 (각 ㄱㅂㅁ)+(각 ㄹㅁㅂ)=90°+130°=220°
입니다.

단계	문제 해결 과정
①	각 ㄱㅂㅁ과 각 ㄹㅁㅂ의 크기를 각각 구했나요?
②	각 ㄱㅂㅁ과 각 ㄹㅁㅂ의 크기의 합을 구했나요?

5 예 선대칭도형에서 대응변의 길이는 서로 같으므로
(변 ㄱㄴ)=(변 ㅁㄹ)=8 cm,
(변 ㄷㄹ)=(변 ㄷㄴ)=5 cm,
(변 ㅁㅂ)=(변 ㄱㅂ)=8 cm입니다.
따라서 선대칭도형의 둘레는
(8+8+5)×2=42 (cm)입니다.

단계	문제 해결 과정
①	3쌍의 대응변을 각각 찾아 길이를 구했나요?
②	선대칭도형의 둘레를 구했나요?

6 예 변 ㄱㄷ의 대응변은 변 ㅁㄷ이므로
(변 ㄱㄷ)=(변 ㅁㄷ)=17 cm입니다.
(변 ㄹㄷ)=17−8=9 (cm)이고 변 ㄴㄷ의 대응변은
변 ㄹㄷ입니다.
따라서 (변 ㄴㄷ)=(변 ㄹㄷ)=9 cm입니다.

단계	문제 해결 과정
①	변 ㄱㄷ의 길이를 구했나요?
②	변 ㄹㄷ의 길이를 구했나요?
③	변 ㄴㄷ의 길이를 구했나요?

7 예 대응각인 각 ㄱㄷㄴ과 각 ㄷㅁㄹ의 크기는 50°로 같
습니다.
대응각인 각 ㄷㄱㄴ과 각 ㅁㄷㄹ의 크기는 30°로 같습
니다.
따라서 각 ㄱㄷㅁ의 크기는 180°−50°−30°=100°
입니다.

단계	문제 해결 과정
①	각 ㄱㄷㄴ의 대응각을 찾아 각의 크기를 구했나요?
②	각 ㅁㄷㄹ의 대응각을 찾아 각의 크기를 구했나요?
③	각 ㄱㄷㅁ의 크기를 구했나요?

8 예 대칭의 중심에서 대응점까지의 거리는 같으므로
(선분 ㅇㄷ)=(선분 ㅇㅂ)=4 cm입니다.
따라서 (변 ㄴㄷ)=(변 ㅁㅂ)=16−4−4=8 (cm)
이므로 (선분 ㄴㅁ)=8+16=24 (cm)입니다.

단계	문제 해결 과정
①	선분 ㅇㄷ의 길이를 구했나요?
②	변 ㄴㄷ의 길이를 구했나요?
③	선분 ㄴㅁ의 길이를 구했나요?

1 가와 바, 다와 마 　　**2**

3 점 ㅂ, 변 ㅇㅅ, 각 ㅇㅁㅂ

4 11, 65 　　**5** (1) 1개 　(2) 2개

6 ④ 　　**7**

8 2개 　　**9**

10 　　**11** 8 cm

12 20 cm

13 25°

14 48 cm²

15 120° 　　**16** 120° 　　**17** 80°

18 32 cm² 　　**19** 40 cm 　　**20** 224 cm²

---

1 도형 가와 바, 도형 다와 마는 모양과 크기가 같아서 포개었을 때 완전히 겹칩니다.

3 두 삼각형을 포개었을 때 겹치는 점, 변, 각을 찾습니다.

4 서로 합동인 도형에서 대응변의 길이와 대응각의 크기는 각각 같습니다.

5 (1) 　　　　　　(2)

대칭축의 수는 도형에 따라 달라질 수 있으므로 빠뜨리지 않고 세도록 합니다.

6 어떤 점을 중심으로 180° 돌렸을 때 처음 도형과 완전히 겹치면 점대칭도형입니다.

7 대응점끼리 이은 선분이 만나는 점이 대칭의 중심입니다.

8 선대칭도형은 가, 나, 다, 라이고 점대칭도형은 가, 라입니다.
따라서 선대칭도형이면서 점대칭도형인 것은 가, 라이므로 모두 2개입니다.

11 변 ㄱㄴ의 대응변은 변 ㅅㅂ이므로 길이가 같습니다.
따라서 변 ㄱㄴ은 8 cm입니다.

12 (변 ㄱㄴ)=(변 ㅂㅁ)=9 cm,
(변 ㄱㄷ)=(변 ㅂㄹ)=7 cm이므로
삼각형 ㄱㄴㄷ의 둘레는 9+4+7=20 (cm)입니다.

13 (각 ㄱㄷㄴ)=(각 ㄹㅁㅂ)=45°이므로
(각 ㄱㄴㄷ)=180°-110°-45°=25°입니다.

14 점대칭도형이므로 선분 ㄴㅇ의 길이는 선분 ㄹㅇ의 길이와 같습니다.
(점대칭도형의 넓이)=(삼각형 ㄱㄷㄹ의 넓이)×2
=6×8÷2×2=48 (cm²)

15 (각 ㄷㄹㅁ)=(각 ㄷㅇㅅ)=105°이고
(각 ㅁㅂㄷ)=90°이므로
(각 ㄹㅁㅂ)=360°-45°-105°-90°=120°입니다.

16 (각 ㄴㄱㄷ)=(각 ㄹㄱㄷ)=40°
(각 ㄱㄷㄴ)=(각 ㅁㄷㄹ)=180°-110°-40°=30°
일직선은 180°이므로
(각 ㄱㄷㅁ)=180°-30°-30°=120°입니다.

17 (선분 ㄴㅇ)=(선분 ㄹㅇ)=(선분 ㅇㄱ)이므로
삼각형 ㄱㅇㄴ은 이등변삼각형입니다.
(각 ㄷㄹㅇ)=(각 ㄴㄱㅇ)=(각 ㄱㄴㅇ)=50°
➡ (각 ㄱㅇㄴ)=180°-50°-50°=80°

18 삼각형 ㄱㅂㅁ과 삼각형 ㄷㅂㄹ은 서로 합동이므로
(변 ㄹㄷ)=(변 ㅁㄱ)=4 cm이고,
(변 ㄹㅂ)=(변 ㅁㅂ)=3 cm입니다.
따라서 직사각형 ㄱㄴㄷㄹ의 넓이는
(5+3)×4=8×4=32 (cm²)입니다.

서술형
19 예

8 cm　8 cm
7 cm　　7 cm
5 cm　5 cm

선대칭도형에서 대응변의 길이는 같으므로
(선대칭도형의 둘레)=(8+7+5)×2=20×2
=40 (cm)입니다.

평가 기준	배점(5점)
선대칭도형의 성질을 알았나요?	3점
선대칭도형의 둘레를 구했나요?	2점

서술형
20 **예** 완성한 선대칭도형의 넓이는 사다리꼴 ㄱㄴㄷㄹ의 넓이의 2배가 됩니다.
따라서 완성한 선대칭도형의 넓이는
$((17+11) \times 8 \div 2) \times 2 = (28 \times 8 \div 2) \times 2$
$= (224 \div 2) \times 2 = 112 \times 2 = 224 \,(cm^2)$입니다.

평가 기준	배점(5점)
사각형 ㄱㄴㄷㄹ의 넓이를 구했나요?	3점
완성한 선대칭도형의 넓이를 구했나요?	2점

다시 점검하는 기출 단원 평가 Level ❷ 29~31쪽

1 다, 라	**2** 변 ㄹㄴ	**3** 각 ㄱㄷㄴ
4 5, 70	**5** 4쌍	**6** ㄹ, ㅍ에 ○표
7 가, 다, 바	**8** 다, 바	

9
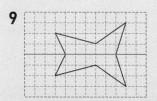

10 점 ㄹ, 점 ㅂ / 변 ㅁㅂ, 변 ㅁㄹ / 각 ㅁㄹㄷ, 각 ㅁㅂㅅ

11 25°	**12** 2 cm	**13** 8 cm
14 12 cm	**15** 41°	**16** 28 cm²
17 60°	**18** 60°	**19** 15 cm
20 128 cm²		

1 도형 다와 도형 라는 모양과 크기가 같아서 포개었을 때 완전히 겹칩니다.

2 점 ㄱ의 대응점은 점 ㄹ이고, 점 ㄷ의 대응점은 점 ㄴ이므로 변 ㄱㄷ의 대응변은 변 ㄹㄴ입니다.

3 점 ㄴ의 대응점은 점 ㄷ이므로 각 ㄹㄴㄷ의 대응각은 각 ㄱㄷㄴ입니다.

4 변 ㅁㅂ은 변 ㄴㄱ의 대응변이므로 5 cm이고, 각 ㅁㅇㅅ은 각 ㄴㄷㄹ의 대응각이므로 70°입니다.

5 삼각형 ㄱㄴㅁ과 삼각형 ㄷㄷㅁ, 삼각형 ㄱㅁㄹ과 삼각형 ㄷㅁㄴ, 삼각형 ㄱㄴㄷ과 삼각형 ㄷㄹㄱ, 삼각형 ㄱㄴㄹ과 삼각형 ㄷㄹㄴ은 서로 합동입니다.

6 각 글자를 어떤 점을 중심으로 180° 돌렸을 때 처음 모양과 같은 것은 ㄹ, ㅍ입니다.

7 어떤 직선을 따라 접어서 완전히 겹치는 도형을 선대칭도형이라고 합니다.

11 (각 ㄱㄷㄹ)=(각 ㄱㄴㄹ)=65°, (각 ㄱㄹㄷ)=90°
➡ (각 ㄷㄱㄹ)=180°-65°-90°=25°

12 (선분 ㄷㅂ)=(선분 ㄹㅁ)=(선분 ㅈㄱ)=10 cm
(선분 ㄷㅅ)=10-6=4 (cm)
(선분 ㄷㅇ)=4÷2=2 (cm)

13 (변 ㄱㄴ)=(변 ㅇㅁ)=5 cm이고
사각형 ㄱㄴㄷㄹ의 둘레가 31 cm이므로
(변 ㄴㄷ)=31-11-5-7=8 (cm)입니다.
따라서 변 ㄴㄷ의 대응변이 변 ㅁㅂ이므로
(변 ㅁㅂ)=(변 ㄴㄷ)=8 (cm)입니다.

14 (선분 ㄷㅇ)=(선분 ㄱㅇ)=18 cm이므로
(선분 ㄱㄷ)=18+18=36 (cm)입니다.
따라서 (선분 ㄴㄹ)=60-36=24 (cm)이므로
(선분 ㅇㄴ)=(선분 ㅇㄹ)=24÷2=12 (cm)입니다.

15 원의 반지름의 길이는 같으므로 삼각형 ㅇㄷㄹ은 이등변삼각형입니다.
(각 ㄹㅇㄷ)=(각 ㄴㅇㄱ)=98°이므로
(각 ㅇㄹㄷ)=(각 ㅇㄷㄹ)=(180°-98°)÷2=41°

16 완성한 선대칭도형은 다음과 같습니다.

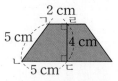

따라서 완성한 선대칭도형의 넓이는
사다리꼴 ㄱㄴㄷㄹ 넓이의 2배가 됩니다.
➡ $((2+5) \times 4 \div 2) \times 2 = 28 \,(cm^2)$

17 (각 ㄱㄷㄴ)=(각 ㄹㄴㄷ)=30°이므로
(각 ㄴㄷㄷ)=180°-30°-30°=120°
➡ (각 ㄹㅁㄷ)=180°-120°=60°

18 삼각형 ㄱㄹㅂ과 삼각형 ㅁㄹㅂ은 서로 합동이므로
각 ㄱㄹㅂ의 대응각은 각 ㅁㄹㅂ입니다.
(각 ㄱㄹㅂ)=(180°-40°)÷2=70°
➡ (각 ㄱㅂㄹ)=180°-50°-70°=60°

서술형
19 ⑩ 변 ㄹㅂ은 변 ㄱㄴ의 대응변이므로
(변 ㄹㅂ)＝(변 ㄱㄴ)＝4 cm입니다.
따라서 삼각형 ㄹㅁㅂ의 둘레는 6＋5＋4＝15 (cm)
입니다.

평가 기준	배점(5점)
변 ㄹㅂ의 길이를 구했나요?	3점
삼각형 ㄹㅁㅂ의 둘레를 구했나요?	2점

서술형
20 ⑩ 삼각형 ㄱㄷㄹ과 삼각형 ㄱㄷㅂ은 서로 합동이므로
(변 ㄱㄹ)＝(변 ㄱㅂ)＝10＋6＝16 (cm)이고
(변 ㄹㄷ)＝(변 ㅂㄷ)＝8 cm입니다.
따라서 직사각형 ㄱㄴㄷㄹ의 넓이는
16×8＝128 (cm²)입니다.

평가 기준	배점(5점)
변 ㄱㄹ과 변 ㄹㄷ의 길이를 구했나요?	3점
직사각형 ㄱㄴㄷㄹ의 넓이를 구했나요?	2점

4 소수의 곱셈

서술형 문제
32~35쪽

1 방법 1 ⑩ 3.4를 4번 더하면
$3.4＋3.4＋3.4＋3.4＝13.6$이므로
$3.4×4＝13.6$입니다.

방법 2 ⑩ 분수로 고쳐서 계산하면
$3.4×4＝\frac{34}{10}×4＝\frac{136}{10}＝13.6$입니다.

2 $3.4\,m^2$　　**3** $385\,kg$　　**4** $39.1\,m$

5 $3.75\,km$　　**6** $0.693\,m$　　**7** $14.1\,m$

8 5개

1

단계	문제 해결 과정
①	한 가지 방법으로 설명했나요?
②	다른 방법으로 설명했나요?

2 ⑩ 욕실 바닥은 가로가 1.7 m, 세로가 2 m인 직사각
형 모양이고,
(직사각형의 넓이)＝(가로)×(세로)이므로
(욕실 바닥의 넓이)＝1.7×2＝3.4 (m²)입니다.

단계	문제 해결 과정
①	욕실 바닥의 넓이를 구하는 식을 세웠나요?
②	욕실 바닥의 넓이를 구했나요?

3 ⑩ 쌀 한 봉지가 3.85 kg으로 모두 같으므로 쌀 100
봉지는 3.85 kg의 100배입니다.
(100봉지의 쌀의 무게)＝(한 봉지의 쌀의 무게)×100
＝3.85×100＝385 (kg)
따라서 오늘 판 쌀은 모두 385 kg입니다.

단계	문제 해결 과정
①	오늘 판 쌀의 무게를 구하는 식을 세웠나요?
②	오늘 판 쌀의 무게를 구했나요?

4 ⑩ 나무 사이의 간격이 18－1＝17(군데) 있습니다.
따라서 도로의 길이는 17×2.3＝39.1 (m)입니다.

단계	문제 해결 과정
①	나무 사이의 간격 수를 구했나요?
②	도로의 길이를 구했나요?

5 예 12분 30초$=12\frac{30}{60}$분$=12.5$분이므로 12분 30초 동안 달린 거리는 1분 동안 달리는 거리의 12.5배입니다.
(12분 30초 동안 달린 거리)
$=0.3\times12.5=3.75$ (km)
따라서 이 대회의 코스는 3.75 km입니다.

단계	문제 해결 과정
①	12분 30초는 몇 분인지 소수로 나타냈나요?
②	코스의 길이를 구하는 식을 세웠나요?
③	코스의 길이를 구했나요?

6 예 사용한 색 테이프는 전체 길이의 0.55만큼이므로
(사용한 색 테이프)$=1.54\times0.55=0.847$ (m)입니다.
따라서 사용하고 남은 색 테이프는
$1.54-0.847=0.693$ (m)입니다.

단계	문제 해결 과정
①	사용한 색 테이프의 길이를 구했나요?
②	사용하고 남은 색 테이프의 길이를 구했나요?

7 예 한 개의 길이가 1.5 m인 색 테이프 10개를 0.1 m 씩 $10-1=9$(번) 겹치게 이어 붙였습니다.
따라서 이어 붙인 색 테이프의 길이는
$1.5\times10-0.1\times9=14.1$ (m)입니다.

단계	문제 해결 과정
①	몇 번 겹치게 이어 붙여야 하는지 구했나요?
②	이어 붙인 색 테이프의 길이를 구했나요?

8 예 $152\times6=912$이므로 $15.2\times\blacktriangle=9.12$에서 15.2와 곱해서 9.12가 되는 수 ▲는 소수 한 자리 수인 0.6입니다.
□<0.6이므로 □ 안에 들어갈 수 있는 소수 한 자리 수는 0.1, 0.2, 0.3, 0.4, 0.5로 모두 5개입니다.

단계	문제 해결 과정
①	□ 안에 들어갈 수 있는 수의 범위를 구했나요?
②	□ 안에 들어갈 수 있는 수를 모두 찾아 개수를 구했나요?

다시 점검하는 **기출 단원 평가 Level ❶** 36~38쪽

1 (1) 32, 192, 1.92 (2) 16, 64, 6.4
2 (1) 5.6 (2) 4.92   **3** 7.98
4 (1) 6.46 (2) 0.646 (3) 64.6   **5** <
6 38.4   **7** 40.48   **8** 22.8 m^2
9 6.3 km   **10** 74.88 L   **11** 430
12 ©   **13** 26.208   **14** ㉠
15 27.36 kg   **16** 10.682 cm^2
17 18.75   **18** 161.25   **19** 15.948 kg
20 32.184 kg

2 (1) $0.8\times7=5.6$
(2) $1.23\times4=4.92$

3 $4.2\times1.9=7.98$

4 곱해지는 수 또는 곱하는 수의 소수점 아래 자리 수와 곱의 소수점 아래 자리 수가 같습니다.

5 $5\times0.17=0.85$, $9\times0.12=1.08$
➡ $0.85<1.08$

6 ㉮ $41\times1.8=73.8$, ㉯ $6\times5.9=35.4$
➡ ㉮$-$㉯$=73.8-35.4=38.4$

7 $2.3\times16=36.8$, $23\times0.16=3.68$
➡ $36.8+3.68=40.48$

8 (직사각형의 넓이)$=$(가로)$\times$(세로)
$\qquad\qquad\qquad=5.7\times4=22.8$ (m^2)

9 일주일은 7일이므로 $0.9\times7=6.3$ (km)입니다.

10 (아버지가 마신 물의 양)
$=$(민준이가 마신 물의 양)$\times1.8$
$=41.6\times1.8=74.88$ (L)

11 0.27은 27의 0.01배이므로 □는 4.3의 100배입니다.
따라서 □$=430$입니다.

12 ㉠, ㉡, ㉢ 소수점이 왼쪽으로 세 칸 옮겨졌으므로
□$=0.001$입니다.

ⓒ 소수점이 왼쪽으로 두 칸 옮겨졌으므로 □=0.01 입니다.

13 $2.8 \times 1.3 \times 7.2 = 3.64 \times 7.2 = 26.208$

14 $48 \times 29 \times 355$의 곱을 이용하는데 ㉠은 소수 두 자리 수, ㉡과 ㉢은 소수 세 자리 수가 됩니다.

다른 풀이
㉠ $0.48 \times 2.9 \times 355 = 494.16$
㉡ $48 \times 2.9 \times 0.355 = 49.416$
㉢ $0.48 \times 29 \times 3.55 = 49.416$

15 $(130.4 - 100) \times 0.9 = 30.4 \times 0.9$
$\qquad\qquad\qquad\qquad = 27.36 \text{ (kg)}$

16 (직사각형의 넓이) = (가로) × (세로)
$\qquad\qquad = (5.3 - 0.4) \times 2.18$
$\qquad\qquad = 4.9 \times 2.18$
$\qquad\qquad = 10.682 \text{ (cm}^2)$

17 가장 큰 소수 한 자리 수: 7.5
가장 작은 소수 한 자리 수: 2.5
➡ $7.5 \times 2.5 = 18.75$

18 어떤 수를 □라 하면 □÷5=6.45이므로
□=$6.45 \times 5 = 32.25$입니다.
따라서 바르게 계산하면 $32.25 \times 5 = 161.25$입니다.

서술형
19 예 (통나무 3.6 m의 무게)
$\qquad$ = (통나무 1 m의 무게) × (길이)
$\qquad = 4.43 \times 3.6$
$\qquad = 15.948 \text{ (kg)}$

평가 기준	배점(5점)
통나무 3.6 m의 무게를 구하는 식을 세웠나요?	2점
통나무 3.6 m의 무게를 구했나요?	3점

서술형
20 예 승호의 몸무게는 아버지 몸무게의 0.6배이므로
$74.5 \times 0.6 = 44.7 \text{ (kg)}$입니다.
동생의 몸무게는 승호 몸무게의 0.72배이므로
$44.7 \times 0.72 = 32.184 \text{ (kg)}$입니다.

평가 기준	배점(5점)
승호의 몸무게를 구했나요?	2점
동생의 몸무게를 구했나요?	3점

다시 점검하는 **기출 단원 평가 Level ❷** 39~41쪽

1 (1) 2.15 (2) 17.12　　　　**2** 9.6
3 (위에서부터) 0.252, 2.43
4 (1) ㉠ (2) ㉢ (3) ㉡　　**5** 13.5
6 <　　　　　　　　　**7** 7.83, 25.839
8 (1) 42 (2) 0.1 (3) 0.184 (4) 85000
9 13.8 cm　　**10** 3.75 km　　**11** 23.22 cm^2
12 16.12　　　**13** ㉡　　　　**14** ①
15 7.25 km　　**16** 8개　　　**17** 63
18 1.95 km　　**19** 75.9 g　　**20** 10.2 L

2 $0.8 \times 12 = 9.6$

3 $0.9 \times 0.28 = 0.252$
$0.9 \times 2.7 = 2.43$

4 곱하는 수의 0의 개수만큼 소수점이 오른쪽으로 옮겨집니다.

5 $2.7 \times 5 = 13.5$

6 $4.78 \times 3.5 = 16.73$, $2.8 \times 6.43 = 18.004$
➡ $16.73 < 18.004$

7 $5.4 \times 1.45 = 7.83$ ➡ $7.83 \times 3.3 = 25.839$

8 곱하는 수의 0이 하나씩 늘어날 때마다 곱의 소수점을 오른쪽으로 한 칸씩 옮기고, 곱하는 소수의 소수점 아래 자리 수가 하나씩 늘어날 때마다 곱의 소수점을 왼쪽으로 한 칸씩 옮깁니다.

9 (마름모의 둘레) = (한 변의 길이) × 4
$\qquad\qquad = 3.45 \times 4 = 13.8 \text{ (cm)}$

10 (철인 3종 경기의 거리) = (한 종목의 거리) × (경기 수)
$\qquad\qquad\qquad = 1.25 \times 3 = 3.75 \text{ (km)}$

11 (평행사변형의 넓이) = (밑변의 길이) × (높이)
$\qquad\qquad\qquad = 4.3 \times 5.4 = 23.22 \text{ (cm}^2)$

12 $0.8 \times 1.55 \times 13 = 1.24 \times 13 = 16.12$

13 □ 안에 알맞은 수를 각각 구하면 ㉠ 0.1, ㉡ 4.3입니다.
➡ $0.1 < 4.3$

14 ① (소수 한 자리 수)×(소수 한 자리 수)
   =(소수 두 자리 수)
   ② (소수 두 자리 수)×(소수 한 자리 수)
   =(소수 세 자리 수)
   ③ (소수 한 자리 수)×(소수 세 자리 수)
   =(소수 네 자리 수)
   ④ (소수 한 자리 수)×(소수 두 자리 수)
   =(소수 세 자리 수)
   ⑤ (소수 두 자리 수)×(소수 두 자리 수)
   =(소수 네 자리 수)

15 75분=1시간 15분이고
   1시간 15분=$1\frac{15}{60}$시간=1.25시간입니다.
   ➡ (75분 동안 달린 거리)=5.8×1.25=7.25 (km)

16 3.8×6.4=24.32, 4.2×7.8=32.76
   따라서 24.32와 32.76 사이에 있는 자연수는 25,
   26, 27, 28, 29, 30, 31, 32로 모두 8개입니다.

17 ㉠.㉡
   ×㉢.㉣
   높은 자리 숫자가 클수록 곱도 커지므로 ㉠과 ㉢에 먼
   저 큰 수를 써넣으면 8.㉡×7.㉣이 됩니다.
   8.5×7.4=62.9, 8.4×7.5=63이므로 가장 큰 곱
   은 63입니다.

18 2분 30초=2.5분이므로 기차와 터널의 길이의 합은
   0.92×2.5=2.3 (km)입니다.
   350 m=0.35 km이므로
   (터널의 길이)=2.3-0.35=1.95 (km)입니다.

서술형
19 ⑩ (사과 한 개의 무게)=(귤 한 개의 무게)×2.3
   =23×2.3=52.9 (g)
   따라서 귤 한 개와 사과 한 개의 무게의 합은
   23+52.9=75.9 (g)입니다.

평가 기준	배점(5점)
사과 한 개의 무게를 구했나요?	3점
귤 한 개와 사과 한 개의 무게의 합을 구했나요?	2점

서술형
20 ⑩ 3시간 24분=$3\frac{24}{60}$시간=$3\frac{2}{5}$시간=3.4시간
   따라서 기계 5대를 3시간 24분 동안 움직이는 데 필요
   한 연료는 0.6×5×3.4=10.2 (L)입니다.

평가 기준	배점(5점)
3시간 24분은 몇 시간인지 소수로 나타냈나요?	2점
필요한 연료는 모두 몇 L인지 구했나요?	3점

5 직육면체

서술형 문제
42~45쪽

1 26 　　**2** 88 cm 　　**3** 24 cm

4 ⑩ 마주 보는 면의 모양과 크기가 같지 않으므로 직육
면체의 전개도가 아닙니다.

5 60 cm 　　**6** 면 ㉠, 면 ㉢, 면 ㉤, 면 ㉥

7 150 cm 　　**8** 5 cm

1 ⑩ 정육면체의 면은 6개, 모서리는 12개, 꼭짓점은 8
개입니다.
따라서 면의 수, 모서리의 수, 꼭짓점의 수의 합은
6+12+8=26입니다.

단계	문제 해결 과정
①	정육면체의 면, 모서리, 꼭짓점의 수를 구했나요?
②	면, 모서리, 꼭짓점의 수의 합을 구했나요?

2 ⑩ 직육면체에는 길이가 같은 모서리가 4개씩 3쌍 있
습니다.
따라서 모든 모서리의 길이의 합은
(10+8+4)×4=88 (cm)입니다.

단계	문제 해결 과정
①	직육면체의 모서리의 길이의 성질을 알고 있나요?
②	직육면체의 모든 모서리의 길이의 합을 구했나요?

3 ⑩ 색칠한 면과 평행한 면은 색칠한 면과 모양과 크기
가 같으므로 가로가 7 cm, 세로가 5 cm인 직사각형
모양입니다.
따라서 평행한 면의 모서리 길이의 합은
7+5+7+5=24 (cm)입니다.

단계	문제 해결 과정
①	직육면체에서 색칠한 면과 평행한 면을 찾았나요?
②	색칠한 면과 평행한 면의 모서리 길이의 합을 구했나요?

4

단계	문제 해결 과정
①	직육면체의 전개도의 성질을 알고 있나요?
②	직육면체의 전개도가 아닌 이유를 설명했나요?

5 ⑩ 보이는 모서리는 실선으로 표시된 모서리 9개이고,
4 cm, 7 cm, 9 cm인 모서리가 각각 3개씩입니다.

따라서 보이는 모서리 길이의 합은
$(4+7+9) \times 3 = 20 \times 3 = 60$ (cm)입니다.

단계	문제 해결 과정
①	겨냥도에서 보이는 모서리를 찾았나요?
②	보이는 모서리의 길이의 합을 구했나요?

6 ⑩ 면 ㉣과 수직인 면은 면 ㉣과 평행한 면인 면 ㉡을 제외한 나머지 면입니다. 따라서 면 ㉣과 수직인 면은 면 ㉠, 면 ㉢, 면 ㉤, 면 ㉥입니다.

단계	문제 해결 과정
①	정육면체의 성질을 알고 있나요?
②	면 ㉣과 수직인 면을 모두 찾았나요?

7 ⑩ 10 cm인 부분의 길이의 합은 $10 \times 2 = 20$ (cm), 15 cm인 부분의 길이의 합은 $15 \times 4 = 60$ (cm), 20 cm인 부분의 길이의 합은 $20 \times 2 = 40$ (cm)이므로 (상자를 묶는 데 사용한 끈의 길이)$= 20+60+40 = 120$ (cm)입니다.
따라서 (사용한 끈의 길이)$=$(상자를 묶는 데 사용한 끈의 길이)$+$(매듭의 길이)$= 120+30 = 150$ (cm)입니다.

단계	문제 해결 과정
①	상자를 묶는 데 사용한 끈 중 길이가 같은 부분을 찾았나요?
②	사용한 끈의 길이를 구했나요?

8 ⑩ 정육면체의 전개도의 둘레는 정육면체의 한 모서리의 길이의 14배입니다.
따라서 (정육면체의 한 모서리의 길이)$= 70 \div 14 = 5$ (cm)입니다.

단계	문제 해결 과정
①	정육면체의 전개도의 둘레는 정육면체의 한 모서리의 길이의 몇 배인지 구했나요?
②	정육면체의 한 모서리의 길이를 구했나요?

다시 점검하는 기출 단원 평가 Level ❶ 46~48쪽

1 ②, ④　　**2** 5 cm　　**3** 4개

4 10　　**5** 면 ㄱㅁㅇㄹ　　**6** ③

7 96 cm　　**8** (　) (○) (　)

9 3개　　**10** 3개　　**11** 9

12 ④　　**13** 선분 ㅋㅊ

14 면 가, 면 나, 면 라, 면 바

15 ⑩

16 6 cm　　**17** 155 cm

18

19 모서리 ㄱㅁ / ⑩ 모서리 ㄱㅁ은 보이지 않는 모서리이므로 점선으로 그려야 합니다.

20 48 cm

---

1 직사각형 6개로 둘러싸인 도형인 직육면체는 ②와 ④입니다.

2 직육면체에서 평행한 모서리는 길이가 같으므로 모서리 ㅂㅅ은 모서리 ㄱㄹ과 같은 5 cm입니다.

3 면 ㄴㅂㅁㄱ과 수직인 면은 면 ㄴㄷㄹㄱ, 면 ㄴㅂㅅㄷ, 면 ㅂㅅㅇㅁ, 면 ㄱㅁㅇㄹ입니다.

4 (면의 수)$+$(모서리의 수)$-$(꼭짓점의 수)$= 6+12-8 = 10$

5 면 ㄴㅂㅅㄷ과 평행한 면은 마주 보고 있는 면인 면 ㄱㅁㅇㄹ입니다.

6 ③ 면 ㄷㅅㅇㄹ은 면 ㄴㅂㅁㄱ과 평행한 면입니다.

7 정육면체의 모서리는 12개이고 길이가 모두 같으므로 모든 모서리 길이의 합은 $8 \times 12 = 96$ (cm)입니다.

8 직육면체의 겨냥도는 보이는 모서리는 실선으로, 보이지 않는 모서리는 점선으로 그립니다.

9 직육면체의 겨냥도에서 보이는 면은 3개, 보이지 않는 면은 3개입니다.

10 직육면체의 겨냥도에서 보이는 모서리는 9개, 보이지 않는 모서리는 3개입니다.

11 눈의 수가 4, 6, 2인 면과 마주 보는 면의 눈의 수는 3, 1, 5이므로 눈의 수의 합은 3+1+5=9입니다.

12 ④의 전개도를 접으면 겹치는 면이 있으므로 직육면체의 전개도가 아닙니다.

13 전개도를 접었을 때 점 ㄱ과 점 ㅋ, 점 ㄴ과 점 ㅊ이 만나므로 선분 ㄱㄴ과 겹치는 선분은 선분 ㅋㅊ입니다.

14 면 다와 수직인 면은 면 다와 평행한 면인 면 마를 제외한 나머지 면입니다.

15 여러 가지 방법으로 전개도를 그려 봅니다.

16 직육면체의 모든 모서리 길이의 합은
(8+7+3)×4=18×4=72 (cm)입니다.
따라서 정육면체의 한 모서리는 72÷12=6 (cm)입니다.

17 (30×2)+(10×2)+(15×4)+15
=60+20+60+15=155 (cm)

18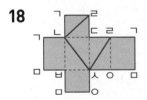
점 ㄹ과 점 ㄴ, 점 ㄴ과 점 ㅅ, 점 ㅅ과 점 ㄹ을 각각 연결합니다.

서술형
19
평가 기준	배점(5점)
잘못 그린 모서리를 찾았나요?	3점
그 이유를 설명했나요?	2점

서술형
20 예 만들 수 있는 가장 큰 정육면체의 한 모서리는 4 cm이므로 모든 모서리 길이의 합은
4×12=48 (cm)입니다.

평가 기준	배점(5점)
가장 큰 정육면체의 한 모서리 길이를 구했나요?	2점
가장 큰 정육면체의 모든 모서리 길이의 합을 구했나요?	3점

다시 점검하는 기출 단원 평가 Level ❷ 49~51쪽

1 4개
2
3 면 ㄴㅂㅁㄱ
4 84 cm
5 26 cm
6 ㉢
7 선분 ㅇㅅ
8 면 ㉠, 면 ㉢, 면 ㉥, 면 ㉫
9 26 cm
10 4
11 예

2개	20 cm	
30 cm		

1개	30 cm
50 cm	

12 점 ㅁ, 점 ㅈ
13 면 ㄹㅁㅂㅅ
14 면 ㅎㄷㅌㅍ, 면 ㄷㄹㅅㅌ, 면 ㄹㅁㅂㅅ, 면 ㅋㅇㅈㅊ
15 ㉢
16 76 cm
17
18 5
19 3가지
20 4

4 정육면체의 모서리는 12개이고 길이가 모두 같으므로 모든 모서리 길이의 합은 7×12=84 (cm)입니다.

5 보이지 않는 모서리는 점선으로 표시된 3개이고, 그 길이는 각각 4 cm, 7 cm, 15 cm입니다.
따라서 보이지 않는 모서리 길이의 합은
4+7+15=26 (cm)입니다.

6 ㉢의 전개도를 접으면 겹치는 면이 있으므로 정육면체의 전개도가 아닙니다.

7 전개도를 접었을 때 점 ㄹ과 점 ㅇ, 점 ㅁ과 점 ㅅ이 만나므로 선분 ㄹㅁ과 겹치는 선분은 선분 ㅇㅅ입니다.

8 면 ㉣과 수직인 면은 면 ㉣과 평행한 면인 면 ㉡을 제외한 나머지 면입니다.

9 색칠한 면과 평행한 면은 가로가 7 cm, 세로가 6 cm인 직사각형입니다.
➡ 7+6+7+6=26 (cm)

10 길이가 같은 모서리는 4개씩 3쌍이므로 길이가 서로 다른 모서리의 길이의 합은 52÷4=13 (cm)입니다.
6+3+□=13, □=13−9=4

11 가로 50 cm, 세로 20 cm인 직사각형 모양 2개, 가로 30 cm, 세로 20 cm인 직사각형 모양 2개, 가로 50 cm, 세로 30 cm인 직사각형 모양 1개가 필요합니다.

12 전개도를 접으면 점 ㄱ, 점 ㅁ, 점 ㅈ이 만납니다.

13 면 ㅎㄷㅌㅍ과 평행한 면은 마주 보는 면인 면 ㄹㅁㅂㅅ입니다.

14 면 ㅌㅅㅇㅋ과 수직인 면은 면 ㅌㅅㅇㅋ과 평행한 면인 면 ㄱㄴㄷㅎ을 제외한 나머지 면입니다.

15 ㉠ 눈의 수가 1인 면과 6인 면, ㉡ 눈의 수가 4인 면과 3인 면은 서로 평행한 면이므로 이웃한 면에 올 수 없습니다.

16 직육면체의 겨냥도를 그려 보면 오른쪽과 같으므로 모든 모서리 길이의 합은

(9+4+6)×4=76 (cm)
입니다.

17
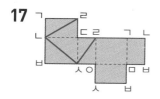
전개도에 꼭짓점의 기호를 알맞게 쓴 후 점 ㄹ과 점 ㄴ, 점 ㄴ과 점 ㅅ, 점 ㅅ과 점 ㄹ을 각각 연결합니다.

18 1과 수직인 면에는 2, 3, 4, 5가 쓰여져 있고, 3의 왼쪽 면에는 2가, 오른쪽 면에는 5가 쓰여져 있습니다. 따라서 2와 5가 쓰여진 면은 마주 보는 면입니다.

서술형
19 예 직육면체에는 모양과 크기가 같은 면이 2개씩 3쌍 있습니다. 따라서 모양과 크기가 같은 면끼리 같은 색을 칠하려면 3가지 색이 필요합니다.

평가 기준	배점(5점)
직육면체의 면의 성질을 알고 있나요?	2점
몇 가지 색이 필요한지 구했나요?	3점

서술형
20 예 면 가와 평행한 면의 눈의 수는 4이므로 면 가의 눈의 수는 3이고, 면 나와 평행한 면의 눈의 수는 6이므로 면 나의 눈의 수는 1입니다.
따라서 눈의 수의 합은 3+1=4입니다.

평가 기준	배점(5점)
면 가와 면 나의 눈의 수를 각각 구했나요?	각 2점
면 가와 면 나의 눈의 수의 합을 구했나요?	1점

6 평균과 가능성

서술형 문제

1 35분 **2** 7명 **3** 주승

4 재석 / 예 최저 기록은 한 친구만의 기록이므로 최저 기록만으로 누가 더 못했다고 말할 수 없습니다.

5 $\frac{1}{2}$ **6** ㉠ **7** 415점

8 18초

1 예 (평균)$=\dfrac{40+45+35+30+25}{5}$
$=\dfrac{175}{5}=35$(분)
따라서 공부한 시간의 평균은 35분입니다.

단계	문제 해결 과정
①	평균을 구하는 식을 썼나요?
②	평균을 구했나요?

2 예 (안경을 쓴 학생 수의 합)=8×5=40(명)
따라서 4반에 안경을 쓴 학생은
40−10−9−8−6=7(명)입니다.

단계	문제 해결 과정
①	안경을 쓴 학생 수의 합을 구했나요?
②	4반에 안경을 쓴 학생 수를 구했나요?

3 예 (민아의 공 던지기 기록의 평균)
$=\dfrac{17+20+19+16}{4}=\dfrac{72}{4}=18$ (m)
(주승이의 공 던지기 기록의 평균)
$=\dfrac{15+21+18+22}{4}=\dfrac{76}{4}=19$ (m)
18<19이므로 공 던지기를 더 잘한 사람은 주승입니다.

단계	문제 해결 과정
①	민아와 주승이의 공 던지기 기록의 평균을 각각 구했나요?
②	공 던지기를 더 잘한 사람은 누구인지 구했나요?

4

단계	문제 해결 과정
①	잘못 말한 친구를 찾았나요?
②	틀린 이유를 썼나요?

5 ⓐ 구슬 1개를 꺼낼 때 구슬에 쓰여진 수가 홀수인 수
는 1, 3, 5, 7, 9로 5가지 경우가 있습니다.
따라서 구슬 1개를 꺼낼 때 구슬에 쓰여진 수가 홀수일
가능성은 '반반이다'이고 이를 수로 표현하면 $\frac{1}{2}$입니다.

단계	문제 해결 과정
①	구슬 1개를 꺼낼 때 구슬에 쓰여진 수가 홀수인 경우를 구했나요?
②	구슬 1개를 꺼낼 때 구슬에 쓰여진 수가 홀수인 가능성을 수로 표현했나요?

6 ⓐ 일이 일어날 가능성은 ㉠은 '반반이다', ㉡은 '불가능
하다'입니다.
따라서 가능성이 더 큰 것은 ㉠입니다.

단계	문제 해결 과정
①	각각의 일이 일어날 가능성을 구했나요?
②	가능성이 더 큰 것을 찾았나요?

7 ⓐ 평균 3점을 올리려면 시험 점수의 합이
$3 \times 5 = 15$(점) 높아져야 합니다.
따라서 다음 시험에서 시험 점수의 합은
$80 + 75 + 85 + 70 + 90 + 15 = 415$(점)이 되어야
합니다.

단계	문제 해결 과정
①	평균 3점을 올리려면 시험 점수의 합이 몇 점 높아져야 하는지 구했나요?
②	다음 시험에서 시험 점수의 합을 구했나요?

8 ⓐ 남학생의 100 m 달리기 기록의 합은
$17.2 \times 6 = 103.2$(초)이고
여학생의 100 m 달리기 기록의 합은
$19.2 \times 4 = 76.8$(초)이므로 모둠 전체 학생의 달리기
기록의 합은 $103.2 + 76.8 = 180$(초)입니다.
따라서 시언이네 모둠 전체 학생의 100 m 달리기 기
록의 평균은 $\frac{180}{10} = 18$(초)입니다.

단계	문제 해결 과정
①	모둠 전체 학생의 기록의 합을 구했나요?
②	모둠 전체 학생의 평균을 구했나요?

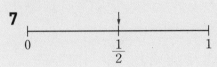

다시 점검하는 기출 단원 평가 Level ❶ 56~58쪽

1 확실하다	**2** 160번	**3** 32번
4 38	**5** 26번, 27번	
6 준영이네 모둠, 1번		

7

```
├──────────┼──────────┤
0          1/2         1
```

8 44 kg	**9** 나현, 은규	**10** ㉢
11 $\frac{1}{2}$	**12** 91점	**13** ㉠
14 220 kg	**15** 182 kg	**16** 2점
17 90번	**18** 152 cm	

19 $\frac{1}{2}$ / ⓐ 흰색 공을 꺼낼 가능성은 '반반이다'이므로 이
를 수로 표현하면 $\frac{1}{2}$입니다.

20 19번

1 구슬은 모두 검은색이므로 꺼낸 구슬이 검은색일 가능
성은 '확실하다'입니다.

2 $32 + 11 + 50 + 45 + 22 = 160$(번)

3 (평균)$= (32 + 11 + 50 + 45 + 22) \div 5$
$= 160 \div 5 = 32$(번)

4 (평균)$= (44 + 32 + 15 + 36 + 63 + 38) \div 6$
$= 228 \div 6 = 38$

5 (소희네 모둠의 평균)$= (27 + 18 + 38 + 21) \div 4$
$= 104 \div 4 = 26$(번)
(준영이네 모둠의 평균)$= (30 + 28 + 36 + 14) \div 4$
$= 108 \div 4 = 27$(번)

6 두 모둠의 단체 줄넘기 평균 기록을 비교하면 준영이네
모둠이 $27 - 26 = 1$(번) 더 많습니다.

7 파란색과 빨간색이 반씩 색칠된 회전판을 돌릴 때 화살
이 파란색에 멈출 가능성은 '반반이다'이므로 수로 표현
하면 $\frac{1}{2}$입니다.

8 (평균)＝(39＋42＋48＋46＋45)÷5
$\quad$ ＝220÷5＝44 (kg)

9 평균 몸무게 44 kg보다 더 가벼운 학생은 나현, 은규입니다.

10 노란색에 화살이 멈춘 횟수가 $\frac{1}{2}$쯤 되고 빨간색과 파란색에 화살이 멈춘 횟수가 $\frac{1}{4}$쯤 되므로 일이 일어날 가능성이 가장 비슷한 회전판은 ⓒ입니다.

11 주사위 눈의 수가 2의 배수인 경우는 2, 4, 6으로 3가지이므로 2의 배수일 가능성은 '반반이다'이고 이를 수로 표현하면 $\frac{1}{2}$입니다.

12 4명의 평균 점수가 88점이므로 4명의 점수의 합은 88×4＝352(점)입니다.
$\Rightarrow$ (은정이의 점수)＝352－73－98－90＝91(점)

13 ㉠ 1 ㉡ $\frac{1}{2}$

14 평균 수확량이 같으므로 가와 나의 총 수확량도 같습니다.
(가 과수원의 총 수확량)
$\quad$ ＝220＋188＋204＋256＝868 (kg)
따라서 나 과수원의 4월 수확량은
868－210－245－193＝220 (kg)입니다.

15 (가 과수원의 5개월 동안의 수확량)
$\quad$ ＝210×5＝1050 (kg)
따라서 2월 수확량은 1050－868＝182 (kg)입니다.

16 채림이가 8점을 더 받으면 총점이 8점 높아지므로 평균은 8÷4＝2(점) 높아집니다.

다른 풀이

(평균)＝$\frac{86＋87＋73＋90}{4}$＝$\frac{336}{4}$＝84(점)
채림이가 8점을 더 받았을 때
(평균)＝$\frac{86＋87＋81＋90}{4}$＝$\frac{344}{4}$＝86(점)이므로 2점 높아집니다.

17 줄넘기 횟수의 합은
$\quad$ 81×5＋87×6＋99×7＝1620(번)이고,
학생 수의 합은 5＋6＋7＝18(명)입니다.
따라서 줄넘기 횟수의 평균은 $\frac{1620}{18}$＝90(번)입니다.

18 전체 학생의 키의 합은
$\quad$ 155.5×16＋148×14
$\quad$ ＝2488＋2072＝4560 (cm)입니다.
따라서 영미네 반 전체 학생들의 평균 키는
4560÷30＝152 (cm)입니다.

서술형
19

평가 기준	배점(5점)
꺼낸 공이 흰색일 가능성을 수로 표현했나요?	2점
이유를 설명했나요?	3점

서술형
20 ⑩ 평균 횟수가 16번이므로 제기차기 횟수의 합은
$\quad$ 16×4＝64(번)입니다.
따라서 3회의 제기차기 횟수는
64－5－22－18＝19(번)입니다.

평가 기준	배점(5점)
제기차기 횟수의 합을 구했나요?	2점
3회의 제기차기 횟수를 구했나요?	3점

다시 점검하는 기출 단원 평가 Level ❷ 59~61쪽

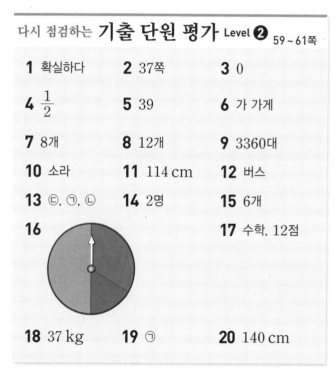

1 확실하다	**2** 37쪽	**3** 0
4 $\frac{1}{2}$	**5** 39	**6** 가 가게
7 8개	**8** 12개	**9** 3360대
10 소라	**11** 114 cm	**12** 버스
13 ㉢, ㉠, ㉡	**14** 2명	**15** 6개
16		**17** 수학, 12점
18 37 kg	**19** ㉠	**20** 140 cm

1 카드는 모두 4 이하의 수이므로 4 이하인 수가 나올 가능성은 '확실하다'입니다.

2 (평균)＝(55＋43＋30＋34＋23)÷5
$\quad$ ＝185÷5＝37(쪽)

3 검은색 바둑돌을 꺼낼 가능성은 '불가능하다'이므로 이를 수로 표현하면 0입니다.

4 빨간색과 파란색이 반씩 칠해진 과녁에서 파란색을 맞힐 가능성은 '반반이다'이므로 이를 수로 표현하면 $\dfrac{1}{2}$ 입니다.

5 (평균) = (39+48+46+30+32)÷5
   = 195÷5 = 39

6 (가 가게의 인형 판매량의 평균)
   $\dfrac{198+204+193+209}{4} = \dfrac{804}{4} = 201$(개)
   (나 가게의 인형 판매량의 평균)
   $\dfrac{206+200+196+190}{4} = \dfrac{792}{4} = 198$(개)

7 (평균) = (9+7+8)÷3 = 24÷3 = 8(개)

8 (가와 나 모둠 학생들의 붙임딱지 수의 합)
   = 9+7+8+16+18+14+12 = 84(개)
   (가와 나 모둠 학생들의 평균 붙임딱지 수)
   = 84÷7 = 12(개)

9 480×7 = 3360(대)

10 (정우의 평균 타자 속도)
   = (186+188+182+204)÷4
   = 760÷4 = 190(타)
   (소라의 평균 타자 속도)
   = (184+204+190+186)÷4
   = 764÷4 = 191(타)
   따라서 소라의 평균 타자 속도가 더 빠릅니다.

11 (4회까지 멀리뛰기 기록의 합)
   = 115×4 = 460 (cm)
   따라서 4회 기록은
   460−118−112−116 = 114 (cm)입니다.

12 버스와 트럭이 한 시간 동안 달린 평균 거리를 구하여 비교합니다.
   버스: 435÷5 = 87 (km)
   트럭: 340÷4 = 85 (km)
   따라서 버스가 더 빨리 달린 셈입니다.

13 가능성을 수로 표현하면 ㉠ $\dfrac{1}{2}$, ㉡ 0, ㉢ 1입니다.
   ➡ ㉢ > ㉠ > ㉡

14 (평균) = (13+17+18+20)÷4
   = 68÷4 = 17(권)
   따라서 읽은 책의 수가 평균보다 많은 학생은 미라, 소원으로 모두 2명입니다.

15 흰색 공을 꺼낼 가능성이 $\dfrac{1}{2}$이므로 흰색 공과 검은색 공을 꺼낼 가능성은 같습니다.
   따라서 흰색 공은 6개입니다.

16 화살이 노란색에 멈출 가능성이 가장 높으므로 회전판에서 가장 넓은 곳이 노란색입니다. 화살이 파란색에 멈출 가능성이 빨간색에 멈출 가능성의 2배이므로 노란색을 색칠한 다음으로 넓은 부분에 파란색, 가장 좁은 부분에 빨간색을 칠합니다.

17 4과목 점수의 평균을 3점 올리려면 총점을
   4×3 = 12(점) 올려야 하므로 100−12 = 88(점)보다 낮은 점수를 받은 수학을 12점 올려야 합니다.

18 몸무게의 합은 42×5 = 210 (kg)입니다.
   수찬이의 몸무게를 □kg이라고 하면 해교의 몸무게는
   (□+3) kg입니다.
   43+□+3+44+□+46 = 210,
   □+□ = 74, □ = 37
   따라서 수찬이의 몸무게는 37 kg입니다.

서술형
19 ㉮ 일이 일어날 가능성은 ㉠은 '반반이다', ㉡은 '확실하다'입니다. 따라서 가능성이 더 작은 것은 ㉠입니다.

평가 기준	배점(5점)
각각의 일이 일어날 가능성을 구했나요?	4점
가능성이 더 작은 것을 찾았나요?	1점

서술형
20 ㉮ 해 모둠 학생들의 키의 합은
   142.4×13 = 1851.2 (cm),
   달 모둠 학생들의 키의 합은
   137.4×12 = 1648.8 (cm)이므로
   두 모둠 학생들의 키의 합은
   1851.2+1648.8 = 3500 (cm)입니다.
   따라서 두 모둠 학생들의 평균 키는
   3500÷25 = 140 (cm)입니다.

평가 기준	배점(5점)
두 모둠 학생들의 키의 합을 구했나요?	3점
두 모둠의 전체 학생들의 평균 키를 구했나요?	2점

최상위를 위한
심화 학습 서비스 제공!

문제풀이 동영상 ➕ 상위권 학습 자료
(QR 코드 스캔 혹은 디딤돌 홈페이지 참고)

다음에는 뭐 풀지?

다음에 공부할 책을 고르기 어려우시다면, 현재 성취도를 먼저 체크해 보세요.
최상위로 가는 맞춤 학습 플랜만 있다면 내 실력에 꼭 맞는 교재를 선택할 수 있어요!
단계에 따라 내 실력을 진단해 보고, 다음 학습도 야무지게 준비해 봐요!

첫 번째, 단원평가의 맞힌 문제 수 또는 점수를 모두 더해 보세요.

단원		맞힌 문제 수 OR 점수 (문항당 5점)
1단원	1회	
	2회	
2단원	1회	
	2회	
3단원	1회	
	2회	
4단원	1회	
	2회	
5단원	1회	
	2회	
6단원	1회	
	2회	
합계		

※ 단원평가는 각 단원의 마지막 코너에 있는 20문항 문제지입니다.